JN440699

과학 기술과 사회의 접점을 찾아서

과학기술학 탐구

| 송성수 지음

한울
아카데미

이 도서의 국립중앙도서관 출판시도서목록(CIP)은 e-CIP홈페이지(http://www.nl.go.kr/ecip)에서
이용하실 수 있습니다. (CIP제어번호: CIP2011000721)

서문

"STS는 21세기 필수 교양이다."

필자가 수업이나 강연에서 종종 하는 말이다. 여기서 STS는 과학기술과 사회(science, technology and society) 혹은 과학기술학(science and technology studies)의 머리글자를 딴 것이다. 과학기술이 인간의 일상생활에 깊숙이 침투하고 사회적 이슈에서도 단골 메뉴로 등장하면서 과학기술에 대한 인문학적·사회과학적 접근이 매우 중요해지고 있다.

과학기술학의 범위를 엄밀하게 규정하기는 어렵지만 통상적으로는 과학기술사, 과학기술철학, 과학기술사회학, 과학기술정책을 포함한다. 그중에서 과학사와 과학철학이 먼저 자리를 잡은 후 과학사회학, 기술사, 기술사회학, 과학기술정책 등이 형성되었고, 1970~1980년대에는 이러한 분야들이 과학기술학이라는 우산 아래로 모이기 시작했다. 이후에는 과학기술학의 분야가 과학기술인류학, 기술철학, 과학기술문화, 과학기술윤리 등으로 확장되고 있다.

우리나라에서는 서울대학교 과학사 및 과학철학 협동과정, 전북대학교 과학학과, 고려대학교 과학기술학 협동과정, 부산대학교 과학기술학 협동과정, KAIST 과학기술정책대학원 등에서 과학기술학에 대한 교육을 제공한다. 그중에서 학부가 있는 대학은 전북대학교가 유일하며, 나머지 대학교에서는 대학원 협동과정(interdisciplinary program)의 형태로 운영된다.

이 책은 과학기술학의 몇몇 주제를 다룬다. 필자가 지난 10여 년 동안 과학기술학과 관련해 썼던 글들을 모았는데, 각 장의 기초가 된 글들은 책의 말미에 소개했다. 책은 기존의 글을 수정하거나 보완하고 전체적으로 조율하는 작업을 거쳐 완성되었다.

이 책은 4부 11장으로 구성되어 있다. 제1부에서는 과학과 기술에 접근하는 시각에 대해 다루었다. 과학전쟁을 통해 과학의 성격을 살펴보았으며, 기술과 사회의 관계에 대한 주요 이론을 검토했고, 기술사와의 논쟁을 중심으로 기술의 사회구성주의(social constructivism)에 대해 비판적으로 논의했다. 제2부에서는 과학기술자와 과학기술자사회에 대해 검토했다. 과학기술학의 관점에서 인적자원개발의 방향을 제안했고, 한국 과학기술활동의 성장과 과학기술자사회의 성격에 대해 다루었다. 제3부는 과학기술정책에 관한 것이다. 한국의 과학기술종합계획을 통해 과학기술정책에 대한 논의를 검토했고, 생명윤리 입법과정을 사례로 과학기술의 사회적 논쟁에 대해 분석했으며, 대학의 역할 변화와 그 의미를 다루었다. 마지막 제4부는 과학기술의 윤리적 측면에 주목한다. 과학기술윤리에 대한 논의가 한국 사회에서 어떻게 전개되었는지 살펴보았고, 공학윤리의 맥락과 주요 주제에 대해 정리했으며, 미국과 한국의 공학단체가 보유한 윤리강령에 관한 비교분석을 시도했다.

그동안 필자가 과학기술학을 탐구하는 데 많은 자극과 도움을 주신 한국과학기술학회, 한국과학사학회, 과학기술정책연구원의 여러 선생님들께 감사드린다. 특히 김환석 교수님, 홍성욱 교수님, 이영희 교수님,

송위진 박사님께서는 과학기술학의 선배 연구자로서 모범을 보여주셨다. 이 책의 곳곳에 네 분의 가르침이 배어 있다. 또한 제4장을 발표할 수 있도록 다리를 놓아주신 이중원 교수님, 제8장을 집필할 기회를 주신 조현래 교수님, 제9장에 대한 연구를 지원해주신 윤정로 교수님께도 감사드린다. 항상 든든한 힘이 되어주는 이윤주와 송영은, 그리고 이번에도 흔쾌히 출판을 맡아주신 도서출판 한울에도 감사의 뜻을 전한다.

이 책을 출간해야겠다고 마음먹은 때는 2010년 가을이었다. 2010년은 필자가 과학기술학에 입문한 지 20년이 되는 해였다. 능력은 부족하지만 그래도 살아가는 흔적을 남기고 싶었던 모양이다. 갑자기 조용필이 부른 「킬리만자로의 표범」이 생각난다.

2011년을 열면서

A STSer in Busan

차례

제 1 부 과학과 기술을 보는 시각

제1장

과학전쟁으로 보는 과학의 성격

1. 머리말

많은 사람들이 우리가 살고 있는 시대를 '과학의 시대'라고 말한다. 오늘날 과학이 지닌 정신적·물질적 힘은 실로 막강하다. 과학은 한편으로는 권위 있는 지식체계로서 다른 한편으로는 새로운 제품을 개발하는 기반으로서 인간의 삶과 사회의 변화에 막강한 영향력을 행사한다. 과학이라 하면 믿을 만하고 합리적이며 확실한 무엇인가를 지칭하는 것으로 보인다. 애초에 자연을 대상으로 하는 학문을 지칭했던 과학이라는 용어가 사회과학이나 인문과학과 같이 사회나 인간을 대상으로 하는 학문을 일컫는 것도 오늘날 사회에서 과학이 가진 인식론적 권위를 단적으로 보여준다. 또한 과학과 기술을 엄밀하게 구분하지 않고 '과학기술'이라는 용어가 즐겨 사용되는 것처럼 현대사회에 접어들면서 과학은 기술과 결합할 수 있는 다양한 접점(interfaces)을 형성함으로써 지적 권위는 물론 물질적인 잠재력도 갖게 되었다. 과학은 새로운 기술혁신이 가능한 범위를 조건 짓는 기준이 될 뿐 아니라 새로운 기술과 산업을 창출하는 중요한 원천 중의 하나로 기능하고 있는 것이다.

그러나 다른 한편으로 오늘날 과학은 전쟁무기, 환경오염, 안전사고, 윤리 문제 등과 결부되어 우리의 삶을 끊임없이 위협하는 것처럼 보인다. 한국만 보더라도 각종 대형 사고와 환경문제가 줄곧 신문지상을 화려하게(?) 장식해왔으며, 최근에는 생명복제 실험을 매개로 생명윤리에 관한 논점이 집중적으로 제기되고 있다. 이러한 과학의 부작용은 인간과 자연이 공동 생존이 아닌 공동 멸망의 길로 치달을 수도 있음을 분명하게 보여준다. 유명한 역사가 홉스봄(Eric J. Hobsbawm)은 20세기를 '극단의 시대(Age of Extremes)'로 규정하면서 20세기 과학이 지닌 패러독스를 적절히 지적했다. 역사를 통틀어 20세기만큼 과학에 지배당하거나 의존한 적도 없었고, 20세기보다 과학에 대해 마음이 불편한 시기도 없었다는 것이다(홉스봄, 1997: 715). 이러한 경향은 20세기부터 현실화되었다고 볼 수 있지만 21세기에는 그 정도가 심화될 것으로 판단된다. 21세기에는 과학이 인간의 삶에 더욱 넓고 깊은 영향을 미치면서 과학과 관련된 사회적 문제도 더욱 뚜렷하게 표면화될 것이 틀림없다.

이처럼 과학이 인간과 사회에 깊이 침투하고 있다는 사실은 과학의 성격에 대해 좀 더 진지하게 고찰할 것을 요구한다. 우리가 '과학전쟁(science wars)'에 주목하는 이유도 여기에 있다. 과학전쟁이라고 하면 우리는 무엇을 떠올리게 될까? 과학전쟁은 17세기 전후에 천동설과 지동설 사이에 벌어졌던 격렬한 논쟁처럼 특정한 과학의 내용이나 학설을 둘러싼 다툼을 뜻하는 것인가? 아니면 핵폐기물 매립장 부지 선정에 관한 논쟁처럼 과학기술과 관련된 정책을 놓고 정부 당국과 지역주민 사이에 벌어지는 분쟁을 의미하는가? 그러나 기본적으로 과학전쟁은 과학이론에 대한 논쟁도 아니고, 과학기술정책과 관련된 분쟁도 아니다. 놀랍게도 과학전쟁은 1990년대 구미 학계를 중심으로 "과학의 본질적 성격은 무엇인가"라는 다분히 철학적인 문제를 놓고 벌어진 싸움을 뜻한다. 과학전쟁은 아군과 적군이 비교적 분명했고 대규모 인력이 투입되었으며 논쟁의 정도가 격렬하긴 했지만, 한 진영이 다른 진영을 격퇴해야 끝나는 통상적인 전쟁과 달리 분명한 승패를 가르지는 못했다.

2. 표준적 과학관과 그 비판

과학전쟁은 과학을 보는 두 가지 관점이 충돌한 것이라 볼 수 있다. "과학은 여타의 지식과 다른 독자적인 성격을 지닌다"라는 본질주의적 과학관과 "정도의 차이는 있을지라도 과학과 다른 지식 사이에 근본적인 차이는 존재하지 않는다"라는 상대주의적 과학관이 그것이다.[1]

본질주의적 과학관에서 과학은 사실에 기초하고 타당한 방법을 활용하며 다른 지식보다 우월하다. 이것은 거의 모든 과학교과서가 입각하고 있는 관점이자 아직도 많은 사람들이 수용하는 과학의 이미지이다. 이러한 의미에서 본질주의적 과학관은 '표준적 과학관'으로 불리기도 한다. 여기서 과학이 다른 지식보다 우월한 이유는 대체로 과학이 지닌 독특한 '방법'에서 찾을 수 있다. 즉, 관찰이나 실험을 통해 데이터를 축적하고 이러한 데이터를 바탕으로 가설을 형성하며 그러한 가설이

---

1 과학의 성격은 주로 과학철학을 매개로 논의되었다. 과학철학의 흐름과 쟁점에 대해서는 로던(Laudan, 1990), 차머스(Chalmers, 1999), 조인래 외(1999), 장대익(2008)을 참조.

다시 관찰과 실험을 통해 검증 혹은 반증되는 과정을 거치면서 자연세계를 법칙적으로 설명할 수 있는 이론이 등장한다는 것이다.

이러한 방법론은 매우 완벽한 것처럼 보이지만 몇 가지 중요한 약점이 있다. 첫째, 어느 정도의 데이터가 축적되어야 이론의 구성이나 검증이 가능한가? 예를 들어 검은 까마귀 몇 마리를 관찰한 후에야 '모든' 까마귀가 검다고 말할 수 있는가? 혹은 까마귀가 검다는 가설의 진위(眞僞) 여부를 판정하기 위해서는 몇 마리의 까마귀를 대상으로 검증하는 작업을 진행해야 하는가? 백 마리? 천 마리? 만 마리? 세상에 존재하는 모든 까마귀를 관찰하는 것은 가능하지도 않고 바람직하지도 않다. 과학활동에서도 가설은 '어느 정도의' 관찰과 실험을 바탕으로 구축되며, 그 가설의 진위 여부 역시 '적절한' 확인 절차를 거치면서 판명되는 것이다. 이러한 점에 비추어보면, 과학이라는 것도 완전한 지식이 아니라 확률적 지식에 지나지 않는다고 할 수 있다.

그런데 이보다 더 중요한 약점은 증거에 의한 이론의 과소결정(under-determination)과 관련된다. 이론이라는 것은 일련의 보조가설을 포함한 매우 복잡한 층위로 구성되어 있기 때문에 관찰이나 실험을 통해 산출된 증거가 과학이론의 어떤 부분을 검증 혹은 반증하는지 알 수 없으며, 따라서 증거가 이론을 완전히 결정하지는 못한다. 과소결정이 뜻하는 바가 무엇인지 알아보기 위해서 우리의 과학상식을 잠깐 동원해보기로 하자. 역학적 에너지는 위치에너지와 운동에너지의 합이며 역학적 에너지의 총량은 일정하다는 법칙이 있다. 가장 높은 위치에서는 운동에너지가 0(zero)이고 위치에너지가 mgh(m: 질량, g: 중력가속도, h: 높이)인 반면, 가장 낮은 위치에서는 위치에너지가 0(zero)이고 운동에너지가 $1/2mv^2$(v: 속도)이다. 그렇다면 가장 낮은 위치에 있는 물체의 속도는 '$1/2mv^2 =$

mgh'라는 식을 통해 'v= $\sqrt{2gh}$ '로 산출되어 낙하하는 물체의 속도는 물체의 질량과 무관한 것이 된다. 즉, 무거운 물체와 가벼운 물체의 낙하속도는 같기 때문에 두 물체를 떨어뜨리면 동시에 지면에 닿게 된다. 이것이 우리에게는 갈릴레오(Galileo Galilei)가 피사의 사탑에서 했던 실험으로 알려져 있다.

이러한 공식이 성립하려면 진공상태가 가정되어야 하는데, 갈릴레오가 활동했던 시절에는 진공상태를 유지할 수 있는 방법이 개발되지 않았다. 일상적인 판단에 따르면 무거운 물체가 가벼운 물체보다 빨리 떨어진다. 우리는 이것이 공기의 저항력에서 기인한 것이며 진공상태에서 실험을 한다면 두 물체가 동시에 떨어진다고 알고 있다. 그러나 진공상태를 만들지 못했던 당시의 상황에서는 두 물체의 낙하속도에 차이가 나는 이유가 과학이론이 틀린 데서 기인한 것인지 아니면 실험조건의 미비에서 비롯한 것인지 판단할 수 없었다. 이 경우에 두 물체의 낙하속도가 다르다는 실험결과는 과학이론의 오류를 의미하는가, 아니면 실험조건의 미비를 의미하는가? 이것은 매우 단순화된 설명에 불과하고 실제 과학이론은 수많은 보조가설과 경계조건을 갖지만, 앞선 사례를 통해서도 관찰이나 실험에 의한 증거가 특정 이론의 진위 여부를 완전히 결정하지 못한다는 점은 분명해진다.

세 번째 문제로는 관찰의 이론 의존성(theory-ladenness of observation)을 들 수 있다. 인간은 관찰을 하기 전에 이미 특정한 이론을 갖고 있기 때문에 동일한 대상이라도 다르게 지각할 수 있다는 것이다. 컵에 물이 반쯤 차 있는 경우에 어떤 사람은 "컵에 물이 반'이나' 차 있구나"라고 생각할 것이고 다른 사람은 "물이 반'밖에' 차 있지 않구나"라고 생각할 것이다. 오리와 토끼는 생김이 비슷하기 때문에 같은 동물을 보면서도 어떤 사람은 오리라고 생각하는 반면 다른 사람은 토끼로 판단한다. 좀 더 과학적인 예로 천동설의 주창자인 프톨레마이오스(Claudius Ptolemaios)와 지동설의 주창자인 코페르니쿠스(Nicolaus Copernicus)가 함께 일몰을 바라보고 있다고 가정해보자. 이때 프톨레마이오스는 "지구를 공전하던 태양이 지평선 너머로 사라지고 있다"고 생각할 것이고, 코페르니쿠스는 "지구가 반(反)시계방향으로 자전하기 때문에 태양이 가라앉는 것처럼 보인다"고 생각할 것이다.

이러한 논의는 토머스 쿤(Thomas S. Kuhn)의 『과학혁명의 구조(The Structure of Scientific Revolutions)』가 출판되면서 새로운 전기(轉機)를 맞이했다(Kuhn, 1970; 조인래, 1997). 쿤은 과학활동의 안정성을 보장해주는 것을 '패러다임(paradigm)'이라고 규정했는데, 패러다임은 한 과학자사회에 속한 과학자들이 공유하는 가치체계에서부터 구체적인 과학활동의 방침을 정해주는 범례(examplar)에 이르는 일련의 요소로 구성되어 있다. 패러다임은 마치 안경과 같은 것으로서 과학자는 안경을 바꿔 쓸 수는 있을지언정 벗을 수는 없다. 과학자는 패러다임이라는 안경을 통해 탐구의 대상과 방법을 기획하며, 탐구의 결과 역시 특정한 패러다임을 통해 평가한다. 그렇다면 과학활동은 알고리즘(algorithm)과 같은 기계적인 절차를 통해 이루어지는 것이 아니라 과학자사회가 공유하는 패러다임이 과학활동의 범위와 내용을 규정하는 것이다. 이처럼 표준적 과학관에서는 과학지식에 전혀 영향을 미치지 않았던 사회적 요소들이 쿤에 이르러 과학활동에 없어서는 안 될 중요한 존재로 간주되기 시작했다.

이러한 지적 유산은 1960~1970년대의 사회적 변화와 맞물려 표준적 과학관을 근본적으로 흔들었다(나카야마 시게루, 1982). 산업화 과정에서 누적된 환경오염의 심각성에 대한 우려가 본격적으로 제기되기 시작한 것이다. 1960년대부터 미국 로스앤젤레스에서는 '광화학스모그'라는 새로운 현상이 나타났고, 카슨(Rachel Carson)이 『침묵의 봄(Silent Spring)』에서 폭로한 DDT라는 살충제의 역기능은 1965~1973년에 벌어진 베트남전쟁을 통해 뚜렷이 확인되었다. 쿤의 『과학혁명의 구조』와 카슨의 『침묵의 봄』이 같은 해인 1962년에 발간됨으로써 표준적 과학관의 근본 가정을 반성할 수 있는 다양한 계기를 제공했다는 점도 주목할 만하다. 또한 제2차 세계대전부터 급속히 개발된 대량살상무기에 대한 반대운동이 베트남전쟁을 계기로 본격적으로 전개되었다. 과학이 전쟁에 동원된 것은 두 차례의 세계대전 때에도 있었던 일이지만, 그것은 인류의 민주주의를 수호하기 위해 불가피한 것으로서 어느 정도 용인될 수 있었다. 그러나 도덕적 차원은 물론이고 정치적 차원에서도 합리화되기 어려웠던 베트남전쟁은 과학 및 과학제도의 군사화에 대한 근본적인 의문을 던지는 계기가 되었다. 더구나 1969년과 1970년에 미국 공군이 인도차이나 반도에 투하했던 폭탄의 양은 제2차 세계대전 때 사용되었던 규모를 넘어서는 것이었다. 전시연구를 통해 급격히 성장했던 MIT는 원래의 이름인 매사추세츠 공과대학(Massachusetts Institute of Technology) 대신에 '군사공대(Military Institute of Technology)'라는 비판을 받기도 했다. 이상의 문제점들은 1960년대 후반부터 한꺼번에 터져 나왔고, 결국 과학에 대한 강한 비판의식이 대중과 지식인 사이에 급속히 팽배해갔다. 그들에게 과학은 합리적이기는커녕 억압적인 국가권력과 자본의 손에 쥐어진 지배수단에 지나지 않았다.

과학기술과 사회의 관계에 대한 근본적인 재검토 작업이 필요하다는 자각은 학계에서도 생겨났고, 몇몇 대학에서는 새로운 교과과정으로 STS 프로그램—여기서 STS는 학문의 대상인 과학기술과 사회(science, technology and society), 학문의 영역인 과학(기술)학(science and technology studies)을 동시에 의미한다—을 운영하기 시작했다. 이러한 대학의 제도적 변화는 과학에 대한 새로운 관점이 실천적 차원뿐 아니라 학문적 차원에서도 성장할 수 있는 비옥한 토양으로 작용했다.

STS 프로그램과 관련된 여러 연구자들이 보기에 표준적 과학관은 과학이 실제로 만들어지는 과정을 '암흑상자(black box)'로 치부한 채 과학이 다른 지식과는 구별되는 인식론적 기반과 과학이 사회에 미치는 긍정적인 기능만을 주요 논의 대상으로 삼고 있을 뿐이었다. 대신에 그들은 이러한 암흑상자를 개방함으로써 이미 만들어진 과학(ready-made science)이 아니라 만들어지고 있는 과학(science in-the-making)을 탐구하려고 노력했다. 그들은 어떤 과학지식이 특정한 시공간에서 출현 혹은 선택된 이유는 무엇이고 그 과학이 어떠한 조건에서 어떤 방식으로 변화해 왔는가에 대한 질문을 제기했다. STS 연구자들은 이러한 질문에 답하기 위해 수많은 사례연구를 통해 과학이 구성되는 과정을 해체함으로써 과학의 사회적 성격을 보여주는 데 성공했고, 이에 따라 그들의 대표적 입장인 사회구성주의는 1980년대부터 과학(기술)학의 주요한 패러다임으로 정착했다(Webster, 1991; Jasanoff et al., 1995; Hess, 1997; Hackett et al., 2007; Sismondo, 2009). 바야흐로 표준적 과학관에 대적할 수 있는 상대주의적 과학관이 본격적으로 세력을 형성하게 된 것이다.

3. 사회구성주의의 이해

이 글에서는 오늘날 과학연구의 매우 유력한 방법으로 인정받고 있는 실험에 대한 한 가지 사례연구를 검토함으로써 사회구성주의의 핵심적인 주장을 음미해보기로 한다. 여기서 살펴볼 사례는 보일(Robert Boyle)의 진공에 관한 실험이다(Shapin and Schaffer, 1985; Shapin, 1988; cf. Latour, 1993: 13~48). 이 사례를 분석했던 연구자들에 따르면, 보일은 물질적 기술, 문헌적 기술, 사회적 기술을 적절히 사용함으로써 자신의 실험결과를 객관화하는 데 성공했다.

첫째, 보일은 공기펌프를 제대로 제작하기만 하면 똑같은 실험결과가 나온다는 점을 강조해 자신의 실험이 보편적이라고 주장했다. 여기서 공기펌프는 인간의 역할을 제거해 실험결과를 객관화하고 실험의 성공과 실패를 가늠하는 기준으로 사용되었다. 즉, 실험을 성공시킨 것은 주관적인 실험자가 아니라 객관적인 실험기구이며, 실험을 실패한 것은 실험자의 잘못이 아니라 실험기구의 결함 때문이라는 것이다. 둘째, 보일은 새로운 실험보고 양식을 사용했다. 예를 들어 보일의 대표 저작인 『회의적인 화학자(The Sceptical Chymist)』는 네 명의 참여자가 자유롭게 의사를 개진하면서 합의에 도달하는 서술방식을 취한다. 또한 보일은 겸손하게 실험과정을 설명하고 자신의 실수를 솔직하게 인정했는데, 이에 따라 대중은 보일을 도덕적이고 균형 잡힌 지식인으로 받아들였다. 이러한 수사 전략으로 보일에 대한 신뢰가 그의 실험에 대한 신뢰로 이어졌던 것이다. 셋째, 보일은 그의 실험을 공적인 자리에서 재현함으로써 사람들에게 집단적 체험 기회를 제공했다. 이제 실험의 객관성을 보장하는 것은 실험자 개인이 아니라 실험을 목격한 집단이 되는 것이다. 특히 왕립학회를 통한 공인은 대중이 실험을 직접 목격하지 않고서도 그것을 객관적인 것으로 받아들이게 했다. 이처럼 실험은 처음부터 자명한 것으로 수용된 것이 아니라 보일과 같은 실험철학자들의 독특한 전략과 부단한 노력을 통해 객관적인 지식의 지위를 확보했던 것이다.

보일의 진공 실험과 관련해 흥미로운 점은 홉스(Thomas Hobbes)가 제기했던 보일의 실험에 관한 비판에서 찾을 수 있다. 홉스는 보일의 공기펌프에는 새는 곳이 많으며 그것을 작동하기도 어려웠다고 지적한다. 또한 홉스에 따르면, 보일은 공기펌프를 계속 개조함으로써 펌프의 복제를 힘들게 하여 다른 사람이 자신의 이론을 검증하기 어렵게 만들었다. 여기서 보일의 실험은 실험자의 회귀(experimenters' regress)에서 벗어날 수 없다. 즉, 실험자는 실험장치의 유효성을 관측결과를 통해 판단할 수밖에 없으며, 관측결과의 타당성은 실험장치의 유효성에 근거해 평가할 수밖에 없는 순환론에 빠지게 되는 것이다. 이와 관련해 중력파 검출을 둘러싼 논쟁에 관한 연구는 매우 흥미로운 논점을 보여준다.

1969년 A라는 물리학자가 중력파를 탐지해 아인슈타인의 일반상대성 이론을 검증했다고 주장하자 다른 물리학자들은 A의 실험결과를 검증 혹은 반증하기 위해 노력했다. 여기서 한 가지 흥미로운 점은 B가 A의 실험을 평가했다고 할 경우에 B의 실험 자체가 C에 의해 다시 평가받아야 하고 C의 실험 역시 D에 의해 평가받아야 하는 과정이 끊임없이 계속된다는 것이다. 이러한 무한퇴행(infinite regression)은 언젠가는 멈추어야 한다. 중력파의 경우에는 당시 물리학자 사회에서 상당한 영향력을 행사했던 Q가 A의 실험이 잘못되었다는 점을 명쾌하고도 강력하게 주장했고 다른 물리학자들이 이에 적극적으로 동조함으로써 논쟁이 종결될 수 있었다. 이처럼 실험결과에 대한 해석도 실험자의 판단에 좌우될 수 있기 때문에 실험으로 어떤 사실의 진위를 밝힌다는 것 자체가 부단한 갈등과 협상을 수반하는 사회적 과정의 일종인 것이다(Collins, 1992: 79~111).

다시 보일과 홉스의 논쟁으로 돌아가 보자. 그들의 논쟁은 단순히 진공의 존재 여부를 놓고 벌어진 것만은 아니었다. 보일과 홉스의 상이한 과학관은 서로 다른 사회사상을 나타냈다. 보일의 실험철학은 원인의 불가지성(不可知性)을 표방한 확률적 지식을 목표로 하고 있었기 때문에 모든 사람의 동의나 그것을 강제할 절대자가 필요하지 않았고, 보일의 이상적인 사회상은 실험철학에 동조하는 사람들이 모여서 자유로운 의사소통과 의견수렴의 광장을 건설하는 데 있었다. 반면 홉스가 자연철학의 모델로 삼았던 기하학은 모든 사람에게 자명한 규범을 제시하는 것이었고, 홉스는 절대적 권위를 지닌 지도자가 행위의 원칙을 제시하고 모든 사람이 이에 복종함으로써 만장일치가 이루어지는 사회를 목표로 삼았다. 이러한 보일과 홉스의 견해 차이는 그들의 저서에서 사용된 대화 형식에도 반영된다. 보일에게 대화란 다수 참여자들이 토론을 통해 의견의 일치를 찾아가는 과정이었지만, 홉스는 이미 결론을 가진 철학자가 대화의 상대자를 자신의 결론으로 몰아가는 서술방식을 취한다.

홉스와 보일의 논쟁은 결국 보일의 승리로 귀결되었다. 그렇다면 보일이 성공한 이유는 무엇인가? 그 해답은 당시 영국의 사회적 맥락과 실험자 집단의 대응에서 찾을 수 있다. 사치스러운 궁정과 청빈한 지방의 대립, 국교도와 청교도의 대립, 크롬웰을 중심으로 한 급진파의 득세와 같은 이전의 혼란에 대처해 왕정복고기에는 급진주의를 배격하고 복고된 왕정과 새로운 계층의 이해를 타협시키려는 노력이 경주되었다. 이러한 상황에서 태동한 왕립학회는 급진적인 성향을 갖지 않으며 오히려 중용적인 사회 분위기에 부합한다는 것을 보여주어야 했다. 더욱이 당시의 왕립학회는 애초의 기대와는 달리 왕의 재정적 지원을 받지 못했을 뿐 아니라 신학자들로부터 무신론자로 공격받는 상황이었다. 이에 대처하여 왕립학회 회원들은 자신들이 표방하는 실험철학이 당시의 사회적 문제를 해결할 수 있다고 주장했다. 실험철학은 어떠한 독단적 권위도 인정하지 않으므로 관용적인 종교와 균형 잡힌 정치의 기반이 된다는 것이다. 더 나아가 그들은 실험철학을 공동으로 추구하는 왕립학회가 당시 영국 사회의 지향점인 개인과 전체의 조화를 이미 달성했다고 주장했다. 이러한 왕립학회의 선전이 성공하여 실험철학은 17세기 영국 사회에서 자리 잡을 수 있었다.

이상과 같은 진공 펌프 이야기는 우리가 과학탐구의 방법으로 당연하게 수용하고 있는 실험이 초(超)역사적으로 인정받아온 것이 아니라 17세기 관련 과학자(집단)의 부단한 노력을 통해 사회적으로 수용되었다는 점을 보여준다. 또한 보일과 홉스의 논쟁은 과학이 사회와 무관하게 발전하는 것이 아니라 다양한 사회적 요소와 끊임없이 상호작용하는 가운데 변화하는 것임을 잘 보여준다. 즉, 과학은 논리적 절차를 통해 출현하고 그것의 객관성이나 합리성 때문에 채택되는 것이 아니라 과학의 변화에는 관련 사회집단의 상대적인 세력 관계에 따라 결과가 산출되는 복잡한 과정이 매개되는 것이다. 이처럼 사회구성주의는 과학을 보편적 합리성의 산물로 절대화하지 않고 과학이 구성되는 과정을 구체적으로 보여줌으로써 오늘날 과도하게 신비화된 과학의 권위를 해체하는 데 일조한다.

4. 과학전쟁의 전개과정

그렇다면 과학전쟁은 어떤 과정을 거치면서 전개되었으며, 그 과정에는 어떤 사건이 매개되었는가? 이에 대해서는 이미 다른 논문에서 자세히 소개하므로 이 글에서는 핵심적인 내용만 추려보기로 한다(홍성욱, 1999: 68~126; 2004: 69~101).

사회구성주의로 대표되는 상대주의적 과학관에 대해 적지 않은 과학자들이 불만을 품고 있었지만, 그들의 불만이 뚜렷하게 드러나기 시작한 것은 과학에 대한 재정적 지원이 눈에 띄게 줄어들기 시작한 1990년대라고 볼 수 있다. 냉전체제 해체를 배경으로 1993년 이른바 '별들의 전쟁(star wars)'으로 불리는 전략적 방위계획(strategic defence initiative: SDI)이 종말을 고했고, 대규모 입자가속기인 초전도슈퍼콜라이더(superconducting supercollider: SSC) 건설에 대한 지원도 중단되었다. 특히 초전도슈퍼콜라이더에 대한 지원 철회는 수많은 물리학자들의 반대를 무릅쓰고 이루어진 것으로, 과학에 대한 사회의 대접이 예전 같지 않다는 점을 상징적으로 보여준 사건이었다. 이에 따라 과학자들은 과학에 대한 비판적인 목소리에 훨씬 예민해지고 공격적으로 변모하기 시작했다.[2]

1992년 영국 런던대학의 생의학 교수인 월퍼트(Lewis Wolpert)는 『과학의 비자연적 본질(The Unnatural Nature of Science)』에서 과학은 수학, 실험, 추상적 개념 등과 같이 일반적인 세계에서는 보기 어려운 독특한 방법으로 구축된 지식이라는 점을 지적하면서, 일반인은 과학을 이해할 수 없으며, 이러한 몰이해가 상대주의적 과학관의 기반이 되었다고 주장했다. 또한 1979년 노벨물리학상 수상자인 와인버그(Steven Weinberg)는 1993년에 『최종이론의 꿈(Dreams of a Final Theory)』을 출간하면서 과학에서의

---

2 이와 관련해 케블레스(Kevles, 1997)는 SSC와 인간유전체계획(Human Genome Project: HGP)에 대한 비교연구를 통해 냉전의 산물로 태어난 거대과학이 탈냉전시대에 새롭게 변화하는 모습을 흥미롭게 분석하고 있다.

철학 무용론(無用論)을 내세우며, 과학은 자연현상에 대한 최상의 설명으로서 궁극적인 진리를 향해 나아가고 있다고 주장했다(Weinberg, 1993).

· 이에 대해 사회구성주의의 선구자라 할 수 있는 콜린스(Harry Collins)와 핀치(Trevor Pinch)는 1993년 과학의 사회적 성격을 잘 보여주는 일곱 가지 사례연구를 바탕으로 『골렘: 모든 사람이 과학에 대해서 알아야 할 것(The Golem: What Everyone Should Know about Science)』이라는 대중용 과학도서를 발간했다(Collins and Pinch, 1998). 여기서 골렘은 인간을 위해 일하기도 하지만 때로는 멋대로 행동하는 괴물로서, 과학의 성격을 상징적으로 표현한다. 그리고 일곱 가지 사례는 기억의 화학적 전달, 상대성 이론의 증명, 저온 융합 이야기, 파스퇴르와 생명의 기원, 중력파 논쟁, 도마뱀의 성생활, 태양 에너지 이야기를 포괄한다. 이 책은 영국에서 장기간 비(非)소설 부문 베스트셀러에 올랐을 정도로 많은 인기를 끌었다. 영국의 몇몇 과학자들은 『골렘』이 과학의 이미지를 왜곡했다고 비난했고, 1994년 영국과학진흥협회의 모임에서는 월퍼트와 콜린스 사이에 충돌이 발생하기도 했다.

과학전쟁은 전(前) 우즈홀 해양생물학연구소 소장인 그로스(Paul Gross)와 러트거스 대학의 수학자인 레빗(Normal Levitt)이 1994년에 『고등미신(Higher Superstition)』을 출간함으로써 본격적으로 불붙기 시작했다. 그들은 사회구성주의자, 포스트모더니스트, 페미니스트, 문화론자 등과 같이 상대주의적 과학관을 가진 일련의 학자들과 활동가들을 1970년대 전후를 풍미한 신좌익(new left)의 뒤를 잇는 '강단 좌익(academic left)'으로 규정함으로써 일종의 전쟁을 선포하기에 이르렀다. 그들은 지난 20여 년간 강단 좌익이 미국의 대학을 점령하면서 객관성의 보루인 과학을 공격하기 시작했으며 이러한 주장의 허구를 밝히는 것이 과학자들의 책무가 되었다고 주장했다. 그들이 보기에 미국 사회는 자유와 민주주의, 개척과 풍요를 상징하던 나라에서 인종갈등, 사회범죄, 제국주의적 착취를 상징하는 나라로 전락하고 있으며, 이처럼 바람직하지 않은 변화의 배후에는 다(多)문화주의를 표방하는 상대주의가 도사리고 있었다. 그들은 1995년 여름에 과학자 중심의 초대형 학회를 개최하면서 UFO 광신론자나 민간의료 신봉자 등과 함께 사회구성주의를 반(反)과학으로 몰아붙였다.

이에 『고등미신』의 대표적인 표적이 되었던 ≪소셜 텍스트(Social Text)≫는 1996년 봄 과학전쟁 특별호를 출간했다. 이 잡지에 뉴욕 대학교의 수학 교수인 소칼(Alan Sokal)이 「경계선을 넘나들기: 양자중력의 변형적 해석학을 위하여(Transgressing the Boundaries: Towards a Transformative Hermeneutics of Quantum Mechanics)」라는 논문을 실었는데, A4 용지로 약 40쪽에 달하는 이 논문은 본문이 5쪽에 불과한 반면 각주는 100개가 넘고 참고문헌은 200개가 넘는 매우 혁신적인(?) 구성이었다. 그 논문에서 소칼은 양자중력 이론에 따르면 시공간이 중첩되어 객관적인 물리적 실재는 존재하지 않게 되며 기존 과학의 중요한 범주들이 문제시되고 상대화된다는 점을 지적하면서, 양자중력 이론이 해방적인 포스트모던 과학을 지지하는 결정적인 증거가 된다고 주장했다. 그런데 소칼은 그 논문이 출간된 직후에 ≪링구아 프랑카(Lingua Franca)≫와의 인터뷰에서 자신의 논문이 엉터리이며, 상대주의적 과학관에 영향을 받은 일군의 인문학자들이 엄밀하지 못한 학문적 태도를 취하고 있다는 점을 폭로하기 위해 이 같은 일을 저질렀다고 주장했다. 이러한 소칼의 날조(Sokal's Hoax)는 세계 유수 언론들의 주목을 받았고, 이를 계기로 스타급 과학자들과 과학학자들 사이에 격론이 벌어졌다.

와인버그는 소칼 사건을 계기로 자연의 실재가 존재하지 않는다는 상대주의자들의 주장은 허무맹랑하다는 것이 백일하에 드러났다고 역설했다. 그는 과학법칙이란 자연에 존재하는 돌멩이만큼이나 실재로서 존재하는 것이고 시공간을 초월하여 적용될 수 있다고 강조했다. 이에 대해 프린스턴 대학교의 과학사 교수인 와이즈(Norton Wise)는 와인버그가 존재론적 반실재론과 인식론적 상대주의도 제대로 구별하지 못한다고 반격했다. 즉, 사회구성주의자들은 실재를 이해하는 데 여러 가지 방식이 공존한다는 점을 주장하지, 실재가 없다고 간주하지는 않는다는 것이다. 이러한 공방은 1997년 초에 발생한 소위 '와이즈 사건'으로 번졌다. 와이즈는 프린스턴 고등연구소의 과학학 교수직에 추천되었으나, 와인버그의 배후 공작으로 임용을 저지당했던 것이다. 이에 유명한 과학사회학자인 라투르(Bruno Latour)는 연구의 대상인 과학자가 이를 탐구하는 연구자의 임명을 좌우해서는 곤란하다고 논평했다.

과학전쟁은 1997년에 소칼이 루벵 대학교의 물리학 교수인 브리크몽(Jean Bricmont)의 도움을 받아 『지적 사기(Impostures Intellectuelles)』를 출간하면서 정점에 달했다(Sokal and Bricmont, 1997). 그들은 『지적 사기』를 통해 사회구성주의 과학학자들은 물론 포스트모던 사조를 주도하는 프랑스 사상가들을 본격적으로 비판했다. 이후 비판의 표적이 된 여러 진영에서 다양한 지면을 통해 반론을 제기했으며, 특히 소칼이 텍스트를 잘 이해하지도 못한 채 이를 잔뜩 인용하면서 짜깁기를 했다는 점이 집중적으로 논의되었다. 그러한 반론에 대해 소칼을 비롯한 몇몇 과학자들이 재반론을 폈는데, ≪네이처(Nature)≫에는 과학이라는 이름의 기사가 과학학이라는 이름의 용을 무찌르는 상황을 묘사하는 만평이 등장하기도 했다.

한국에서는 과학전쟁에 대한 별다른 관심이 표명되지 않다가 1998년 상반기에 과학전쟁과 비슷한 주제를 놓고 과학학자와 과학자 사이에 논쟁이 벌어졌다. 국민대학교 사회학과의 김환석 교수와 서울대학교 물리학과의 오세정 교수가 ≪교수신문≫에서 과학의 본질적 성격에 관해 몇 차례 논쟁을 벌였던 것이다. 한결 차분하게 진행된 논쟁에서 김환석은 상대주의적 과학기술관에 입각해 과학기술에서 참여민주주의의 필요성을 역설했던 반면, 오세정은 과학기술의 역기능을 시정할 필요는 있으나 상대주의적 과학관에는 많은 문제점이 있다고 주장했다. 이 논쟁을 통해 두 사람 사이에는, 과학이 시공간을 초월한 진리가 아니라 한 시기 자연현상에 대한 가장 그럴듯하고 설득력 있는 설명이라는 점에서, 합의가 도출되는 것처럼 보였지만, 이것이 김환석에게는 과학의 본질적인 특성인 데 반해, 오세정에게는 과학의 발전단계에서 나타나는 잠정적인 성격으로 간주되었다.

1997년 이후에는 과학전쟁을 맥락화하여 이해하려는 시도도 나타났다. 예를 들어 과학사회학자 기어린(Thomas Gieryn)은 과학전쟁을 "과학은 자연"이라고 생각하는 과학자와 "과학은 문화"라고 생각하는 과학학자 사이에 과학의 경계를 설정하는 일을 놓고 벌어진 논쟁으로 파악했다(Gieryn, 1999). 더 나아가 과학전쟁을 '과학평화'로 바꾸자는 화해의 움직임도 있었다. 과학자와 과학학자 사이의 솔직한 의견 교환이 침묵보다 나으며, 근거가 있다면 과학에 대한 예찬과 비판을 모두 환영한다는 것이었다. 특히 코넬 대학교의 물리학자인 머민(David Mermin)은 과학자와 과학학자의 글쓰기 스타일에 차이가 있다는 점을 지적한 후에 두 집단의 생산적인 대화를 위해 필요한 세 가지 규칙을 제시하기도 했다. 상대의 의도를 짐작해서 그것에 초점을 맞추지 말고 상대가 한 말에 초점을 둘 것, 다른 전공을 하는 상대가 내 전공의 미묘한 점을 이해할 수 있다고 기대하지 말 것, 다른 전공자들의 언어에 쉽게 뚫고 들어갈 수 있을 것이라고 가정하지 말 것이 바로 그 내용이다(Mermin, 2001). 한국에서도 2001년 봄 한림대학교에서 과학전쟁 대토론회가 개최되어 과학에 대한 다양한 관점이 논의되면서 두 문화의 문제를 제기하거나 중간적 입장에서 화해하려는 시도가 있었다.

5. 과학의 성격에 관한 쟁점

지금까지 살펴본 과학전쟁에는 과학의 성격과 관련된 수많은 쟁점이 내포되어 있는데, 여기서는 과학지식의 특성, 과학과 사회의 상호작용, 전문가와 일반인의 관계를 중심으로 과학전쟁과 관련된 쟁점을 검토해 본다.

표준적 과학관에 따르면 과학은 자연세계에서 비롯되는 실재성과 합리적 절차를 통한 타당성을 갖기 때문에 다른 지식보다 우월하다. 반면 상대주의적 과학관은 증거에 의한 이론의 과소결정, 관찰의 이론 의존성, 패러다임 등을 내세워 표준적 관점의 근거를 공격하면서 기존의 관점이 설명하지 못하는 여백을 사회적 이해관계나 과학자(집단) 사이의 협상으로 채운다. 이 문제와 관련해 역사적으로 모든 과학이 객관적이고 보편적인 진리라는 주장에는 동의하기 어렵다는 점이 지적되어야 할 것이다. 무엇보다도 과거의 과학이 진보해왔고 지금의 과학도 진보하고 있다는 사실 자체가 과거나 현재의 과학이 불완전한 것임을 보여준다. 예를 들어 20세기 초엽까지 많은 물리학자들은 뉴턴 물리학이 절대적인 진리라고 생각했다. 그러나 상대성 이론과 양자역학이 정립되면서 뉴턴 물리학은 특정한 경우에만 근사적으로 적용될 수 있음이 판명되었다. 이러한 점에 대해 상대주의적 과학관에서는 과학지식의 불완전성이 과학의 본질적인 성격으로 간주되는 반면, 표준적 관점에서는 과거 및 현재의 과학지식에 문제가 있더라도 과학은 본질적으로 실재성, 타당성, 우월성을 지향하는 것으로 간주된다.

과학과 사회의 상호작용과 관련해 표준적 관점은 주로 과학이 사회에 미치는 긍정적인 영향에 주목한다. 과학은 잘못된 관념이나 지식을 교정하는 계몽의 역할을 담당하는 동시에 기술로 응용되어 인류의 생활을 편리하게 해주는 제품을 생산한다는 것이다. 표준적 관점에서 사회가 과학에 미치는 영향은 자신의 논리에 따라 발전하는 과학의 속도를 조정하는 역할로 국한된다. 표준적 관점에서도 과학의 사회적 역기능이 고려되기도 하지만 그것은 과학 자체의 잘못이 아니라 과학을 잘못 사용함으로써 발생하는 문제로 간주된다. 이에 반해 상대주의적 관점은 표준적 관점과는 달리 주로 사회가 과학에 미치는 영향에 논의의 초점을 맞춘다. 이러한 영향의 범위에는 변화의 속도는 물론 변화의 방향도 포함되며, 나아가 과학의 내용을 포괄하기도 한다. 사회에 대한 과학의 영향과 관련해 상대주의적 관점은 과학이 사회에 영향을 미치는 과정에서 기존의 사회관계가 투영될 가능성이 많으며, 그 가능성은 관련된 사회집단이 세력을 구사하는 정도에 따라 변할 수 있다고 생각한다. 또한 상대주의적 관점에서는 과학의 역기능이 과학의 오용(誤用)에서 비롯된 것이 아니라 과학에는 순기능과 역기능이 혼합되어 있으며 그것이 표상되는 형태 역시 사회적 관계에 의존한다고 본다. 더 나아가 상대주의적 관점은 과학과 사회의 경계를 날카롭게 설정하는 것 자체에 의문을 제기하기도 한다.

전문가와 일반인의 역할에 관한 것은 좀 더 미묘한 쟁점으로서 '과학과 관련된 의사결정에 누가 참여할 수 있는가'라는 문제와 직결되어 있다. 표준적 관점에서는 과학의 내용을 충분히 아는 사람, 즉 과학자를 중심으로 모든 문제를 생각한다. 과학자만이 과학지식의 타당성 여부를 결정할 수 있으며, 더 나아가 과학과 관련된 사회적 문제에 대한 판단력을 갖는 사람도 과학자이다. 이러한 관점에서는 과학의 사회적 기능과 관련된 문제가 과학자 개인이나 과학자 집단의 윤리에 관한 문제로만 인식되는 경향이 있다. 상대주의적 관점에서는 과학지식이 과학자 집단 사이의 협상이나 사회적 이해관계에 따라 구성되기 때문에 의사결정에 참여할 수 있는 주체의 범위가 과학자를 넘어 대폭 확대될 수 있다. 과학 활동에 대해 과학자 이외의 집단으로부터 지원받는 경우에는 이와 관련된 여러 주체(기업, 정부, 시민 등)가 의사결정에 개입할 수 있는 근거를 갖게 된다. 더구나 과학과 관련된 사회적 문제는 과학지식만으로 해결될 수 있는 범위를 벗어나고 상반되는 과학지식이 동원될 수도 있으며 평범한 지식이 유용할 수도 있으므로 과학자만의 의사결정은 곤란하다.

6. 맺음말

그렇다면 우리는 이러한 차이점을 어떻게 해석할 것이며, 과학전쟁에서 어떤 함의를 도출해야 할 것인가? 여기서는 공정한 심판관이 존재할 수는 없다는 전제하에 필자 나름의 의견을 제시함으로써 좀 더 세련된 논의를 도출할 수 있는 기회로 삼고자 한다.[3]

첫째, 과학자가 합리적 절차를 통해 과학지식을 도출하고 이를 자연이 심판한다는 표준적 과학관의 전제는 의문의 여지가 많다. 과학이 자연뿐 아니라 청중(audience)을 대상으로 하는 활동이라는 점을 인식하는 것은 매우 중요하다. 청중을 대상으로 한다는 점에서 과학은 다른 지식과 다르지 않다. 여기서 청중은 경우와 사안에 따라 다른 과학자가 될 수도 있고 과학자가 아닌 사람 혹은 집단이 될 수도 있다. 표준적 관점의 맹점 중 하나는 과학지식에 대한 심판자로서 청중의 역할을 배제한 채 자연의 역할을 과도하게 강조한다는 점이다. 물론 과학은 자연을 대상으로 한다는 데서 다른 지식과 구분되는 특수성을 지닌다. 그러나 실제로 과학자가 직면하는 자연이라는 것도 순수한 자연(제1의 자연)이라기보다는 이미 인간의 활동이 개입되어 인공적으로 만들어진 자연(제2의 자연)인 경우가 많으며, 과학자가 자연에 접근할 경우에도 여러 가지 인공적 수단이 매개가 된다. 예를 들어 저항의 크기는 전압의 크기에 비례하고 전류의 크기에 반비례한다는 옴의 법칙은 인공적으로 만든 전압원에 인공적인 도체를 연결하고 이러한 도체에 흐르는 전류를 인공적인 기기를 통해 측정할 때 성립한다. 따라서 표준적 관점에서 심판자의 역할을 한다는 자연이라는 영역 자체가 재고(再考)될 필요가 있다.

둘째, 과학과 사회의 상호작용에 대한 고찰은 과학과 사회라는 거시 개념에만 입각할 것이 아니라 과학지식의 출현, 선택, 사용, 효과와 같은 과학지식의 '일생(life)'을 고려해야 한다. 즉, 어떤 현상을 설명하기 위해 복수의 이론이 출현하고, 그중에서 특정한 하나가 선택되며, 선택된 과

3 과학철학과 과학사회학의 입장에서 과학전쟁을 검토한 국내의 연구로는 이상욱(2002)과 이영희(2003b)가 있다.

학지식이 어떤 방식으로 확산되고, 그것이 실제로 어떤 효과를 유발하는가에 대해 깊이 있는 논의가 필요한 것이다. 이와 관련해 표준적 관점을 취하는 과학자들은 과학지식의 일생에 관한 세부적 논의의 중요성을 충분히 인식하지 못하며, 상대주의적 관점을 취하는 과학(학)자들은 특정 맥락에서 등장한 과학지식이 어떤 과정을 거쳐 탈국소화(delocalization)되어 보편성을 획득하는가에 대해 충분히 논의하지 않는다는 점이 지적되어야 할 것이다. 또한 과학과 사회의 상호작용을 매개하는 과학자사회 및 과학제도가 담당하는 역할이 반드시 고려되어야 한다. 특히 과학활동을 지원하는 주체가 특정한 연구방향을 명시적으로 혹은 묵시적으로 강제하는 경우에 과학제도는 강력한 영향력을 행사한다. 이러한 점을 고려해볼 때 과학의 목적, 방법, 내용 등의 범주가 갖는 경계를 칼로 두부 자르듯이 설정하거나 과학제도가 단순히 과학발전의 속도에만 영향을 미친다고 국한하는 것은 단순한 발상에 지나지 않는다.

셋째, 과학과 관련된 담론에는 누가 참여해야 하며 누가 주도권을 행사해야 하는가? 과학을 아는 사람이 참여해야 한다는 점에 반대할 사람은 없을 것이다. 그러나 과학자라고 해도 극도로 세분화되어 있고 엄청나게 변화하는 과학의 내용을 모두 알 수는 없으며, 일반인이라고 해서 의사결정에 참여하는 데 필요한 정도의 과학지식을 습득할 수 없는 것도 아니다. 또한 과학과 관련된 사회적 이슈는 순수한(?) 과학적 문제를 넘어 수많은 이질적인 문제가 연루되어 있기 때문에 매우 다양한 각도의 복합적인 판단을 요구하기 마련이다. 이러한 점에 비추어본다면, 소수의 엘리트집단—국내외 자본, 정부 관료, 과학기술 엘리트—에 의해 좌우되는 과학기술 관련 의사결정 구조는 많은 문제점을 내포하고 있다. 적어도 과학지식의 생산과 관련된 의사결정에서는 실제 연구개발에 종사하는 과학자들의 의견이 개진되어야 하며, 사회적 이슈가 되는 과학기술 문제의 경우에는 그것에 직접적인 영향을 받는 당사자들이 참여할 수 있어야 한다. 포괄적인 참여 속에서 의사결정이 이루어질 때 관련된 사안이 고려되는 넓이와 깊이는 더욱 충실해질 것이고, 도출된 합의가 갖는 효력과 그것이 실현될 가능성도 커질 것이다. 이러한 가능성이 현실화되려면 의사결정의 쟁점이 되는 정보를 확산하고 참여민주주의를 제도화할 수 있는 공간을 모색하는 작업이 적극적으로 추진되어야 할 것이다.

결론적으로 과학전쟁이 과학의 성격에 대해 우리에게 전하는 분명한 메시지가 있다면 오늘날 과학지식에 너무나 많은 권위가 부여되어 있거나 그렇다고 믿고 있다는 점일 것이다. 필자가 판단하기에 실제로 과학지식은 완전하지 않으며 초기 단계에서는 더욱 큰 불확실성이 있는데, 과학이 확실한 지식이라는 믿음이 오랫동안 유포되고 강화됨으로써 과학자를 비롯한 수많은 사람들이 필요 이상의 물적·인적 자원을 낭비하고 있는 것으로 보인다. 그렇다면 과도하게 신비화된 과학이라는 암흑상자를 해체하고 과학이 제자리를 찾을 수 있도록 노력하는 것이 과학의 시대라 불리는 현대사회를 살아가는 모든 사람에게 부여된 권리이자 의무일 것이다. 이를 위해서는 과학자를 비롯한 사회구성원 모두가 협소한 영역 속에 자신을 가둘 것이 아니라 자신의 존재 근거를 성찰함으로써 과학과 사회를 아우를 수 있는 세련된 안목을 갖추는 데 진지한 노력을 기울여야 할 것이다.

제2장

기술과 사회의 암흑상자 열기*

1. 머리말

오늘날 기술은 급속한 변화를 겪고 있으며, 기술이 사회에 미치는 영향도 날로 증가하고 있다. 이처럼 우리는 기술과 밀접히 연관된 생활을 영위하면서도 여전히 기술의 실체와 본질을 잘 이해하지 못하고 있으며, 이에 따라 첨단기술과 관련된 각종 이데올로기에 쉽게 빠져들기도 한다. 기술의 발전은 삶의 질 향상과 사회의 진보를 보장할 것인가, 아니면 기술이 사회의 통제를 벗어나 오히려 인간이 기술의 노예로 전락할 것인가? 이제 우리는 이러한 문제를 심각하게 재고하지 않으면 안 된다. 오늘날 기술과 사회의 관계에 대해 깊이 있는 인식과 시각을 정립하는 일은 과거 어느 때보다도 중요한 과제로 부상하고 있다.

이러한 맥락에서 이 글에서는 '기술론(技術論)'이라고 칭할 수 있는 기

---

* 이 글은 송성수(1995)를 재구성하고 부분적으로 보완한 것이다.

술과 사회의 관계에 관한 주요 논의를 살펴봄으로써 우리에게 기술이 어떤 의미를 주는지 생각해보고자 한다.[1] 이를 위해 필자는 상식적 차원에서 널리 통용되는 기술결정론(technological determinism)과 기술중립론(technological neutralism)을 검토하면서 몇 가지 문제점을 지적하고, 1980년대 이후 구미 학계에서 활발하게 논의되고 있는 기술의 사회적 형성론(social shaping of technology)과 기술의 사회구성주의를 소개하며, 그러한 논의들이 제기하는 실천적·정책적 함의를 도출해본다.

2. 기술결정론

기술과 사회의 관계에 접근하는 가장 강력한 관점은 기술결정론이다. 기술결정론은 기술이 그 자체의 고유한 발전 논리, 즉 공학적 논리를 가지므로 기술의 발전은 구체적인 시간과 공간에 관계없이 동일한 경로를 밟는다고 가정한다. 이러한 관점에 따르면, 사회구조는 기술의 논리 자체에 영향을 미치지 않으며 단지 기술발전의 속도를 조절할 수 있을 뿐이다. 반면 사회와 무관하게 자율적으로 발전한 기술은 사회의 변화에 막대한 영향을 미치며, 심지어 사회의 변화가 기술의 속성과 영향력으로만 설명되기도 한다. 더 나아가 낙관적 형태의 기술결정론은 기술의 발전이 모든 사회집단에게 보편적인 이익이 된다고 간주하고 있다.

이처럼 기술결정론은 기술의 중립성과 기술 중심적인 사고를 주요

1 기술에 대한 좀 더 다양한 인문학적·사회과학적 논의를 다룬 것으로는 이중원·홍성욱 외(2008), 이상욱 외(2009)가 있다.

특징으로 삼고 있다. 기술은 두 가지 의미에서 중립적이다. 기술은 사회와 무관하게 중립적으로 발전하며, 특정한 집단에 이익을 주는 것이 아니라 모든 사회집단에게 공동의 선(善)이 된다는 것이다. 또한 기술결정론에 의하면 기술이 모든 변화를 일으키는 판도라의 상자이며, 다른 변수들은 모두 기술발전의 부산물에 지나지 않는다. 기술은 독립변수이며 사회는 종속변수인 것이다. 기술결정론의 대표적인 예로는 등자(stirrup)가 봉건제를 낳았다는 주장, 인쇄술이 르네상스를 만들었다는 주장, 기계가 자본주의를 낳았다는 주장 등이 있다. 더 나아가 기술결정론은 과거 사회를 해석하는 데는 물론 현재 사회의 변화를 규명하고 미래 사회를 전망하는 데에도 적용된다. 흔히 미래학자로 분류되는 다니엘 벨(Daniel Bell)의 정보사회론과 앨빈 토플러(Alvin Toffler)의 제3 물결론이 그 대표적인 예다(Bell, 1979; Toffler, 1980).

그들은 먼저 첨단기술이 현대사회의 성격을 규정한다고 전제하고, 인류의 역사가 제1 물결(농업사회), 제2 물결(산업사회), 제3 물결(정보사회)로 변천해왔다고 주장했다. 정보사회에서는 기존의 기계적 기술(mechanical technology)이 지적 기술(intellectual technology)로 대체되면서 경제활동, 사회구성, 정치형태, 생활양식, 가치판단의 기준이 급격한 변동을 겪는다. 경제 부문의 중심은 제2차 산업에서 제3차 산업으로 이동하고, 기술직·서비스직·관료직에 종사하는 사람들이 급격히 증가한다. 또한 현대사회는 지식을 바탕으로 하는 개방 사회이기 때문에 지식 엘리트가 정책결정과정에 큰 영향을 미치며, 첨단기술의 보급으로 국가 간의 관계가 더욱 밀접해지고 국제 사회의 규모도 거대해진다. 그리고 정보통신의 발전으로 인간 사이에는 새로운 네트워크가 형성되어 조화로운 공동체 사회가 건설되며, 인간의 가치도 합리적이고 미래지향적인 것으로 바뀐다. 효율적인 경제활동, 합리적인 사회제도, 생활의 편리함, 인류의 행복을 약속해주는 유토피아가 바로 정보사회인 것이다.

이상의 논의에서 우리는 중립적인 기술의 발전이 모든 사람에게 이상적인 미래를 보장해준다는 전형적인 기술결정론의 논리를 읽을 수 있다. 그러나 과연 기술이 '모든' 사람에게 편리함과 행복을 가져다주는가? 그리고 기술이 발전하면 기존 사회의 모순이 저절로 해결될 수 있는가? 정보사회가 모든 사람에게 이익을 제공하는 것은 결코 아니며, 오히려 정보화가 진전될수록 '정보 부자(information rich)'와 '정보 빈자(information poor)'라는 새로운 권력관계가 형성되고 있다. 그렇다면 정보를 독점한 소수 권력층이 정보에서 소외된 대다수의 사람들을 통제하거나 조정할 수 있는 가능성이 많아질 것이다. 데이비드 라이언(David Lyon)에 따르면, 20세기 후반에 광범위하게 확산된 극소전자(micro-electronics) 기술이 훨씬 넓은 기반을 가진 감시 활동을 심화해 현대사회는 이른바 '전자감시사회'로 변모했다(Lyon, 1994).[2] 또한 기술이 발전한다고 해서 사회의 모순이 저절로 해결되는 것도 아니다. 우리는 기술발전의 이면(裏面)에 실업, 노동강화, 산업재해, 환경오염, 유해약품과 같은 부작용이 발생하는 것을 어렵지 않게 목격할 수 있다. 기술 유토피아라는 환상이 현대기술을 둘러싼 부정적인 측면을 가리는 효과를 갖는 것이다.

더구나 정보사회론은 지배 집단의 이데올로기로 사용될 소지를 안고 있다(김환석, 1991). 정보사회라는 유토피아를 눈앞에 두고 거기에 도달하

---

2 여기서 라이언은 프랑스 철학자 미셸 푸코(Michel Foucault)가 『감시와 처벌』에서 분석한 파놉티콘(panopticon)의 논리를 사용하고 있다. 파놉티콘이란 죄수는 간수를 볼 수 없지만, 간수는 죄수의 모든 행동을 한 자리에서 감시할 수 있는 원형 감옥을 말한다. 파놉티콘의 역사와 이슈에 관한 자세한 내용은 홍성욱(2002)을 참조.

기 위해서 기술혁신에 매진하는 것이 올바른 일이므로 정치적인 실천으로 사회의 혼란을 야기하는 것은 무지와 오해에서 비롯된 불필요한 행위로 간주된다. 이러한 관점에 입각하여 지배 집단은 기존 사회의 모순에 대한 근본적인 원인의 인식과 올바른 대안의 수립을 방해함으로써 결국 현존 질서(status quo)의 효과적인 유지를 확고하게 하는 것이다. 그리고 미리 예정된 정보사회라는 미래는 인간을 무력하고 수동적인 존재로 전락시킨다. 기술의 발전은 역사의 진보와 동일하기 때문에 기술의 발전에 저항하는 것은 역사의 진보를 거역하는 것으로 간주된다. 이러한 주장은 기술의 객관성이나 권위가 물신화될 때 더욱 쉽게 정당화될 수 있다. 하지만 기술이 역사의 진행에 영향을 미치는 것은 인간사회를 매개로 할 때에만 가능한 것이지, 결코 기술이 인간을 대신해서 사회의 모순을 해소해주거나 이상적인 미래를 가져다주는 것은 아니다.

더 나아가 우리가 기술과 사회의 관계에 대해 좀 더 분석적으로 접근한다면 기술결정론의 약점은 어렵지 않게 찾아낼 수 있다. 사실상 기술결정론은 기술의 일생이나 기술의 사이클을 고려하지 않고 기술과 사회라는 분화되지 않은 거시적 개념에만 입각하고 있다. 그러나 기술이 생성되어 그것이 사회에 영향을 미치는 과정에는 기술의 개발, 선택, 사용, 사회적 효과와 같은 여러 단위가 존재한다. 이처럼 기술이 사회에 영향을 미치기 위해서는 다양한 매개 고리가 필요하기 때문에, 기술의 변화는 사회활동의 양식과 범위에 한계를 부과하는 것이지 기술변화가 곧바로 사회변동을 유발하지는 않는다. 더구나 위의 각 부문들은 서로 영향을 주고받으므로 더욱 복잡해진다.

기술결정론에 대한 좀 더 근본적인 비판은 기술이 독립변수가 아니라 기술변화 역시 사회의 영향을 받는다는 점에 있다. 여기서 우리는 기술의 사회적 형성론에 주목할 필요가 있다(MacKenzie and Wajcman, 1999). 기술의 사회적 형성론자들은 '무엇이 사회적 영향을 갖는 기술을 형성하는가?', '기술이 효과를 갖기 전에 기술을 형성하는 것은 무엇인가?', '기술을 형성하는 데 사회가 담당하는 역할은 무엇인가?' 등과 같은 질문을 제기한다. 다시 말해 특정한 시간과 공간에서 특정한 기술이 개발된 이유는 무엇이고 어떠한 조건에서 기술이 발전했는지를 이해하려면 기술을 형성한 사회적 관계를 고려해야 한다는 것이다. 많은 사례연구들은 기술의 개발, 선택, 사용 과정에 다양한 사회적 요소가 개입하는 것을 보여준다. 어떤 기술이 생산성을 높일 수 있는가, 어떤 기술이 노동통제를 더욱 원활히 하는가를 비롯하여 어떤 기술이 기존 사회의 권력구조에 적합한가 등이 기술변화의 과정에 영향을 미치는 것이다.

3. 기술중립론

기술중립론은 기술 자체는 가치중립적인데 그것을 어떻게 사용하느냐에 따라 기술의 효과가 달라질 수 있다는 주장이다. '기술은 양날의 칼이다' 혹은 '기술은 야누스의 얼굴을 갖고 있다' 등과 같은 비유가 여기에 해당한다. 즉, 기술을 이용·선용(use)하느냐 오용·악용(abuse)하느냐에 따라 인류에게 도움을 주기도 하고 해악을 끼치기도 한다는 것이다. 기술결정론이 기술의 긍정적 측면에만 주목하는 경향을 보이는 데 반해 기술중립론은 기술의 긍정적 측면과 함께 부정적 측면을 고려한다는 점에서 한발 더 나아간 입장이라 할 수 있다.

분명 기술에는 양날의 칼과 같은 성격이 존재한다. 외과의사의 칼은 사람의 생명을 구하지만, 강도가 그 칼을 사용하면 사람의 생명을 위협하게 된다. 그러나 모든 경우에 이러한 논의를 적용하는 것은 곤란하다. 몇몇 기술의 경우에는 그 가치가 특정한 방향으로 경도되어 있기 때문이다. 예를 들어 미국에서는 “총이 사람을 죽이는 것이 아니라 사람이 사람을 죽이는 것이다”라는 식으로 총의 사용을 옹호하는 경우가 있는데, 사실상 총은 사람을 죽이는 것 외에는 사용될 확률이 높지 않다. 이와 관련해 고대 철학자 플라톤은 “배 위에서는 평등한 민주주의가 구현되기 힘들다”고 지적했는데, 그것은 몇 명이 타는 카누와 달리 큰 배를 운항하기 위해서는 선장, 부선장, 항해사, 선원, 노 젓는 사람들로 이루어진 위계가 필수이기 때문이다(이장규·홍성욱, 2006: 79~80).

이와 같은 논의는 기술중립론의 주요 문제점을 지적하고 있지만, 기술중립론을 기술과 사회의 역사적 관계라는 맥락에서 체계적으로 검토하지는 않고 있다. 기술의 사용 과정에 사회구조가 커다란 영향을 미친다는 점에 본격적으로 주목한 선구자는 카를 마르크스(Karl Marx)이다.[3] 그는 기술이 모든 사회집단에게 혜택을 주는 것이 아니라 특정한 집단에 이익이 되는 방향으로 사용된다는 점을 강조했다. 그것은 그의 기계의 자본주의적 사용에 관한 테제에서 잘 드러난다. “기계 그 자체는 노동시간을 단축시키지만 자본주의적으로 사용되면 노동시간을 연장시키며, 기계 그 자체는 노동을 경감시키지만 자본주의적으로 사용되면 노동강도를 높이며, 기계 그 자체는 자연력에 대한 인간의 승리이지만

3 마르크스의 기술론에는 여러 관점의 근거로 활용될 수 있는 부분들이 혼재되어 있기 때문에, 마르크스는 경우에 따라 기술결정론자나 기술중립론자가 되기도 하고 기술의 사회적 형성론자가 되기도 한다. 마르크스의 기술론에 대해서는 매켄지(MacKenzie, 1984)와 이장규·홍성욱(2006: 91~99)을 참조.

자본주의적으로 사용되면 인간을 자연력의 노예로 만들며, 기계 그 자체는 생산자의 부를 증대시키지만 자본주의적으로 사용되면 생산자를 빈민으로 만든다"는 것이다(마르크스, 1989: 560).

이와 같은 기술 자체의 중립성과 그 사용의 계급성에 입각한 관점을 오늘날의 상황에 적용한 논의로는 1970~1980년대 소련과 동구권에서 유행했던 과학기술혁명(scientific technological revolution: STR)론을 들 수 있다(Academies of Science, 1973; 이호창, 1991).

STR론은 1971년 소련의 제24차 당 대회에서 발달된 사회주의(developed socialism)의 이론적 기초로 채택된 것으로서 다음 두 가지 테제를 골간으로 삼고 있다. 첫째는 과학의 직접적 생산력화 테제이다. 그것은 STR 시기에 과학이 기술혁신과 상품생산에 필수적인 요소가 되었으며 과학이 '과학-기술-생산'의 구조에서 가장 선도적인 역할을 한다는 것을 의미한다. 둘째는 사회주의 적합성 테제이다. STR이라는 생산력의 발전은 자본주의의 기본 모순(생산의 사회적 성격과 생산수단의 사적 소유 간의 모순)을 더욱 심화하며, STR은 생산수단이 사회화된 사회주의사회에서만 제대로 진행될 수 있고 이에 따라 공산주의로의 이행이 실현된다는 것이다.

'과학의 직접적 생산력화'라는 언급은 마르크스에서 시작되었지만 이를 테제의 수준으로 격상한 사람은 STR론자들이었다. 그런데 이 테제는 과학-기술-생산 사이의 복잡하고도 모순적인 관계를 충분히 포착하지 못하고 있을 뿐 아니라 마르크스의 진의(眞意)를 왜곡하고 있다. 과학은 그것이 물질적 생산으로 통합되는 한에서만 생산력이 될 수 있으며, 이러한 과정에서는 한 사회의 기본적인 경제법칙, 예를 들어 자본주의사회에서는 잉여가치의 창출을 통한 자본-임노동 관계의 (재)생산이 주요한 잣대로 작용한다. 자본주의사회에서 과학은 상품생산 과정에 사용되지 않는 한 직접적 생산력이 아니라 잠재적 생산력일 뿐이다. 그리고 마르크스가 과학의 직접적 생산력화에 대해 언급한 것의 진의(眞意)는 "자본주의적 생산 과정에서는 구상과 실행이 분리되고 이렇게 분리된 구상 부문이 이전에는 사회구성체의 다른 영역에 존재했던 과학과 결합되는 경향이 있다"는 것을 설명하고자 한 데에 있다. 마르크스의 '경향'이라는 것이 STR론자들에게는 '선도'로 둔갑한 것이다. 생산력 구조에서 과학의 선도적 역할이라는 논리는 '과학→기술→생산→ 사회'라는 단선적인 설명으로 환원될 소지를 안고 있으며, 이에 따라 과학의 출현에 영향을 미치는 기술적·사회적 요소는 논의의 대상에서 제외된다.

사회주의 적합성 테제는 "기술 자체는 노동을 해방시킬 수 있는 잠재력을 지닌 것인데 자본주의사회에서는 악용되고 사회주의사회에서는 선용된다"는 관점에 입각해 있는데, 그것의 철학적 기반은 사회주의 생산양식(Socialist Mode of Production: SMP)론으로 대표되는 생산력주의에 있다. 스탈린은 국유화 혹은 계획화를 사회주의적 생산관계의 개조로 파악했기 때문에 "이제 생산관계의 문제는 해결되었으며, 남은 문제는 오직 생산력의 문제일 뿐이다"라고 판단했다. 이러한 견해는 "자본주의에서 발전한 생산력이 사회주의적 생산관계라는 거름종이를 통과하기만 하면 인민을 위한 생산력으로 둔갑한다"라는 다분히 기계적이고 낭만적인 발상에 기초한 것으로서, 이때 생산력은 생산관계와 분리되어 생산요소나 생산성으로 협소하게 이해된다. 즉, 생산력과 생산관계 중에서 생산력을 우위에 두고 생산력의 핵심을 기술로 파악하면서 '생산력=기술'의 발전이 사회주의의 발전을 주도한다는 것이다.

이처럼 STR론은 특정한 기술이 개발·선택·사용되는 사회적 양식을 분석했다기보다는 기술 자체와 기술의 사용을 기계적으로 구분한 후 후자와 관련해서만 기술의 사회적 성격을 밝히려고 시도한 것이다. 그것은 기술결정론과 마찬가지로 기술의 내용과 사회를 분리하고 기술 자체는 내적인 논리에 따라 발전한다고 간주한다. 이러한 접근 방법은 "특정한 사회가 필요로 하는 기술이 어떤 내용을 가져야 하고 동시에 어떤 기술이 지양되어야 할 것인가"에 대한 구체적인 판단을 어렵게 한다. 또한 STR론은 기술사용의 사회적 성격을 밝히는 데에도 매우 추상적인 원칙만을 다루기 때문에 관련된 문제의식이 사상되면 곧바로 기술결정론으로 퇴화될 소지를 안고 있다. 이러한 문제점을 극복하기 위해서는 단지 기술의 사회적 효과나 기술의 사용 과정뿐 아니라 흔히 '암흑상자'로 치부되었던 기술의 선택이나 개발 과정에 대해서도 진지하게 탐색해야 한다.

4. 기술의 사회적 형성론

데이비드 노블(David F. Noble)은 공작기계에 관한 사례연구를 통해 기술의 선택에 관여하는 사회적 요소를 검토했다(Noble, 1979). 20세기 중엽에 금속절삭을 위한 공작기계는 두 가지 형태로 개발되었다. 하나는 녹음재생(record playback) 공작기계였고, 다른 하나는 수치제어(numerical control: N/C) 공작기계였다. 전자는 노동자의 작업내용이 자기테이프에 기록되어 기계가 노동자의 작업을 그대로 반복할 수 있게 만들어진 것이었고, 후자는 프로그래밍 언어에 의해 작업내용이 기계에 전달되기 때문에 프로그램만 있으면 숙련노동자 없이도 작업을 초기화할 수 있게 제작된 것이었는데, 두 가지 중 당시의 기계산업이나 항공산업 분야에서 선택된 것은 후자였다. 여기서 노블은 N/C의 선택을 기술적 차원이나 경제적 차원에서 설명할 수 없다고 지적했다. N/C는 여러 개의 축을 가진 항공기 형판과 같은 복잡한 기계가공에 적합했고, 녹음재생은 시스템 자체를 변경하지 않고도 작업 내용을 다양화할 수 있었다. 특히 정밀한 기계가공의 경우에는 오차가 자주 발생하는데, 녹음재생은 생산이 시작되기 전의 프로그래밍 과정에서 오류를 제거할 수 있다는 장점이 있었다.

한편 경제적 측면에서 N/C는 부착물의 감소와 노무비 절감의 효과가 있었지만 그것을 완전한 시스템으로 통합하고 작업 중에 발생하는 오차를 제거하는 데에는 엄청난 비용이 소요되었다. 그러나 당시의 공군은 N/C에 막대한 지원을 제공했기 때문에 비용의 최소화가 절실히 요구되지 않았다. 두 가지 기술을 개발하는 데 핵심적인 역할을 했던 한 엔지니어가 적절히 지적했듯이, N/C의 선택은 작업장에 대한 경영진의 통제를 강화하기 위한 것이었다.

> 보라. 녹음재생 시스템에서는 급송, 속도, 작업량, 산출고에 대한 통제권이 기계공에게 주어져 있다. N/C 시스템에서는 통제권이 경영진으로 이동한다. 경영진은 더 이상 작동자에 의존하지 않고, 따라서 기계의 사용을 최적화할 수 있다. N/C를 사용하면 노동과정에 대한 통제권이 경영진의 손에 확고하게 주어진다. 그런데 왜 우리가 그것을 선택하지 않겠는가?(Noble, 1979: 34).

그것은 노동자들의 파업이 절정에 달했던 1946년에 제너럴일렉트릭(General Electric)의 공작기계 자동화 프로젝트가 강력히 추진되었다는 사실에서 잘 나타난다.

위너(Langdon Winner)의 논문에서 엿볼 수 있는 다른 사례도 기술의 도입이 즉각적인 수지타산과는 무관함을 보여준다(Winner, 1980: 125). 1880년대에 시카고에 있는 사이러스매코믹(Cyrus McCormmick)사의 수확기 제조 공장은 50만 달러의 비용을 지출하여 공기주형기계라는 거의 테스트되지 않은 새로운 혁신을 도입했다. 당시 매코믹 2세는 철강 주형공 전국노동조합(National Union of Iron Molders)과 투쟁하고 있었다. 그는 새로운 기술의 도입을 "노동자 중에서 나쁜 인자", 즉 시카고의 노동조합 지부를 조직했던 노동자를 제거하는 방법으로 삼았다. 여기서 특기할 만한 사실은 미숙련노동자에 의해 작동되는 그 기계가 기존의 기계보다 많은 비용을 들이고서도 품질이 떨어지는 주물을 생산했다는 점이다. 그 기계가 노조의 파괴라는 목적을 달성하자 매코믹 2세는 사용을 중단했다. 매코믹은 단기적인 수입보다는 장기적인 이익을 추구했으며, 기술의 직접적인 사회적 효과를 예상하고 기술변화를 추진했던 것이다.

더 나아가 노블의 사례연구는 기술이 실제로 사용되는 방식이나 결과가 최초의 선택에 내포된 기대와 종종 일치하지 않음을 보여준다. N/C를 선택했던 경영진은 작업속도의 강화, 기계 작동자의 탈숙련화, 은밀한 태업의 제거를 염두에 두었지만 그것은 이내 희망사항으로 끝나고 말았다. N/C의 속도는 터무니없이 빨라서 노동자의 저항은 물론 기계의 부작용을 유발했다. 또한 N/C가 도입된 공장에서는 프로그래밍의 오류와 기계의 부작용이 빈번히 발생했고, 이를 교정하기 위해 기계 작동자는 작업의 진행 과정이나 심지어는 계획 과정에도 수시로 개입해야 했다. 이처럼 생산에 관한 지식이 여전히 숙련노동자들에게 남아 있었기 때문에 그들은 미숙련노동자로 대체되지도 않았고 작업속도를 4분의 3 정도로 조절할 수 있었다(Noble, 1979: 38~44). 노블이 적절하게 지적했듯이, "기술변화에서 원인과 결과의 관계는 자동적으로 정해진 것이 아니라 기술변화에는 관련된 사회집단들의 상대적인 세력에 의존하여 결과가 산출되는 복잡한 과정이 매개"되는 것이다. 노블에 의하면 생산기술은 생산의 사회적 관계에 의해 이중적으로 규정된다. 첫째, 기술은 결정을 내리는 사람들의 이데올로기와 사회적 힘에 따라 설계되고 배치된다. 둘째, 생산 과정에서 기술이 실제적으로 사용되는 방식은 작업장에서 벌어지는 계급투쟁의 실체에 의해 규정된다(Noble, 1979: 19).

이것은 기술의 영향이 일직선적인 것이 아니라 사회적 요인에 의해 굴절된다는 것을 의미한다. 즉, 기술의 선택과 도입으로 나타나는 작업조직의 형태와 내용은 노동자의 숙련이나 통제권을 강화할 수도 있고 약화할 수도 있는 것이다. 예를 들어 영국과 서독에서 컴퓨터 수치제어(computer numerical control: CNC) 공작기계가 작업조직에 미치는 영향을 분석했던 소르게(Arndt Sorge) 외는 노동시장의 구조, 국가나 기업의 교육훈련제도, 노사관계의 특징과 같은 사회적 요인에 주목하면서 동일한 기술이 다른 결과를 낳을 수 있다고 주장했다. 영국에서는 CNC 도입이 노동자의 탈숙련화와 통제권의 약화로 이어졌던 반면, 서독에서는 CNC 도입으로 오히려 노동자의 숙련이 향상되고 통제권이 강화되었다는 것이다(Sorge, et al., 1983).

한편 기술개발은 특정 환경에서 주어진 자원을 활용하여 새로운 아이디어를 탐색하는 과정에 해당한다. 이러한 과정에는 활용 가능한 지식기반, 지배적인 기술변화의 방향, 사회적 관계의 성격 등 매우 다양한 요소가 개입한다.[4] 지식기반의 대표적인 예가 바로 과학인데, 기술개발 과정에서는 과학이 특정한 방향으로 활용되면서 변형된다. 기존의 기술은 각종 장치와 기법, 그리고 인적자원을 통해 새로운 기술의 개발에 영향을 미친다. 사회적 관계는 특정한 시공간에서 작용하는 정치적·경제적·조직적·문화적 차원을 포함한다. 기술의 사회적 형성론자들은 기술개발의 메커니즘을 완벽하게 설명하는 것이 어렵다는 점을 인정하면서도 기술개발에 관련된 다양한 요소들이 통합되는 과정에서는 사회적 관계가 가장 중요한 역할을 한다는 시각을 견지한다.

코완(Ruth S. Cowan)은 냉장고에 대한 사례연구를 통해 기술개발 과정에 관여하는 경제적 요소와 조직적 관계를 포괄적으로 다뤘다(Cowan, 1983: 127~145). 19세기 중엽 이후 미국 사회에서는 도시가 팽창하고 사람들의 이동이 빈번해지면서 식품의 보존량과 보존기간의 증가가 요구되어 기계적 냉장에 관한 수요가 지속적으로 성장했다. 이러한 배경에서 각 기업들은 경쟁적으로 냉장고 사업에 뛰어들었고 1920년대에는 가정용 냉장고가 판매되기에 이르렀다. 그런데 여기서 특기할 만한 사실은 가정용 냉장고 시장을 석권했던 것은 가스 흡수식이 아니라 전기 압축식이었다는 점이다. 1925년까지도 전기 서비스보다 가스 서비스가 널리 퍼져 있었음을 상기해볼 때 이것은 일반적인 예상에서 벗어나는 것이었다. 전기냉장고가 가스냉장고보다 기술적으로 뛰어난 것도 아니었고 소비자들이 전기냉장고를 선호했던 것도 아니었다. 사실은 그 반

---

4 이와 관련해 바살라(Bassalla, 1988)는 기술사의 연구성과들을 활용하면서 새로운 기술의 출현과 기술의 선택에 관여하는 다양한 요소를 검토했는데, 전자의 경우에는 심리적·지적 요소와 사회문화적·경제적 요소에, 후자의 경우에는 경제적·군사적 요소와 사회적·문화적 요소에 주목했다.

대에 가까웠다. 전기 압축식에서는 냉매의 기화와 응고를 조절하기 위해 압축기라는 별도의 전기 펌프를 설치해야 했던 반면, 가스 흡수식은 냉매가 가스 불꽃에 의해 가열되고 물에 흡수되면서 농축되는 매우 간단한 구조였다. 압축기로 인하여 전기냉장고는 윙윙하는 소리가 심하게 났던 반면 가스냉장고는 매우 조용했고, 가스 흡수식에는 작동 부품이 거의 없어서 작동 비용도 저렴했으며 유지 및 정비도 용이했다. 여기서 코완은 경제적·조직적 이유 때문에 가스냉장고가 적절한 개발 시기를 놓쳤다고 주장했다. 제너럴일렉트릭, 제너럴모터스(General Motors), 웨스팅하우스(Westinghouse)와 같은 대기업은 충분한 자본을 바탕으로 전기냉장고의 개발에 막대한 물적·인적 자원을 투자했으며 적극적이고 기발한 광고 및 판촉 활동을 벌였다. 또한 대기업들 사이의 생산적인 경쟁과 전기설비 회사들의 적극적인 지원은 전기냉장고에 관한 기술혁신과 시장확보를 용이하게 했다. 반면 세르벨(Servel)이나 소르코(SORCO)와 같은 가스냉장고 제조업체들은 대부분 중소기업이어서 막대한 개발비를 적시에 공급하지 못했고, 도중에 사업을 포기하는 업체가 많아 건전한 경쟁이 유발되지 않았으며, 보수적인 가스설비 회사들은 전기 서비스의 도전에 자신을 방어하기에 급급했다. 생산업체를 둘러싼 사회적 환경은 특정한 기술의 개발을 촉진하는 반면 다른 기술의 개발은 불가능하게 하는 것이다.

기술개발의 과정에서 중심적인 위치를 차지하는 설계(design)의 경우에도 사회구조는 막대한 영향을 미친다. 위너는 「인공물은 정치를 가지는가(Do Artifacts Have Politics?)」라는 논문에서 1970년대 뉴욕 롱 아일랜드(Long Island)의 공원길을 가로지르는 고가도로를 검토하면서 고가도로 설계에 계급적·인종적 편견이 반영되어 있다고 주장했다(Winner, 1980:

123~124). 그 고가도로는 높이가 9피트로 설계되어 있어서 12피트나 되는 높은 버스는 고가도로 밑을 통과할 수 없다. 미국 사회에서 자동차를 사용하는 사람들은 주로 중상위 계층의 백인으로서 그들은 고가도로를 통해 출퇴근도 하고 드라이브도 한다. 반면 버스와 같은 대중교통 수단을 이용하는 빈민이나 흑인들은 낮게 설계된 고가도로를 우회하여 목적지에 도달해야 한다. 빈민이나 흑인들에게는 뉴욕의 고가도로가 무용지물일 뿐 아니라 오히려 생활을 불편하게 하는 기술인 것이다. 여기서 우리는 어떤 기술이 선택되고 사용되기에 앞서 특정한 사회질서를 체현하는 형태로 설계됨을 알 수 있다.

지금까지의 논의에서 알 수 있듯이 기술의 사회적 형성론은 기술결정론과 기술중립론에서는 볼 수 없었던 문제를 제기함으로써 기술과 사회의 관계에 접근하는 새로운 시각을 제시한다. 기술의 사회적 형성론에 따르면, 기술은 자체의 논리에 의해 단선적으로 발전하지 않으며, 기술이 중립적이거나 인류의 행복을 보장하는 것도 아니다. 오히려 기술변화의 과정은 정치적·경제적·조직적·문화적 요소와 같은 사회적 요인이 개입되는 복합적 과정이며 이에 따라 기술변화의 속도와 방향, 기술의 형태, 기술의 결과는 사회구조의 성격에 따라 달라질 수 있는 것이다.

5. 기술의 사회구성주의[5]

이처럼 기술변화의 사회적 성격을 강조하면서 기술의 효과뿐 아니라

---

5 이 단락의 논의는 송성수 편저(1999: 8~13)에 입각하고 있다.

기술의 내용까지 논의의 대상으로 삼는 관점은 기술의 사회구성주의에서도 공유되고 있다.[6] 기술의 사회구성주의는 다양한 분파로 이루어진다. 그것은 핀치와 바이커(Wiebe E. Bijker)의 기술의 사회적 구성론(social construction of technology: SCOT), 휴즈(Thomas P. Hughes)의 기술 시스템(technological system) 이론, 라투르·칼롱(Michel Callon)·존 로(John Law)의 행위자-연결망 이론(actor-network theory: ANT)으로 분류할 수 있다.

핀치와 바이커는 과학지식사회학에서 비롯된 상대주의의 경험적 프로그램(empirical programme of relativism: EPOR)을 기술의 영역으로 확장하여, 과학적 사실이 사회적으로 구성되는 것처럼 기술적 인공물도 사회적으로 구성된다고 주장한다. 그들은 자전거의 변천에 관한 사례연구를 통해 기술의 구성 과정을 다음과 같이 분석하고 있다. 특정한 기술과 관련된 사회집단(relevant social groups)은 해석적 유연성(interpretative flexibility)을 지녀 자신의 이해관계에 따라 기술이 지닌 문제점을 서로 다르게 파악한다. 이에 따라 각 사회집단은 문제점에 관한 해결책으로 상이한 기술적 인공물을 제시하며 그것을 둘러싼 논의가 확산되는 과정에서 사회집단들 사이에는 문제점과 해결책에 관한 갈등이 발생한다. 이러한 갈등은 집단적이고 사법적·도덕적·정치적 성격을 가지는 협상이 진행되는 매우 복잡한 과정을 거치며, 결국 어느 정도 합의에 도달한 기술적 인공

6 기술의 사회적 형성론은 거시사회의 구조적 관계를 중시하는 데 반해 기술의 사회구성주의는 미시사회의 행위자나 집단의 활동에 주목한다는 차이점이 있다. 이러한 점은 사회학에서 오랜 논쟁거리가 되어온 행위·구조, 미시·거시의 대립을 둘러싼 문제와 일맥상통한다. 그러나 조직의 형태와 내용이 만들어지는 과정은 행위자들에 의한 교섭 과정일 뿐만 아니라 외부의 환경에 대한 적응 과정이기도 하므로, 조직에 대한 좀 더 완전한 설명을 위해서는 행위와 구조, 미시와 거시가 통일적으로 파악될 필요가 있다.

물의 형태가 선택된다. 이처럼 논쟁이 종결되는 단계, 즉 안정화 단계에 이르면 관련된 사회집단들은 자신들이 설정한 문제점이 해결되었다고 인식하게 되며 이전과는 다른 차원의 새로운 문제를 제기하기 시작한다(Pinch and Bijker, 1987).

더 나아가 바이커는 베이클라이트(Bakelite)와 형광등에 대한 사례연구를 통해 '기술 프레임(technological frame)'이라는 개념을 도입함으로써 자신의 논지를 더욱 발전시킨다. 기술 프레임은 특정 기술에 대해 관련 사회집단이 채택하는 이론, 암묵적 지식, 공학적 관행, 검사 절차, 목표 등으로 이루어져 있다. 여기서 기술 프레임은 기술자들의 틀이 아니라 기술에 관한 틀이기 때문에 기술자뿐 아니라 소비자와 같은 다른 집단도 가질 수 있으며, 기술 프레임은 완전하지 않으므로 각 행위자들은 특정한 기술 프레임에 대하여 다른 정도로 포섭된다. 이러한 기술 프레임의 존재 유무와 방식에 입각하여 바이커는 발명의 과정을 세 가지 유형으로 분류한다.

첫 번째 유형은 어떤 사회집단도 기술 프레임을 갖지 못하는 경우다. 이 경우에는 특정한 집단이 점차 성장하면서 다른 집단들을 포섭하여 기술 프레임을 창출하는데, 이때의 기술혁신은 주로 급진적 성격을 띤다. 두 번째 유형은 하나의 기술 프레임이 우위를 점하는 경우다. 이 경우에는 기술 프레임에 묶여 있는 사람들이 주로 점진적 혁신을 수행하며, 때때로 포섭의 정도가 적은 사람들은 그 프레임의 변칙사례를 추정함으로써 급진적 혁신을 성취하기도 한다. 세 번째 유형은 두 개 이상의 기술 프레임이 경쟁하는 경우다. 복수의 기술 프레임이 경쟁하는 경우에는 기술변화의 과정에 외부 환경이 큰 영향을 미치며, 이러한 외부 환경의 영향에 따라 정치적 성격을 띠는 협상이 진행되면서 관련 사회집단들의 이해관계가 조정된다(Bijker, 1987).

휴즈는 전등 및 전력 시스템에 관한 역사적 연구를 통해 기술 시스템 이론을 제창하고 있다. 기술 시스템은 물리적 인공물, 조직, 과학 기반, 법적 장치, 자연 자원 등으로 구성되며, 각 요소는 다른 요소들과 상호작용하면서 시스템 전체의 목표에 기여한다. 여기서 기술 시스템에 포함되지 않은 요소들은 주변환경(surroundings)에 해당하는데, 기술 시스템과 주변환경은 정태적으로 분리된 것이 아니라 기술 시스템이 진화하면서 주변환경의 일부를 시스템의 구성요소로 포섭하기도 하며 반대로 시스템의 구성요소가 주변환경으로 해체되기도 한다. 휴즈는 이러한 이질적인 요소들을 기술 시스템으로 통합하고 주변환경에 있는 요소들을 기술 시스템으로 끌어들이는 핵심 주체를 시스템 구축가(system builder) 혹은 창의적 기업가(entrepreneur)로 규정하고, 시스템 구축가의 유형을 해당 기술 시스템의 진화 단계에 따라 발명가–기업가(inventor-entrepreneur), 관리자–기업가(manager-entrepreneur), 재정가–기업가(financier-entrepreneur)로 구분한다. 이러한 시스템 구축가들은 기술 시스템의 성장이 지체되는 영역인 역돌출부(reverse salients)에 물적·인적 자원을 집중적으로 동원하여 결정적인 문제들을 풀이함으로써 난국을 타개하고 시스템의 성장에 기여한다.

이러한 논의를 바탕으로 휴즈는 기술 시스템의 진화 과정을 발명, 개발, 혁신, 기술 이전, 성장·경쟁·공고화의 다섯 단계로 구분해 설명한다. ① 발명에는 보수적인 발명과 급진적인 발명이 있는데, 전자는 새로운 시스템의 시작을 가능하게 하며, 후자는 기존의 시스템을 개선하거나 확장하는 데 기여한다. ② 개발 단계는 기술의 사회적 구성이 명료하게 드러나는 단계로서, 발명가는 자신의 발명이 생존할 수 있도록 발명품에 경제적·정치적 특성을 부여하게 된다. ③ 혁신 단계에서는 각종 인적·물적 자원이 동원되어 해당 시스템의 생산 및 판매망이 구성되는데, 이 단계를 계기로 발명 중심의 시스템 구축가는 관리 및 재정 중심의 시스템 구축가로 대체된다. ④ 기술 시스템이 이전되는 과정에서는 다른 지역의 정치적 가치체계, 지리적 조건, 규제 법령, 역사적 경험 등이 개입되어 기술 스타일(technological style)이 달라질 수 있다. ⑤ 기술 시스템의 성장 과정에서 발생하는 문제가 시스템 내부에서 해결될 경우에는 시스템이 더욱 공고화되지만, 그렇지 않은 경우에는 기존 시스템과 새로운 시스템 사이에 경쟁이 발생한다. 기술 시스템의 공고화는 보통 기업 간 합병이나 산업의 표준화를 수반하며, 성숙한 기술 시스템은 모멘텀(momentum)을 갖게 되어, 그것의 변경은 원칙적으로는 가능하지만 실제로는 매우 어려워진다.

라투르, 칼롱, 로는 민속지적 접근을 활용하여 전기자동차나 항공기와 같은 특정한 프로젝트의 일생을 탐구함으로써 기술과 사회는 고정된 실체가 아니라 항상 변화를 경험하고 있다고 주장한다(Latour, 1987; Callon, 1987; Law and Callon, 1992). 그들에 따르면, 기술과 사회의 특성을 알기 위해서는 이미 만들어져 암흑상자 속에 갇힌 기술과 사회 대신에, 만들어지고 있는 기술과 사회가 탐구되어야 한다. 기술과 사회가 만들어지는 과정에서는 사회가 기술변화를 규정하는 측면과 기술이 사회변화를 유발하는 측면이 동시에 나타나며, 이러한 과정에서 기술과 사회는 동시에 구성되고 진화한다. 그들은 행위자-연결망이라는 개념을 통해 기술과 사회의 동시 진화를 설명하려고 한다. 행위자-연결망에는 엔지니어, 기업가, 정부 관료, 사회운동가 등과 같은 인간적 요소뿐 아니라 제도적 장치, 자연자원, 기술, 기업 등과 같은 비인간적 요소도 포함된다. 이처럼 매우 다양한 자원을 동원하고 활용함으로써 행위자-연결망은 특정 한 프로젝트를 도출하고 수행하게 된다. 여기서 프로젝트의 존폐 여부를 결정하는 연결망은 포괄적 연결망(global network)이고, 실무 차원에서 프로젝트를 집행하는 연결망은 국소적 연결망(local network)이며, 두 연결망 간의 거래가 통제되는 지점은 강제적 통과 지점(obligatory point of passage)에 해당한다.

행위자-연결망 접근을 취하는 연구자들은 연결망을 형성하고 발전시키는 주요 행위자를 이질적 엔지니어(heterogeneous engineers) 혹은 엔지니어-사회학자(engineer-sociologists)로 개념화하고 있다. 그들은 과학기술적인 요소에서 사회정치적인 요소에 이르는 매우 이질적인 자원을 결합하며, 특정한 기술뿐 아니라 특정한 사회 모델을 구현하려고 노력한다. 이러한 주요 행위자들이 다른 행위자들을 포섭하는 과정에서 사용하는 방법은 번역(translation)과 가입(enrollment)이다. 번역은 주요 행위자들이 다른 행위자들을 식별하고 자신의 관점으로 해석하는 것이고, 가입은 주요 행위자들이 다른 행위자들로 하여금 자신의 시각을 받아들이게 하는 것이다. 또한 주요 행위자들은 단순화(simplification) 및 병렬배치(juxtaposition)라는 기법을 통해 연결망 내의 각 결절점들을 규정하고 연결한다. 단순화란 매우 복잡한 세계를 속성이 잘 정의된 실체로 제한하는 것이며, 병렬배치란 각 요소들이 서로 잘 연결될 수 있도록 상호 관계를 형성하는 일이다. 이렇게 형성된 행위자-연결망은 특정 프로젝트를 통해 자신이 추구하는 기술과 사회의 모델을 실현하려고 한다. 프로젝트가 성공적으로 진척됨에 따라 행위자-연결망은 점점 안정성을 획득하며, 동시에 행위자-연결망의 결합력이 클수록 프로젝트의 실현 가능성은 높아진다. 그러나 행위자-연결망이 핵심적인 문제를 해결하지 못하거나 통제할 수 없는 의외의 사태가 발생하면, 프로젝트는 취소되고 행위자-연결망은 해체되는 과정을 밟는다.[7]

그렇다면 이와 같은 사회구성주의 논의를 어떻게 종합할 수 있을까? 여기서 유의할 사항은 기술의 사회적 구성론, 기술 시스템 이론, 행위자-연결망 이론이 모두 기술변화의 특정한 측면이나 국면에 주목한다는 점이다. 기술이 처음에 설계되거나 출현하는 과정에서는 기술의 용도나 궤적에 해석적 유연성이 존재한다. 그 기술의 변화 방향이 이미 결정되어 있는 것이 아니라 기술변화를 둘러싼 다양한 이해관계의 영향을 받는 것이다. 이러한 개별적 기술이 기술 시스템의 일부로 편입되고 기술 시스템이 성장하는 과정에서는 시스템 구축가나 이질적 엔지니어의 역할이 중요하다. 그들은 일반적인 발명가와는 달리 전체 시스템이나 네트워크에 주목한다. 기술 시스템이 안정화의 단계에 이르면 기술은 종종 그것을 처음 만들었던 사람의 의지대로 변하지 않는다. 성숙한 기술 시스템은 엄청난 모멘텀을 가지며, 어떤 경우에는 기술 자체가 독자적인 삶을 가진 것으로 보이기도 한다. 그러나 기술이 인간과 무관한 생명을 가진 존재는 아니며, 기술 시스템의 진화 방향을 변경하는 것이 불가능하지는 않다.

이상과 같은 기술의 사회구성주의는 1980년대 중반에 출현하여 점점 그 세력을 확장함으로써 현재는 과학기술학의 주요한 패러다임으로 정착하고 있다. 그 과정에서 기술의 사회구성주의가 취하는 방법론이나 그것의 함의에 대한 비판도 지속적으로 전개되었다. 기술이 개인의 경

7 행위자-연결망 이론에 대한 자세한 논의는 김환석(2006: 62~97), 홍성욱(2008a), 홍성욱 엮음(2010)을 참조.

험과 사회적 관계에 커다란 영향을 미치고 있는데도 기술의 사회구성주의는 기술의 형성 연구에만 주의를 기울이고 기술의 영향에 대한 연구에는 너무 소홀하지 않은지, 관련 사회집단이나 주요 행위자들이 기술변화에 대해 자유로운 선택을 할 수 있는 것이 아니라 역사적으로 구조화된 거시적인 사회관계에 의해 강하게 제약당하고 있지 않은지, 기술의 구성주의가 기존의 기술론을 해체하기 위해 채택하고 있는 상대주의적 관점이 정치적·도덕적 불가지론으로 귀결되는 것은 아닌지 등이 가장 대표적인 논점이다. 이러한 비판 속에서 구성주의적 관점을 취하는 연구자들은 기술의 형성 연구와 기술의 영향 연구를 통합할 수 있는 방안을 모색하고, 기술의 사회구성주의에 담긴 정책적·실천적 함의를 도출하는 데 더 많은 관심을 기울이고 있다.[8]

6. 실천적·정책적 함의

지금까지 살펴본 것처럼 기술의 사회적 형성론과 기술의 사회구성주의는 기술을 보편적 합리성의 산물로 절대화하지 않고 사회적 관계의 산물임을 보여주기 위해 기술이 만들어지는 과정을 해체해서 드러내고 있다. 그러나 사회적 관계를 중심으로 기술을 파악한다는 것이 기술이 모든 경우에 지배계급의 도구로 기능함을 의미하지는 않는다. 기술변화의 과정에는 이해관계가 다른 다양한 집단들이 개입하며, 각 집단의 목

8 기술사와 기술철학의 입장에서 기술의 사회구성주의를 비판적으로 검토한 국내의 연구로는 송성수(2002b)와 손화철(2003)이 있다.

표가 다르므로 세력이 우세한 쪽의 논리와 요구가 관철될 개연성이 높다. 따라서 만약 기술이 형성되는 과정에 민주주의의 논리가 관철될 수 있다면 그 속에서 인간의 소외를 도모하는 기술과 인간의 자유를 지향하는 기술을 가려내는 능력도 배양될 것이고, 후자를 재구성할 수 있는 사회적 실천이 조직될 수 있다는 사실에 주목해야 한다(Martin, 1998).

이러한 가능성은 루카스 항공(Lucas Aerospace)의 협동계획에서 제출된 각종 대안적 기술(alternative technology)에서 엿볼 수 있다(Cooley, 1987). 1970년대 영국 루카스 항공의 노동자들은 진보적 과학기술자 및 사회단체와 연합해 군사 부문에 집중되어 있는 기존의 생산방식을 폐기하고 자신의 창조력을 충분히 발휘하면서도 사회적으로 유용한 제품을 생산하려는 협동계획을 제안하고 실천했다. 그들은 우선 기존의 기술변화의 문제점, 즉 긴요한 상품의 절대적인 부족, 설계 과정에서 생산자의 소외, 생산 과정에서 기계에 의한 노동의 무조건적 대체, 선택 및 사용 과정에서 소비자와 제3 세계의 주권 상실 등에 주목했다. 그들은 작업장 대표 모임을 결성한 후 설문지 작업을 통해 자신들의 목적에 부합하면서 회사가 보유한 물적·인적 자원으로 제작 가능한 제품을 기획했다. 거기에는 어린이를 위한 차량, 간이용 생명구조체계, 자가 건축용 저에너지 주택, 환경친화적인 복합동력체계, 다목적용 동력계, 도로·철도 겸용 차량, 가정용 투석기, 심해작업에 적합한 로봇 손 등이 포함되어 있었다. 이런 상품들을 설계하고 생산하면서 루카스의 노동자들은 인간과 사회의 진보를 위한 기술을 스스로 생산하는 경험을 체득할 수 있었고 생산 과정에서 효율성의 제고와 민주주의의 확산이 양립할 수 있음을 깨달았다.

기술의 사회적 형성론이나 기술의 사회구성주의가 갖는 실천적 함의는 세계 각국에서 문제가 되는 자동화 기술의 변화에도 적용할 수 있다.

자동화 기술의 변화는 고용과 실업, 임금, 작업배치, 노동시간, 노동강도, 건강 등과 같은 다양한 노동 문제와 밀접하게 관련되어 있으므로 노동자들에게는 중요한 관심사가 아닐 수 없다. 이미 몇몇 선진 자본주의국가에서는 이러한 문제에 적절히 대응하기 위해 노동조합이 관련 전문가 집단과 연합하여 신기술과 관련된 정보를 파악하고 경영진과 단체교섭을 하는 관행, 즉 신기술협정(new technology agreement)을 제도화했다(이정택, 1991). 기술의 변화에 대하여 협정을 하겠다는 발상은 노동조합이 기술에 무관심했던 기존의 태도를 버리고 기술은 인간이 만드는 것이기 때문에 기술변화의 방향도 인간의 개입에 따라 달라질 수 있다는 생각에서 비롯되었다.

선진 자본주의국가의 경험은 다음 세 가지 유형으로 구분할 수 있다. 첫째는 일본의 경우로, 노동조합이 기술변화의 과정에는 거의 관여하지 않고 신기술 도입으로 인한 생산성 증가분을 임금상승으로 보상받는 방법이다. 둘째는 독일의 경우로, 노동조합이 기술의 선택이나 사용 과정에 개입하여 신기술의 도입으로 문제가 되는 노동조건을 경영진과 협상하는 방법이다. 셋째는 스웨덴의 경우로, 노동조합이 기술의 설계 과정에도 부분적으로 참여하고 신기술의 도입 및 사용방식을 경영진과 공동으로 결정하는 방법이다. 이러한 경험에서 도출할 수 있는 중요한 교훈은, 신기술협정에는 신기술의 도입으로 생긴 폐해에 대한 사후적인 규제만이 아니라 신기술의 개발 및 도입 과정에 노동조합이 적극적으로 참여함으로써 사전에 신기술의 부정적인 효과를 제거하는 활동도 포함되어야 한다는 점이다. 신기술이 도입된 이후에 노동자들이 신기술에 문제를 제기하는 것은 그 영향력의 범위가 크게 제한되기 때문이다.

기술의 사회적 형성론이나 기술의 사회구성주의는 참여 지향적 과학기술정책의 근거로 활용될 수도 있다(Rip et al., 1995; 이영희, 2000: 163~194). 선진 자본주의국가들은 기술변화와 관련된 부정적 측면을 제거하기 위해 오래전부터 기술영향평가(technology assessment: TA) 활동을 시도해왔다. 기술영향평가 활동의 흐름은 크게 전통적 TA와 구성적 TA의 두 유형으로 나누어볼 수 있다. 전통적 TA는 사후적 성격을 띠고 있어서 기술 그 자체는 주어진 것으로 받아들이고, 다만 그것이 야기할 수 있는 문제점을 최소화하는 데 초점을 둔다. 또한 전통적 TA는 전문지식으로 무장한 과학기술자들이 기술의 발전과 기술의 사회적 영향을 가장 잘 분석할 수 있다는 엘리트주의적 관점에 입각한다. 이러한 전통적 TA에 대해서는 다음과 같은 두 가지 문제점이 지적되었다. 첫 번째 문제점은 통제의 딜레마(control dilemma)이다. TA의 목적이 기술의 긍정적인 발전을 위해 기술변화를 통제한다는 것에 있지만, 기술개발에는 많은 불확실성이 따르므로 미리 그 영향을 예측하기 어렵고 이미 엄청난 자원을 투자한 프로그램에 대해서는 문제를 제기할 수 없기 때문에 결국 통제에 실패한다는 것이다. 두 번째 문제점은 국민이 접할 수 있는 정보가 많아지고 사회가 점점 민주화되면서 국민의 참여 욕구는 증가하고 있는데, 전문가 집단에게만 정책결정을 일임한다면 정책내용의 성격이나 수준과는 별도로 국민의 불신이 유발되어 정책시행 단계에서 난관에 봉착한다는 것이다.

구성적 TA는 기술변화의 속도와 방향이 근본적으로 사회적 행위자들의 목적의식적인 개입에 따라 변화될 수 있다는 인식에서 출발한다. 즉, 기술변화를 주어진 것으로 받아들이지 않고 그 과정에 적극적으로 개입하여 부정적인 효과를 미리 예방함으로써 기술변화의 방향 자체를 조절하려는 것이다. 이를 위해 구성적 TA는 전문적인 과학기술자에게 기술개발을 전적으로 위임하지 않고 이해당사자들을 기술개발의 초기 단계에서부터 포괄적으로 참여시킴으로써 사회적으로 유용한 대안적 기술을 개발하려고 한다. 동시에 구성적 TA는 기술변화의 선택 환경을 조절함으로써 사회적으로 바람직한 기술이 생존할 수 있도록 정책적으로 개입하고 기술의 사회적 영향에 대한 정보를 기술개발 과정에 끊임없이 피드백하여 기술의 부정적 영향을 사전에 최대한 방지하려고 한다. 이처럼 전통적 TA는 기술결정론적 관점에서 사후적 조치를 중시하는 반면 구성적 TA는 기술의 사회적 형성론이나 기술의 사회구성주의에 입각하여 참여 지향적인 과학기술정책을 추구하고 있는 것이다.

제3장

사회구성주의의 재검토

기술사와의 논쟁을 중심으로

1. 머리말

일군의 사회학자들을 중심으로 제창된 사회구성주의는 1980년대 이후에 과학기술학의 중요한 접근법이자 이론으로 발전해왔다. 기술학 분야에서 사회구성주의는 기술의 사회적 영향에만 주목해온 기술결정론적 논의들을 비판하면서 기술변화의 과정에 정치적·경제적·조직적·문화적 요소가 개입하는 현상을 분석함으로써 기술이 사회적 과정의 일종이라는 점을 강조한다. 이와 관련된 논문들은 1986년, 1987년, 1992년에 발간된 세 권의 책에 종합되어 있으며(MacKenzie and Wajcman eds., 1986; Bijker, Hughes, and Pinch eds., 1987; Bijker and Law eds., 1992),[1] 1990년대부터는 몇몇 연구자들이 자신의 연구성과를 바탕으로 단행본을 발간하기 시작했다(MacKenzie, 1990; Bijker, 1995; Law, 2002). 이러한 저술은 기술변화의 과정과

1 이러한 세 가지 책에 실린 주요 논문은 송성수 편역(1995)과 송성수 편저(1999)를 통해 번역·소개되었다.

성격을 새롭게 이해할 수 있는 지평을 제공하기도 했지만, 그것들이 취하고 있는 주요한 개념, 방법론, 함의에 대한 비판도 지속적으로 전개되었다.

이 장의 목적은 사회구성주의 기술학의 주요 논점을 정리하고 평가하는 데 있다. 특히 기술사 연구자들과 사회구성주의자들 사이의 논쟁을 검토함으로써 어떤 측면에서 상대방을 비판 혹은 수용하고 있는지 살펴본다. 이를 위해 제2절에서는 사회구성주의 기술학에 대한 논점을 검토하고, 제3절에서는 기술사의 주요 학술지인 ≪기술과 문화(Technology and Culture)≫를 통해 기술사 연구자들과 사회구성주의자들 사이에 벌어졌던 세 가지 논쟁을 소개하며, 제4절에서는 기술사를 연구하면서 근현대 한국의 기술변화에 관심이 많은 연구자의 관점에서 사회구성주의에 대해 몇 가지 평가와 제언을 시도할 것이다.

2. 사회구성주의 기술학의 논점

사회구성주의 기술학은 다양한 분파로 이루어져 있기 때문에 논의를 명확하게 하려면 먼저 그 범위를 규정할 필요가 있다. 넓은 의미에서 사회구성주의 기술학은 기술의 사회적 형성론(social shaping of technology), 기술의 사회적 구성론(social construction of technology), 행위자-연결망 이론(actor-network theory), 기술 시스템 접근(technological system approach), 페미니스트 기술학(feminist technology studies) 등을 포괄한다. 일반적으로는 기술의 사회적 구성론과 행위자-연결망 이론이 사회구성주의 기술학으로 간주되며 이 글에서도 이러한 입장을 취한다. 그러나 두 이론 사이에도 상당한 논점의 차이가 있기 때문에 좁은 의미에서 사회구성주의 기술학은 기술의 사회적 구성론만을 지칭하기도 한다.[2]

기술의 사회적 구성론과 행위자-연결망 이론의 핵심 주장은 이미 제2장에서 살펴보았다. 이러한 사회구성주의 기술학은 다양한 학문적·실천적 배경을 가진 연구자에게 비판을 받아왔으며(Russell, 1986; Woolgar, 1991; MacKay and Gillespie, 1992; Winner, 1993; Kline and Kleinman, 2002), 사회구성주의 기술학의 대표적 연구자인 핀치와 바이커는 이러한 비판에 적극적으로 대응해왔다(Pinch and Bijker, 1986; Pinch, 1993; Bijker, 1993; Pinch, 1996; Bijker, 2001). 이와 관련된 주요 논점은 다음 네 가지로 요약할 수 있다.[3]

첫째는 사회구성주의 기술학이 취하는 방법론이 너무 형식적이라는 점이다. 즉, 사회구성주의 기술학은 사회집단이나 행위자들이 특정한 인공물을 어떻게 해석하고 그에 대한 논쟁이 어떤 식으로 전개된 후에 종결되었는지를 살펴보는 데 치중하고 있다는 것이다. 심지어 사회구성

---

2 이러한 접근법과 과학학 분야의 연관성을 살펴보면, 기술의 사회적 형성론은 강한 프로그램(strong programme)과, 기술의 사회적 구성론은 상대주의의 경험적 프로그램(empirical programme of relativism: EPOR)과 친화성이 있으며, 행위자-연결망 이론과 페미니스트 접근은 과학학과 기술학에 모두 걸쳐 있다. 기술 시스템 접근은 과학학과는 무관하게 휴즈를 비롯한 일군의 기술사학자들이 채택하고 있는 것으로서 바이커 외(Bijker, Hughes, and Pinch eds., 1987)와 바이커와 로(Bijker and Law eds., 1992)에서 사회구성주의의 한 분파로 간주되고 있다.

3 다음에서 제시될 네 가지 논점 외에도 사회구성주의 기술학이 전문적인 용어를 과도하게 사용한다는 점, 객관적 실재의 존재를 부정한다는 점, 과학과 기술의 차이를 간과한다는 점 등이 지적된다. 용어상의 문제점은 이후에 검토될 것이고, 그 밖의 문제는 뚜렷한 결론을 도출하기 어려운 것이므로 이 글에서는 논의의 대상으로 삼지 않는다. 이와 관련해 김종영(2002: 191)은 상대주의-실재주의 논쟁이 문제의 방향과 핵심을 잘못 설정한 사이비 질문(pseudo-question)이라고 평가하며, 홍성욱(1999: 193~220)은 지식으로서의 기술과 실천으로서의 과학에 주목하면 과학과 기술이 훨씬 풍부하고 다양한 접점들(interfaces)을 형성할 수 있다고 강조한다.

주의는 “상상력이 부족한 대학원생”에게나 적합한 방법론이며(Winner, 1993: 366), 자신의 존재 기반을 성찰하지 않는 독단적인 방법론이라는 지적도 있다(Woolgar, 1991). 이에 대해 핀치는 분석적 접근에서 어느 정도의 형식은 필수적이라는 점을 전제한 후에, 사회구성주의에 대한 대부분의 연구성과는 단순히 기존의 방법론을 따라가는 것이 아니라 이를 보완하고 발전시키고 있다는 데 주목한다(Pinch, 1996: 29). 또한 그는 끊임없는 성찰성을 강조하는 논지가 오히려 형식적인 무한 퇴행의 함정에 빠져 있어서 실제적으로 기여하는 바가 없다고 비판한다(Pinch, 1993).

둘째는 사회구성주의가 기술의 출현에 중점을 두고 기술의 영향에는 무관심하다는 점이다. 즉, 특정 기술이 선택된 이후에 그것이 개인의 경험이나 사회적 관계를 변경하는 방식은 사회구성주의에서 논의되지 않고 있다는 것이다. 사회구성주의자들은 이러한 비판을 수용하고 있으며 1990년대 이후에는 이와 관련된 몇몇 사례연구를 추진한 바 있다. 예를 들어 바이커(Bijker, 1992)는 처음 개발된 형광등이 확산되면서 새로운 사회적 문제가 등장하고 이를 해결하기 위해 다른 유형의 형광등이 발명되었다는 점에 주목하고 있으며, 클라인과 핀치(Kline and Pinch, 1996)는 모델 T가 처음에는 운송수단의 의미였지만 농촌 지역에 확산되면서 다른 기계를 작동시키는 동력의 역할을 수행하기도 했다는 점을 강조한다. 이와 같은 기술확산에 대한 사회구성주의자들의 논의는 아무런 매개물 없이 기술의 사회적 영향을 강조하는 기술결정론적 논지와는 차별화된다.

셋째는 사회구성주의가 기술변화에 수반되는 사회구조나 권력관계를 무시한다는 점이다. 즉, 특정한 사회집단은 기술을 자유롭게 선택할 수 있는 것이 아니라 역사적으로 구조화된 거시적인 사회관계에 의해 자신의 행위양식을 규정받는다는 것이다. 사회구성주의자들은 이러한 비판을 수용하면서도 새로운 논점을 제기한다. 예를 들어 바이커는 기술 프레임이라는 개념을 통해 기술선택의 자유가 제한되면서 동시에 후속 기술개발에 대한 새로운 환경이 창출되는 과정을 설명할 수 있다고 제안한다(Bijker, 1987: 171~174). 또한 그는 사회구조나 권력관계는 고정되어 있지 않으므로 기술의 구성과 사회의 구성이 동시에 발생하는 과정에 주목해야 하며 이러한 의미에서 사회구성주의의 기본적인 분석 단위는 사회기술적 앙상블(sociotechnical ensembles)이 되어야 한다고 주장한다(Bijker, 1995: 273~276). 이와 같은 개념은 아직까지 은유의 수준에 머물러 있는 것으로 판단되지만, 사회구성주의자들이 거시적 사회관계의 문제를 간과하지 않고 있는 것은 분명한 사실이다.

넷째는 사회구성주의가 기술정치에 대해 불가지론적 견해를 보인다는 점이다. 즉, 사회구성주의는 기술변화에 대한 서술과 설명에 그치고 있으며 기술변화의 방향을 어떻게 재정립할 것인지에 대해서는 무관심하다는 것이다. 이와 관련해 위너(Winner, 1993: 376)는 기술학의 핵심 문제는 "기술이 어떻게 구성되는가"가 아니라 "우리의 기술 중심적인 사회를 어떻게 재구성할 것인가"에 있다고 주장한다. 그러나 사회구성주의자들이 이러한 문제에 본격적으로 대응하지는 않았지만 전적으로 무관심한 것도 아니었다. 예를 들어 바이커 및 로는 "기술이 지금과 다를 수도 있다"는 점이 자신들의 주된 관심사라고 주장하며(Bijker and Law, 1992: 3), 바이커는 사회구성주의자들이 구성적 기술영향평가나 STS 중등교육에 관여하고 있다는 점을 강조하면서 사회구성주의의 미래를 "더 좋은 사회에 공헌하는 구성적 과학기술학"에서 찾고 있다(Bijker, 1993: 129~132).

이처럼 사회구성주의 기술학은 다양한 비판에 적극적으로 대응하면서 자신의 논지를 더욱 보완·발전시키고 있다. 이러한 점에서 필자는 사회구성주의에 대해 제기된 문제점이 사회구성주의의 본질적인 한계에서 비롯된 것은 아니라고 생각한다(cf. 이영희, 2000: 39~40). 사회구성주의를 '이미 만들어진 이론'으로 간주할 것이 아니라 '만들어지고 있는 이론'으로 볼 필요가 있는 것이다.

3. 기술사와 사회구성주의에 관한 논쟁

이상의 논쟁은 주로 ≪과학의 사회적 연구(Social Studies of Science)≫ 혹은 ≪과학기술과 인간가치(Science, Technology and Human Values)≫를 매개로 전개되었다. 그것들이 과학기술학의 대표적인 저널이라는 점을 감안한다면 2절에서 소개된 논쟁은 사회구성주의 기술학의 일반적인 논점에 관한 것이었다고 평가할 수 있다. 이에 반해 3절에서 소개할 논쟁은 기술사의 대표 저널인 ≪기술과 문화≫를 통해 전개된 것이다. 이러한 논쟁을 검토함으로써 우리는 기술학의 특정 분야인 기술사를 연구하는 사람들이 기술학의 주요 접근법인 사회구성주의를 어떤 시각에서 바라보는지, 그리고 기술사와 기술사회학 사이에는 어떤 논점이 형성되고 있는지에 대한 통찰력을 얻을 수 있을 것이다.

기술사는 과학사에 비해 사회구성주의에 상대적으로 친화성이 큰 것처럼 보인다. 예를 들어 "뉴턴의 역학 체계가 사회적으로 구성되었다"는 주장에는 비판의 여지가 많지만 "에디슨의 전력 시스템이 사회적으로 구성되었다"는 주장을 수용하기는 어렵지 않은 것 같다. 실제로 기술사는 기술의 내용과 사회적 환경을 동시에 고려하면서 양자 간의 상호작용에 주목하는 맥락 접근법(contextual approach)을 발전시켜왔으며,[4] 적지 않은 기술사학자들이 사회구성주의와 친화성을 가지면서 사회구성주의자들의 저술 작업에 관여해왔다(Hughes, 1987; Constant, 1987; Cowan, 1987; Misa, 1992; Carlson, 1992).[5]

그런데도 기술사와 사회구성주의의 시각에는 상당한 차이가 있다. 그것은 어떤 연구자든지 자신이 소속된 준거집단의 영향력을 강하게 받는다는 점에서 비롯된다. 즉, 기술사는 역사학의 일종이고 사회구성주의자들의 학문적 배경은 사회학이기 때문에 각각 염두에 두는 청중의 범위와 분포가 달라지는 것이다. 다음에서 살펴볼 세 가지 논쟁도 기본적으로는 이러한 점에서 연유한다고 볼 수 있다.

1) 서술과 이론 Ⅰ: 역사학과 사회과학[6]

1991년에 전개된 서술(narrative)과 이론(theory)에 대한 논쟁은 기술변화

---

4 기술사의 접근법에는 맥락 접근법 외에도 기술의 내용에 중점을 두면서 발명가의 창조적 능력을 중시하는 내적 접근법(internal approach)과 기술의 내용보다는 기술자의 활동이나 기술변화와 관련된 제도에 중점을 두는 외적 접근법(external approach)이 있다. ≪기술과 문화≫에 실렸던 논문들을 검토하면서 기술사의 방법론적 문제를 다루었던 스토덴마이어(John M. Staudenmaier)에 의하면, 내적 접근법이 점점 세력을 잃어가고 있는 반면 맥락 접근법은 지배적인 연구경향으로 부상했고 외적 접근법도 점차 세력을 형성하고 있다(Staudenmaier, 1985: 8~18).

5 이러한 논문들은 기술변화와 관련된 몇 가지 논점을 잘 보여주는데, 휴즈는 확립된 기술 시스템의 모멘텀을, 콘스턴트는 기술공동체의 역할을, 코완은 기술과 소비자의 관계를, 미사는 기술적 용어가 구성되는 맥락을, 칼슨은 기술의 문화적 구성을 강조하고 있다.

6 이 단락은 송성수(1997)에 의존하고 있다.

와 관련된 역사학과 사회과학의 기본적인 입장 차이를 잘 보여주는 것으로서 그 논쟁에는 뷰캐넌(Robert A. Buchanan), 로(John Law), 스크랜턴(Phlip Scranton)이 참여했다(Buchanan, 1991; Law, 1991; Scranton, 1991). 뷰캐넌은 전통적인 기술사학자이고, 로는 사회구성주의의 주요 인물이자 과학기술사회학자이며, 스크랜턴은 노동사와 기술사의 상호작용을 중시하는 역사학자이다. 논쟁은 뷰캐넌이 사회구성주의를 비판하고 로가 이에 응수하는 가운데 스크랜턴이 양자에 대해 토론하는 식으로 이루어졌다.

뷰캐넌은 사회구성주의와 관련된 기술사회학자들이 자신의 주장을 입증하기 위해 역사적 사실에 많은 관심을 기울인다는 점을 환영하면서도 이론 구성에 치우친 나머지 역사적 증거를 임의로 해석하고 있으며 이미 알려진 사료나 사실을 활용할 뿐 새로운 것을 발굴하는 데 주의를 기울이지 않는다고 비판한다. 동시에 그는 사회구성주의자들이 생소한 개념이나 어휘를 필요 이상으로 남용하고 있다고 지적한다. 특히 그는 병목현상(bottlenecks)이나 팀 정신(team spirit)과 같은 상식적 언어를 두고 역돌출부나 기술 프레임과 같은 생소한 개념을 사용할 필요가 없다고 주장한다.

이러한 비판을 통해 뷰캐넌이 제안하는 것은 비판적 서술사(critical narrative history)이다. 비판적 서술사는 관련된 모든 자료를 수집하고 이를 비판적으로 검토해서 과거의 창조적 발명 사건을 있는 그대로에 가장 가깝게 서술하는 것을 의미한다. 그는 유의미한 질문을 규정하는 데 이론이 사용된다는 점을 부인하지는 않지만, 이론적 입장이 질문을 지배하여 편파적인 결론이 도출되는 것은 학문적으로 용납될 수 없다고 지적한다. 그에 따르면, 제기된 질문에 대한 정확하고 일관된 답변이 도출될 때까지 기존의 자료와 새로운 증거가 지속적으로 검토되어야 한다.

로는 뷰캐넌이 지적한 비판적 서술사에는 동의하지만 그의 주장에 지나침이 있다고 응수하면서 이론적 재서술이 상식에서는 나타나지 않는 점들을 부각시킬 수 있다고 지적한다. 예를 들어 그는 기존의 개념이 다양한 행위자들의 상호작용을 가능하게 하는 팀 정신에 주목했던 데 비해, 기술 프레임은 기술자들의 틀이 아니고 기술에 대한 틀이라는 점을 강조한다. 또한 그는 자신의 연구경험을 들면서 역사학자들도 서로 다른 증거를 사용하여 동일한 사건을 해석하고 있다고 지적한다. 기술사회학자와 기술사학자를 막론하고 역사적 증거를 취사선택하고 있으며 정당한 선택에 대한 기준이 없다는 것이다.

결국 로는 서술적 역사와 이론적 사회과학 중에서 어떤 것이 다른 것보다 본질적으로 우수하지는 않다고 지적한다. 두 가지 중 무엇을 선택하든 그것은 개인적 취향의 문제라는 것이다. 동시에 그는 역사학과 사회과학이 서로에게 도움을 줄 수 있다는 점도 강조한다. 서술적 역사가 발견한 사항은 이론화 작업에 중요한 소재가 되며 무분별한 이론적 구상을 제약할 수 있다. 반면 사회과학의 이론과 방법은 역사 서술 시 문제를 제기하는 데 중요한 자원이 되며 서술적 역사가 취하는 상식적 가정에 대해 문제를 제기할 수 있다.

스크랜턴은 역사학적 질문과 사회과학적 질문의 차이를 규정하기가 점점 어려워지고 있는데도 뷰캐넌과 로가 역사학과 사회과학의 경계를 영속화하는 것에 안주하고 있다고 지적한다. 스크랜턴은 뷰캐넌이 기술사의 범주를 새로운 기술의 발명이나 발명가의 창조성으로 너무 좁게 한정시키고 있다며 신랄하게 비판한다. 또한 스크랜턴은 역사를 새로운 이론 구성을 위한 소재로만 간주하는 사회학자들의 경향을 비판하면서 역사 연구가 기존 이론의 단순성에 대한 도전으로 기능해야 함을 역설

한다.

이러한 비판을 통해 스크랜턴은 기술사와 기술사회학이 자신의 방법론적 근거를 끊임없이 성찰해야 한다고 강조한다. 성찰성에 대한 그의 지적은 역사적 서술에 대한 메타역사적 비판과 사회과학의 인식론적 위기에 대한 논쟁과 맞물려 있다. 즉, 역사적 서술 자체가 역사가의 사회적·이론적 입장을 반영하는 인공물에 불과하며, 기존의 사회과학이 주로 제시했던 거대이론은 다양한 맥락과 구체적인 내용을 담지 못하고 있다는 것이다. 따라서 스크랜턴은 역사학자와 사회학자가 자기 분야의 연구대상이나 방법을 미리 설정하는 것은 무의미한 일이며 학문적 경계를 뛰어넘는 왕성한 실험적 시도를 통해 자신의 분야를 풍부하게 하는 것이 중요하다고 지적한다.

2) 신뢰성과 퍼포먼스

신뢰성(reliability)과 퍼포먼스(performance)에 대한 논쟁은 1999년 콘스턴트(Edward W. Constant)가 발표한 논문(Constant, 1999)에 대해 2000년 스크랜턴, 로와 싱글턴(Vicky Singleton)이 토론하고 콘스턴트가 응답하는 식으로 전개되었다(Scranton, 2000; Law and Singleton, 2000; Constant, 2000). 스크랜턴과 로는 1991년의 논쟁에도 참여했던 연구자이고, 콘스턴트는 이론적 개념화에 밝은 기술사학자이며, 싱글턴은 페미니스트 과학기술학을 연구하는 사람이다. 신뢰성과 퍼포먼스에 대한 논쟁은 이전보다 구체적인 논점에 대해 자신의 의견을 개진하는 식으로 이루어졌는데, 그것은 1990년대를 통해 사회구성주의와 관련된 연구가 더욱 풍성해졌다는 점이나 논쟁에 참여한 사람들이 사회구성주의의 성격을 비교적 잘 이해하고 있다는 점을 반영하는 것으로 풀이된다.

콘스턴트는 1999년의 논문을 통해 사회구성주의를 명시적으로 거론하면서 기술의 신뢰성 문제를 제기한다. 그는 이해관계, 협상, 우연성 등이 기술변화에 큰 영향을 미친다는 점을 수용하면서도 모든 지식과 실천이 국소적인 성격을 띤다는 주장에는 반대한다. 그는 대부분의 기술이 제대로 작동하고 있으며 신뢰할 만하다고 지적하고, 그것은 '시공간적으로 보편적인 지식(spatiotemporally universal knowledge)'이 존재하기 때문이라고 주장한다. 그러한 지식은 확실성을 지니지는 않지만 엔지니어의 활동을 규정하는 안정적인 기반으로 작용한다. 엔지니어들이 다루는 대상은 계속적으로 변화하지만 그것을 탐구하는 데 필요한 지식은 상대적으로 안정화되어 있다는 것이다.[7]

콘스턴트는 시공간적으로 보편적인 지식이 가능한 근거로 베이지언(Bayesian) 과학철학과 경험적 사례연구를 제시한다. 베이지언 과학철학은 주어진 모든 정보를 활용하면서 그것을 아무런 논리적 모순 없이 설명할 수 있는 이론이 신뢰성을 가진다는 점에 주목한다. 콘스턴트는 기술지식이 수많은 표본에 입각하여 구성되었으며 회귀적인 검증 절차

7 '시공간적으로'라는 형용사가 붙어 있다는 점에 비추어볼 때 시공간적으로 보편적인 지식이 완전히 보편적인 지식을 지칭하는 것은 아니다. 콘스턴트가 기술 패러다임(technological paradigm)이라는 개념을 바탕으로 프로펠러 엔진에서 터보제트 엔진으로의 변화를 설명했다는 점을 감안한다면(Constant, 1973; 1980), 시공간적으로 보편적인 지식은 패러다임과 유사한 성격을 띤다고 생각할 수 있다. 즉, 시공간적으로 보편적인 지식은 패러다임과 마찬가지로 변화의 가능성을 배제하지는 않지만 상당한 시간과 공간에 걸쳐 정상적인 기술활동의 범위와 내용을 규정하는 기반으로 작용하는 것이다. 다만 패러다임이 구체적 예제, 지식의 체계, 행위자의 관행, 공동체의 가치관 등과 같은 다양한 차원을 포괄하는 개념인 데 반해 시공간적으로 보편적인 지식은 패러다임의 지식적 차원을 강조하기 위한 것으로 보인다.

를 거쳐왔다는 점에서 베이지언 과학철학에서 요구하는 신뢰성을 보장한다고 주장한다. 또한 그는 두 가지 사례를 통해 엔지니어들이 일상적인 문제를 해결하는 경우는 물론이고 새로운 문제를 해결하는 경우에도 기존의 관행이 중요한 기반으로 작용한다는 데 주목한다. 즉, 엔지니어들은 모델 구성, 데이터 비교, 변수 조정 등에 대한 회귀분석을 수행하며 그 과정에서 고려되는 변수, 문제, 측정치 등이 잘 규정되어 있다는 것이다. 이러한 논지를 바탕으로 콘스턴트는 기술지식의 역사적 진화 과정에 대한 연구를 촉구하면서 기술학에서 '사회적 전환(social turn)'에 대비되는 '역사적 전환(historical turn)'이 필요하다고 강조한다.

스크랜턴은 콘스턴트의 주장이 지닌 세부적인 문제점을 다음과 같이 다섯 가지로 나눠 지적했다. 첫째로 '시공간적으로 보편적인 지식'이라는 핵심 개념을 충분히 설명하지 않은 채 기술지식의 보편성을 당위적으로 가정하고 있으며, 두 번째로 다른 지식에 비해 기술지식이 특별히 신뢰성을 갖는 이유를 제시하지 않았고, 세 번째로 기술적 실천의 안정성이 복제의 어려움, 기술적 실패, 기술적 창조성 등과 어떻게 양립할 수 있는지에 대한 설명이 부족하다는 것이다. 네 번째로 스크랜턴은 콘스턴트가 기술적 실천이 기술적 지식을 유발하는 측면을 무시하고 지식을 단지 주어진 것으로 간주하고 있다고 비판하면서, 마지막으로 믿을 만한 지식과 변화하는 대상 사이의 긴장이 기술변화의 메커니즘에서 담당하는 역할을 연구할 필요가 있다고 강조한다.

더 나아가 스크랜턴은 콘스턴트의 사회구성주의에 대한 비판이 정확한 목표를 잃었다고 평가한다. 기술지식의 상대적 보편성과 기술적 관행의 안정성을 강조하는 것이 사회구성주의에 대한 비판인지는 불확실하다는 것이다. 또한 그는 시공간적으로 보편적인 지식도 시공간에 제약을 두고 있으며 지식의 단일성이나 위계를 인정하지 않는다고 전제하고, 콘스턴트가 염두에 두는 것은 국소적 지식이 보편화되는 맥락을 탐구하는 데 있으며 그것은 사회구성주의의 주요 주장과 양립할 수 있다고 지적한다. 아울러 스크랜턴은 콘스턴트가 제안하는 역사적 전환이 전통적인 기술사로의 복귀(re-turn)에 지나지 않는다고 비판한다. 기술을 구성하는 물질적 요소에 주의를 기울이자는 주장은 기술사 연구에서 사회적 맥락을 경시하는 것으로 이어질 가능성이 있다는 것이다.

로와 싱글턴은 퍼포먼스라는 개념을 통해 행위자-연결망 이론의 특징을 부각하면서 콘스턴트의 논문이 가진 문제점을 제기하는 식으로 토론했다.[8] 로에 따르면, 자신의 연구의 목적은 특정한 기술 프로젝트가 변화하는 과정을 단순히 서술하는 데 있는 것이 아니라 기술 프로젝트의 본질과 그에 대한 해석을 재구성하는 데 있다. 이를 통해 로는 특정한 기술 프로젝트가 지금과 다를 수 있었다는 점을 알 수 있으며 거기서 도출된 교훈을 오늘날의 유사한 프로젝트에 다시 적용할 수 있다고 강조한다. 이러한 과정에서 프로젝트는 'projectness'가 되며 연구 자체는 하나의 퍼포먼스가 된다. 기술적인 것과 사회적인 것을 분리하는 것도 퍼포먼스이며 콘스턴트가 보편적 지식을 강조하는 것도 퍼포먼스이다.

싱글턴은 트랙터에 대한 에피소드를 통해 퍼포먼스의 이질성·정치성·국소성을 강조하면서 'performativity'를 거론한다. 그녀는 어린이와

8 퍼포먼스는 행위자-연결망 이론에서 특정한 행위자의 본질이 도출되는 기반이다. 행위자-연결망 이론은 이미 세계의 구성요소로 되어 있는 실체들에서 출발하는 대신에 특정한 행위자가 존재하기까지 겪는 복잡하고 논쟁적인 과정에 초점을 맞춘다. 어떤 행위자가 무엇인가 하는 정의는 처음부터 존재하는 것이 아니라 다양한 종류의 실천을 통해 그 행위자가 나타내는 퍼포먼스에 의해 정의되며 이로부터 그 행위자의 본질이 도출된다.

어른, 여자와 남자, 일반인과 기계공이 트랙터에 부여하는 의미가 모두 다르다는 점에 주목하면서, 그러한 퍼포먼스는 자신의 이해관계와 사회 권력을 반영하기 때문에 기본적으로 정치적 성격을 띤다고 지적한다. 또한 이와 같은 이질적인 퍼포먼스들이 결합해 트랙터가 움직인다는 사실이 생산되므로 한 가지로 보이는 현상도 사실은 다양한 퍼포먼스의 집합으로 이해해야 한다. 동시에 그녀는 기술을 비롯한 특정 활동이 복잡한 관계에 가입된 상이한 퍼포먼스들의 네트워크라고 규정하면서, 기술지식은 다양한 공간으로 이동할 수 있지만, 국소적인 맥락에서의 퍼포먼스들에 의해 끊임없이 재구성된다는 점을 강조한다. 이처럼 기술지식은 이질적이고 국소적인 퍼포먼스의 결과이기 때문에 그녀는 기술지식을 베이지언 방식으로 볼 수 없다고 주장한다.

콘스턴트는 자신의 주장이 생각했던 것보다 훨씬 사회구성주의에 적대적이고 좀 더 실증주의적인 것으로 비추어지고 있다고 언급하면서 몇 가지 쟁점에 대한 자신의 의견을 부분적으로 개진하고 있다. 그는 지식의 성격에 대해 에너지 보존 법칙과 옴의 법칙을 거론하면서 지식에는 다양한 형태가 있지만 분명히 위계가 있다는 점을 강조한다. 기술적 실천의 안정성과 관련해 콘스턴트는 실천이 그대로 재현될 수 있다고 주장하는 것은 아니며 회귀적 실천이란 유사한 조건에서 실천이 거의 비슷하게 반복되는 상황을 의미한다고 지적한다. 그는 자신의 논문의 목적이 기술적 실천에서 지식이 실제적으로 담당하는 역할을 탐구하는 데 있으며, 기술적 실천이나 지식이 국소적 맥락이나 사회적 조건과 독립적이라는 것은 자신의 주장과 무관하다고 변호한다.

콘스턴트는 로와 싱글턴의 토론이 '더욱 도전적'이라고 언급하면서, 퍼포먼스의 정치성이나 국소성에 반대 입장을 보인다. 콘스턴트는 지프에 대한 에피소드를 제시하는데, 그 이야기에는 사람과 기계뿐 아니라 동물도 등장한다. 그는 동물이 지프에 의미를 부여하는 것은 습관에 기인하는 바가 크다는 점을 강조하면서, 모든 퍼포먼스가 정치적 성격을 띠는 것은 아니라고 주장한다. 또한 그는 퍼포먼스의 국소성에 대한 의견을 달리하면서, 기술적 효과의 차원에서는 이질적 행위자들에게도 동일한 퍼포먼스가 가능하다는 점을 지적한다. 지프에 시동이 걸리고 지프가 출발하는 것은 어른과 어린이, 남자와 여자, 사람과 동물 등 누구에게나 같은 의미라는 것이다. 결국 그는 퍼포먼스라는 개념 자체가 해석적 유연성을 갖기 때문에 반드시 사회구성주의자들처럼 해석할 필요는 없다고 강조한다.

3) 서술과 이론 Ⅱ: 자전거 변천 과정의 사례

2002년에는 자전거의 변천 과정을 중심으로 서술과 이론에 대한 논쟁이 다시 촉발되었다. 이 논쟁은 자전거에 대한 핀치 및 바이커의 저술(Pinch and Bijker, 1987; Bijker, 1995: 19~100)에 대해 클레이턴(Nick Clayton)이 문제를 제기하고 바이커와 핀치가 이에 응답하며 클레이턴과 에퍼슨(Bruce Epperson)이 토론하는 식으로 이루어졌다(Clayton, 2002; Bijker and Pinch, 2002; Clayton, 2002a; Epperson, 2002). 클레이턴은 자전거 역사에 대한 전문가로서 1990년에 세계자전거역사회의를 창설했으며, 에퍼슨은 사회구성주의를 잘 이해하면서 미국의 자전거 역사를 연구하는 기술사학자이다. 2002년의 논쟁은 1991년의 논쟁과 마찬가지로 서술과 이론에 대한 기술사와 기술사회학의 견해 차이를 보여주지만, 자전거의 변천 과정이라는 구체적인 주제를 놓고 전개되었다는 특징이 있다.

클레이턴은 사회구성주의가 일종의 학파를 형성했으며 핀치와 바이커(Pinch and Bijker, 1987)가 사회구성주의의 고전으로 간주되고 있다고 전제하며, 이처럼 사회구성주의가 널리 확산되고 있지만 기술변화에 대한 이해를 증진하는 데 실제로 기여한 바는 없다고 주장한다. 그는 연구자의 관점에 따라 자의적인 개념화가 이루어지고 있다는 점, 특정한 개념에 맞추기 위해 역사적 사실이 왜곡되고 있다는 점, 역사적 자료가 충분히 그리고 엄밀하게 사용되지 않고 있다는 점 등을 들어 사회구성주의를 비판한다.

우선 클레이턴은 무대나 서커스를 제외하면 여성이 높은 바퀴를 가진 오디너리(ordinary) 자전거를 탄 적이 거의 없으므로 여성을 자전거와 관련된 사회집단에 포함하는 것은 무리가 따른다고 본다. 이와 관련해 그는 핀치와 바이커가 자전거에 대한 대중적 저술인 우드포드(Woodforde, 1970)에 지나치게 의존하고 있다고 지적한다. 아울러 그는 두 가지 사회집단만을 내세우는 것은 너무 단순하다고 보며, 여성과 노인을 동일한 사회집단으로 범주화하는 데에도 의문을 제기한다.

클레이턴은 핀치 및 바이커가 자전거의 변천 과정에서 중요한 전환점으로 간주했던 공기 타이어에 대해서도 다른 의견을 제시한다. 클레이턴에 따르면, 핀치 및 바이커는 던롭(John B. Dunlop)이 1888년에 제출했던 특허의 앞부분만을 보고 그의 주요 관심사가 진동 문제에 있었던 것으로 간주했는데 던롭의 특허 뒷부분을 보면 오히려 속도 문제에 관심을 가졌음을 알 수 있다. 또한 클레이턴은 공기 타이어가 출현하기 전에 오디너리 자전거는 이미 소멸되고 있었다는 점을 지적한 후 안전 자전거로의 변천에서 핵심적인 매개물로 작용한 것은 공기 타이어가 아니라 후륜 구동에 의한 단단한 타이어라고 주장한다.

클레이턴은 기술 논쟁이 시작되고 종결된 시기에 대한 바이커의 접근법에 대해서도 의문을 제기한다. 바이커는 1879년에 안전성에 대한 논쟁이 시작된 것으로 보지만, 클레이턴은 1879년에 등장한 자전거가 안전성을 제고하기 위한 최초의 시도도 아니고 영향력도 없었다고 지적한다. 논쟁의 종결과 관련해 바이커는 1987년의 논문에서 그 시기를 1898년으로 보았다가 1995년의 책에서 새로운 자료를 바탕으로 그것을 1897년으로 수정했다. 클레이턴은 이런 식으로 연도를 변경하는 것은 경험적 연구가 아니라 단순한 취사선택에 불과하다고 비판하면서, 자전거 역사의 전문가들은 안전 자전거가 도입된 시기를 1895년으로 보고 있다고 지적한다.

바이커와 핀치는 클레이턴이 자전거의 역사에 대해 더 많은 정보를 제공해주고 있다는 점을 환영하면서도 이론적 개념과 경험적 사실의 관계를 적절히 인식하지 못하여 사회구성주의의 가치를 평가절하하고 있다고 응수한다. 바이커와 핀치는 자료의 문제와 관련해 1987년 당시에는 자전거의 역사에 대한 자료가 충분하지 않았으며 자신들이 우드포드(Woodforde, 1970)뿐 아니라 런던박물관 등의 자료 및 문서도 참고했다고 주장했다. 이론과 사실의 관계와 관련해 바이커와 핀치에 따르면, 클레이턴은 이론적 진술이 경험적 진술에서 직접적으로 도출된다는 소박한 경험주의적 태도(naive empiricist attitude)를 견지한다. 바이커와 핀치는 이론적 개념이 경험적 사실에 직접적으로 의존하지 않으며 경험적 데이터를 의미 있게 만드는 데 도움을 주기 위해 연구자가 '발명'한 것이라고 강조한다.

바이커와 핀치는 클레이턴이 제기한 세부적인 문제에 대해서도 의견을 달리한다. 그들은 여성이 오디너리 자전거를 탔다는 점을 강조한 것이 아니라 여성이 오디너리 자전거를 통해 자전거에 대한 의미를 부여했다는 점에 주목했다고 지적한다. 클레이턴이 관련 사회집단을 사용자 집단으로 오인하고 있다는 것이다. 또한 바이커와 핀치는 모든 분야의 연구가 해석적 기술에 의존하므로 해석적 연구 자체가 결함은 아니라고 전제한 후에 사회구성주의에서 사용하는 '행위자를 따라가는 방법(following the actors)'이 자의적으로 범주를 선택하는 것을 제한하고 있다고 강조한다. 공기 타이어와 관련해 바이커와 핀치는 던롭의 1889년 특허를 보면 속도의 향상에 대한 언급이 없으며 당시에 제출된 다른 두 가지 특허도 진동의 방지를 강조하고 있다고 지적한다. 논쟁의 시기 설정에 대해서는 이론적 관점에서 논쟁의 시작과 끝이 언제인가 하는 것보다는 그동안 어떠한 '과정'을 겪었는지가 중요하다고 주장한다.

바이커와 핀치는 연구자의 관점에 의존했던 클레이턴의 개념은 필연적으로 현재의 가치를 역사에 반영한다고 생각하지만 오히려 연구자의 역할을 부인한다는 측면에서 휘그적 역사서술(Whiggish historiography)의 위험성을 가지고 있다는 입장을 보인다. 또한 그들은 사회구성주의를 적용하는 연구자들이 그것을 답습하는 것이 아니라 몇몇 측면을 비판하고 있으며 그러한 과정을 통해 해석적 연구가 발전한다는 점을 강조한다. 그들은 사회구성주의가 소박한 경험주의와 휘그적 역사의 함정에 빠지지 않으면서 기술변화에 대한 경험적 데이터를 적절히 해석하는 데 기여하고 있다고 평가한다.

클레이턴은 바이커와 핀치의 재비판에 대해 역사적 사실과 그것의 활용에 국한해 몇 가지 문제점을 거론한다. 우선 클레이턴은 어떤 젊은 여성이 1885년에 자전거를 탔다는 주장의 근거로 제시되는 잡지가 1897년부터 발간되었다는 점을 지적하면서 자료의 비판적 활용을 강조한다.[9] 아울러 그는 1995년에 발간된 바이커의 책이 이전의 오류를 계속해서 반복하고 있다는 문제를 제기한다. 또한 클레이턴은 던롭이 직접 저술한 책을 언급하면서 던롭이 자전거 경주에 적극적으로 참여함으로써 속도 향상에 많은 관심을 기울였으며 공기 타이어가 속도에 유리하다는 것을 인식했다고 지적한다. 이와 관련해 클레이턴은 자전거를 도로용과 경주용으로 구분하여 자전거의 역사를 재구성하는 것이 바람직하다고 제안한다. 마지막으로 클레이턴은 공기 타이어가 오디너리 자전거를 소멸시켰다는 것은 논쟁의 여지가 많은 가설인데 바이커가 이에 답하지 않고 있다고 지적한다.

이상과 같은 논쟁에 대해 에퍼슨은 네 가지 문제를 제기하는 방식으로 우회적인 토론을 하고 있다. 첫째는 '잘 정돈된 서술이 있어야 이론적 모델을 개발할 수 있는가?'이다. 이와 관련해 에퍼슨은 지난 12년 동안 자전거의 역사에 대한 연구가 많이 발전되었지만 아직도 자전거에 대한 포괄적인 역사가 존재하지는 않는다고 평가한다. 둘째로 에퍼슨은 관련 기술사 연구자들이 기존의 자전거 역사를 재평가해야 하고 이를 위한 연구방법론이 필요하다는 의견이 있으며, 그들은 바이커 연구의 정확성에 대해 이야기하는 대신에 그것의 유용성과 활용 가능성에 대해 논의했다고 지적한다. 셋째로 에퍼슨은 사례연구에 대한 비판과 방법론에 대한 비판이 구분되어야 한다고 전제하면서, 자전거에 대한 바이커의 연구가 다른 인공물에도 적용될 수 있는 보편적인 패턴인가 하는

9 바이커는 이 기록을 우드포드(Woodforde, 1970)에서 재인용했고 우드포드는 여성 잡지에 나타난 편지들을 편집한 책에서 인용했는데 그 책은 ≪Home Companion≫이라는 잡지의 1885년 판을 근거로 제시했다. 그런데 그 잡지는 1897년부터 발간되었으므로 그 여성이 탄 자전거는 오디너리 자전거가 아니라 안전 자전거일 가능성이 많다 (Clayton, 2002a: 369).

문제를 제기한다. 넷째로 에퍼슨은 현재의 이론적 모델에 결함이 있다고 해서 과거와 같이 기술적 차원의 기준만으로 역사를 서술하는 것은 잘못이라고 지적하면서, 최근에는 서술적 역사와 이론적 모델 모두에 도움을 주는 저작들이 등장하고 있다고 강조한다.[10]

4. 한국의 기술사 연구자로서 평가 및 제언

사회구성주의가 기술결정론이라는 거대담론을 해체하고 기술변화의 암흑상자를 개방하는 데 상당한 기여를 했다는 점은 분명하다. 또한 사회구성주의에 입각한 연구업적이 풍성해지면서 기술사 연구자들은 기술변화에 대한 이론에 더 많은 관심을 기울이게 되었다.[11] 특히 맥락 접근법을 취하거나 젊은 세대에 속한 기술사 연구자들은 역사적 사실뿐 아니라 연구자의 접근법도 맥락 의존적이라는 점을 잘 인식하고 있는 것으로 보인다. 이러한 기술사 연구자들과 사회구성주의자들은 기술변

10 예를 들어 노어클리프(Norcliffe, 2001)는 성별, 계급, 인종, 지리적 위치, 직업 등을 고려해 관련 사회집단을 범주화함으로써 캐나다의 자전거 역사를 매우 풍부하게 재구성했다. 이 책에서 저자는 핀치와 바이커의 연구에 도움을 받았으며 클레이턴도 초고를 검토했다고 밝혔다(Epperson, 2002: 373).

11 기술사 연구자들의 이론에 대한 관심은 1989년에 MIT에서 개최된 워크숍을 통해 본격적으로 표출되었으며 그 결과는 스미스와 마르크스(Smith and Marx eds., 1994)로 출간되었다. 당시 워크숍에서는 기술결정론이 진보 이데올로기와 결합되어 있고 기술이 역사를 추동하는 요소 중 일부분에 지나지 않는다는 점이 지적되면서 사회구성주의에 대한 평가 및 제언이 시도되었다. 흥미로운 점은 세대에 따라 논쟁의 진영이 나누어졌다는 것인데, 구세대 학자들은 주로 기술의 합리성을 신봉하고 전통적 서술방식을 강조했던 반면 신세대 학자들은 대체로 기술의 우연성에 주목하고 다양한 접근방식을 시도했다(Staudenmaier, 1994: 269~273).

화를 연구하는 데 우연성(contingency)과 이질성(heterogeneity)이라는 공통기반을 가진다고 할 수 있다(Bijker and Law, 1992; Staudenmaier, 1994).

그러나 앞서 ≪기술과 문화≫를 통한 논쟁에서 살펴보았듯이 많은 기술사 연구자들이 사회구성주의를 완전히 수용하지 않고 있다. 그것은 사회구성주의를 평가절하하는 기술사 연구자들은 물론 사회구성주의에 친화적인 기술사 연구자들에게도 공통적으로 나타나는 현상이다.[12] 왜 기술사 연구자들은 사회구성주의를 전폭적으로 지지하지 않는가? 사회구성주의가 기술사 연구자들에게 좀 더 수용하기 쉬운 것이 되기 위해서는 어떤 점이 고려되어야 하는가? 사회구성주의자들이 사례연구를 더 정교하게 수행하려면 어떤 자세가 필요한가?

이 절에서는 필자의 학문적 조건을 염두에 두면서 사회구성주의와 관련된 몇 가지 사항을 평가 혹은 제안함으로써 이러한 질문에 답하고자 한다. 필자는 기본적으로 기술사를 연구하는 사람이며 근현대 한국의 기술변화에 관심이 많다. 전자와 관련해 필자는 뷰캐넌, 콘스턴트, 클레이턴 등과 같은 기술사학자들이 제기한 문제들의 의미를 재검토할 것이며, 후자와 관련해 사회구성주의를 근현대 한국의 기술변화에 적용하는 데 어떤 어려움이 있는가에 대해 논의할 것이다. 특히 필자는 유용한 결론이 도출될 것 같지 않은 사회구성주의의 본질에 대한 문제를 제기하는 대신에 기술사를 실제로 공부하고 집필하는 과정에서 드러나

12 이와 관련해 핀치(Pinch, 1996: 21~22)는 사회구성주의를 약한 형태(mild form)와 강한 형태(stronger form)로 구분했다. 전자는 기술변화에 다양한 차원과 형태의 사회적 요소가 개입하여 기술이 구성된다는 것을 의미하며, 후자는 이론적인 개념을 명시적으로 사용하면서 특정한 방법론에 따라 기술변화의 사회적 과정을 설명하는 것을 지칭한다. 필자의 판단으로는 많은 기술사학자들이 전자에는 동의하지만 후자에는 거부감이 있다.

는 사회구성주의의 문제점을 강조하고자 한다.

1) 기술사 연구자로서의 평가

첫째는 뷰캐넌이 제기한 전문용어(jargon)의 문제이다. 사회구성주의자들의 저술에는, 특히 행위자-연결망 이론에는 수많은 전문용어가 등장한다. 그것은 가능한 한 상식적 언어를 통해 역사적 사실을 재구성하는 역사학자들의 취향과는 상당한 거리가 있다. 물론 로가 지적했듯이 사회구성주의자들은 전문용어를 통해 상식적 차원에서 잘 드러나지 않는 점들을 부각시키려고 한다. 그러나 그것이 전문용어의 지나친 사용을 정당화하지는 못한다. 예를 들어 사회구성주의자들은 '프로젝트', '퍼포먼스'와 같은 용어를 넘어 'projectness', 'performativity'와 같은 용어도 너무 쉽게 사용한다. 'projectness'와 'performativity'는 사전에서도 찾기 어려운 단어이다. 그것은 프로젝트와 퍼포먼스라는 개념을 통해 충분히 설명될 수 있을 것으로 판단된다.

전문용어의 과도한 사용은 가독성의 문제를 넘어 누구를 독자 혹은 청중으로 삼는가 하는 심각한 문제를 제기한다. 사회구성주의의 비유를 빌리자면, 특정한 지식이나 주장이 과학적 지식으로 공인되기 위해서는 관련 행위자들을 많이 그리고 충분히 포섭해야 한다. 여기서 전문용어를 남용하는 것은 다른 행위자들을 자신의 연결망으로 끌어들이는 데 적절한 전략이 아니다. 오히려 그것은 사회구성주의의 영향력을 스스로 감소시키는 요인으로 작용할 수 있다. 사회구성주의자들이 자기들끼리 저술하고 자기들끼리 대화하는 협소한 전문가 집단으로 전락하지 않으려면 새로운 전문용어를 과도하게 사용하지 않는 서술방식을 개발하는

데 많은 주의를 기울여야 할 것이다.[13]

둘째는 클레이턴이 제기한 사례연구의 엄밀성에 관한 문제이다. 대다수의 역사학 논문이나 저서의 제목에서 연도가 기입되어 있듯이 역사학에서는 시기가 매우 중요하다. 사회구성주의자들이 기술의 역사를 바탕으로 사례연구를 한다면 시기의 중요성을 충분히 인식해야 한다. 바이커가 지적했듯이 기술적 논쟁이 어떤 과정을 통해 이루어졌는가 하는 문제도 중요하지만, 그 논쟁이 시작과 끝을 언제로 규정하는가도 그에 못지않게 중요하며, 사실상 그것은 논쟁의 본질을 무엇으로 보는가 하는 문제와 직결된다. 사회과학적 연구에서도 시기를 어떻게 설정하느냐에 따라 그 연구가 도출하는 결론이 달라질 수 있는 것이다.[14]

또 다른 중요한 문제는 자료의 사용과 관련된다. 클레이턴이 지적했듯이 1885년에 여성이 자전거를 탔다는 기록은 충분한 주의를 기울일 만한 가치가 있다. 그 기록은 바이커가 기존의 연구와 달리 여성을 관련

13 물론 과거의 논의와 차별되는 새로운 담론이 형성되는 과정에서 많은 사람들에게 익숙하지 않은 용어가 등장하는 것은 자연스러운 현상이라 할 수 있다. 기존의 용어를 사용하면 본질적인 문제를 제기하거나 대안적인 설명을 제시하는 데 충분하지 않기 때문이다. 그러나 이러한 경우에도 새로운 용어에 대한 차분한 설명이 요구된다. 필자의 판단으로는 행위자-연결망 이론에서의 설명은 은유와 수사를 과도하게 채용하고 있어 관련된 쟁점과 주장을 충분히 이해하는 데는 엄청난 노력이 필요하다.

14 이와 관련해 크라나키스(Kranakis, 1988: 296~297)는 시간 스케일에 따라 다른 결론이 도출될 수 있다는 점을 두 가지 사례를 통해 지적하고 있다. 제2차 세계대전 때의 기초연구가 기술혁신에 미치는 영향에 대해 'HINDSIGHT' 프로젝트는 부정적인 답변을, 'TRACES' 프로젝트는 긍정적인 답변을 제시했는데, 전자는 20년의 기간을 대상으로 삼았고 후자는 30년을 대상으로 삼았기 때문에 다른 결론이 도출된 것이었다. 또한 1900년과 1950년 사이의 발명의 기원을 논의한 연구는 55% 정도가 독립적 발명가에 의한 것이고 나머지가 기업체 연구소에 의한 것이라고 주장했지만, 1928년을 기준으로 나누면 그 이전에는 독립적 발명가가 발명에서 차지하는 비율이 70% 이상이고 1928년 이후에는 40% 이하가 된다.

사회집단에 포함하게 된 중요한 계기로 작용했을 가능성이 크다. 여성이 오디너리 자전거를 탔다는 것은 기존의 연구에서 잘 드러나지 않았던 것인데 이처럼 새로운 사실을 알아냈다면 그 근거를 면밀하게 추적하는 작업이 필요하다. 또한 1990년대 이후에 자전거에 대한 연구가 많이 발전되었다는 점을 감안한다면 바이커로서는 1995년의 책에서 그러한 자료들을 충분히 활용할 필요가 있었을 것이다. 그러나 바이커는 1995년의 책에서 1990년대 이후의 자전거에 대한 연구를 거의 활용하지 않았다. 자전거에 대한 포괄적인 역사가 존재하지 않는다는 에퍼슨의 평가를 수용하더라도 새로운 연구결과에 활용하여 자신이 다룬 경험적 사실을 더욱 정교화할 필요가 있을 것이다.

셋째는 콘스턴트가 간접적으로 제기한 문제로서 연구의 대상에 따라 도출하는 결론이 달라질 수 있다는 점이다. 사회구성주의자들은 이론적 모델이 맥락(context)과 연구자(observer)에 의존한다는 점을 강조해왔지만 연구의 대상(content)에 의한 제약도 중요한 문제이다.[15] 적어도 기술에 인공물(artifact), 지식(knowledge), 활동(activity)의 세 가지 측면이 존재한다고 할 때, 콘스턴트는 기술활동에 안정성을 부여하는 기초를 기술지식에서 찾으며 이를 통해 기술지식의 역사적 진화 과정에 대한 연구를 촉구하고 있다. 이에 반해 로와 싱클턴은 기술이 가진 모든 측면의 상호 관계를 중시하면서 기술지식을 퍼포먼스의 결과로 보았는데 사실상 퍼포먼스

---

15 예를 들어 바이커도 연구대상에 따라 자신이 제기하는 논점을 달리해왔다. 자전거에 대한 사례연구에서는 관련 사회집단을 다분히 고정된 것으로 보았지만, 베이클라이트에 대한 사례연구에서는 특정한 행위자가 복수의 기술 프레임을 가질 수 있다는 점을 지적했으며, 형광등에 대한 사례연구에서는 확산의 단계에서 기술이 사회적으로 재구성된다는 것을 강조했다. 그것은 이론적 모델의 구성이 연구대상에 따라 가변성을 띠므로 모든 기술의 변천 과정을 대칭적으로 설명하기 어렵다는 점을 의미한다.

는 기술지식보다 더욱 포괄적인 개념이며 퍼포먼스를 위해서도 기술지식이 필요하다. 기술의 다양한 측면들 중에서 특정한 측면에 준거를 두고 그것의 관계를 인과적으로 설명하는 것은 자연스러운 연구방법론이라 할 수 있다. 기술사학자들이 보기에 행위자-연결망 이론은 순환적 설명을 제시하는 경향이 있어서 그동안 미진했던 기술의 다른 측면들을 연구하는 데 실질적인 도움을 주기 어렵다는 것이 필자의 판단이다.

연구의 대상과 관련된 또 다른 차원은 콘스턴트가 1999년의 논문에서 보통 엔지니어(rank-and-file engineers)가 실제로 하는 일에 대한 연구를 시도한 데서 찾을 수 있다. 사회구성주의는 엔지니어 이외에 다른 사회집단을 고려함으로써 기술변화에 대한 이해를 더욱 풍성하게 하고 있지만 엔지니어 집단 자체가 가진 이질성에는 충분한 주의를 기울이지 못하고 있다.[16] 특히 그동안의 연구가 주로 엘리트 엔지니어(elite engineers)에 초점을 두고 있어서 보통 엔지니어들을 충분히 다루지 못했다는 점에 비추어볼 때 콘스턴트의 연구는 상당한 의의가 있다. 또한 사회구성주의는 엔지니어의 활동이 기술적인 것과 사회적인 것에 동시에 관련되어 있다는 점을 잘 보여주지만, 사실상 보통 엔지니어들은 기술적 문제를 풀이하는 데 대부분의 시간과 노력을 할애하며 콘스턴트는 그러한 실천이 가진 특성을 밝히고자 했던 것이다. 필자의 판단으로는 기술적인 것과 사회적인 것을 동시에 고려하는 기술사학자들의 경우에도 전자를

---

16 이와 관련해 마이크신스(Meiksins, 1988)는 노블(Noble, 1977)과 레이턴(Layton, 1986)에 나타난 엔지니어의 상충적인 이미지를 종합했다. 마이크신스에 따르면, 20세기 초 미국의 엔지니어 사회는 엘리트 집단(engineering elite), 개혁가 집단(patrician reformers), 보통 엔지니어(rank-and-file engineers)로 이루어져 있었으며, 두 번째 그룹과 세 번째 그룹이 종종 연합하곤 했지만 서로 다른 이상을 지녀 그들의 연합은 매우 불안정하고 임시적인 것이었다.

연구의 출발점으로 삼고 후자를 전자의 배경 정도로 이해하고 있으며 이에 따라 사회구성주의가 전자를 상대적으로 경시하는 것으로 생각하고 있다.

2) 한국에의 적용 가능성 검토

사회구성주의를 근현대 한국의 기술변화에 적용하는 데는 경험적 자료와 이론적 모델의 모든 측면에서 해결해야 할 과제가 산적해 있다. 여기서는 이와 관련된 몇 가지 논점을 제기함으로써 사회구성주의를 우리의 여건에 적용할 수 있는 가능성을 타진해보고자 한다.

첫째, 근현대 한국의 기술변화를 연구할 수 있는 객관적 조건이 극히 미비하다. 기술변화에 초점을 둔 것은 고사하고 근현대 한국의 과학기술사 전반에 대한 저술도 손으로 꼽을 정도이다(김영우 외, 1997; 김영식·김근배 엮음, 1998; 박성래·신동원·오동훈, 2001). 더구나 근현대 한국의 과학기술사를 연구할 만한 자료가 적절히 확보되어 있지 않으며 그나마 급속히 유실되고 있다. 이러한 상황은 바이커가 자전거에 대한 사회구성주의적 해석을 시도할 때 상당한 저술과 자료를 활용할 수 있었던 것과는 크게 대비된다. 한국에서 사회구성주의의 적용을 논하기 전에 선결되어야 할 것은 근현대 과학기술의 역사에 대한 책자를 발간하고 자료를 확보하는 데 있다.[17]

둘째, 사회구성주의에서 설명하고 있는 기술변화의 과정을 한국의 사

---

17 이와 관련해 김근배(2001)는 호주의 과학 아카이브 프로젝트(Science Archive Project)와 중국의 과학기술자 전기 편찬사업을 거론하면서 근현대 한국의 과학기술에 대한 역사적 자료를 수집·보존하는 과학 아카이브 구축사업이 절실하다고 주장하고 있다.

례에 그대로 적용하기는 어렵다. 사회구성주의는 기술변화에 다수의 궤적이 존재하며 그중에서 특정한 경로가 사회적으로 선택되는 것을 강조한다. 그러나 한국과 같은 후발국의 기술변화는 많은 경우 선진국에서의 기술도입에서 출발하기 때문에 기술변화의 경로에 대한 선택이 상대적으로 제약되어 있다. 오히려 후발국의 기술변화에서는 특정 기술이 선택된 시점에 그것을 실현할 수 있는 능력을 구비했느냐의 여부가 매우 중요한 변수로 작용한다. 송위진(1999; 2001)이 보여준 것처럼 한국의 기술변화를 적절히 설명하기 위해서는 사회구성주의가 강조하는 기술선택에 대한 사회학적 접근과 후발국의 기술학습에 관한 경제학적 접근을 종합적으로 고려할 필요가 있다.

셋째, 사회구성주의에서 제안하는 기술 프로젝트의 차원에서 기술변화에 접근하는 것은 한국적 상황에서 상당한 유용성을 가진 것으로 판단된다. 한국의 기술개발은 많은 경우 대규모 프로젝트를 통해 추진되었으며 이에 대한 세밀한 사례연구가 필요하다. 이러한 연구에서는 한국적 특수성을 적절히 반영하여 기술변화와 관련된 행위자나 사회집단을 규정해야 한다. 주지하듯이 한국에서는 정부가 기술변화에 중요한 역할을 담당했으며 많은 경우 강제적 통과 지점으로 기능해왔다. 또한 한국에서는 정부출연 연구기관이라는 특수한 제도가 형성되어 있어 선진국에 비해 과학기술자 사회의 동역학이 더욱 복잡할 가능성이 많다. 이를 충분히 고려한 연구는 기존의 사회구성주의가 포착하지 못했던 독특한 기술변화의 패턴을 제시할 수 있을 것으로 기대된다.

마지막으로 과학기술과 관련된 사회적 논쟁에 대한 분석을 강조하고 싶다. 사회구성주의에 관련된 연구업적들이 보여주듯이 과학기술에 대한 사회적 논쟁은 과학기술의 암흑상자를 개방하는 데 상당히 효과적인 소재로 기능한다. 최근에 정보기술 및 생명공학을 매개로 한국에서 전개되었던 혹은 전개되고 있는 논쟁은 사회구성주의를 활용하여 분석하기에 상당한 적합성을 지닌다. 한국에서도 이와 관련된 연구업적이 등장하기 시작했다는 점은 매우 환영할 만한 일이다(이영희, 2000: 324~351; 이영희, 2001; 김동광, 2001). 지금 벌어지고 있는 사건들이 얼마 후에는 곧 역사가 되므로 이러한 연구는 한국 과학기술사의 발전을 위해서도 중요하다.

5. 맺음말

사회구성주의 기술학이 논의되기 시작한 지도 제법 오랜 세월이 지났다. 사회구성주의는 기술변화에 대한 기술결정론적 접근을 효과적으로 극복해왔으며 점점 더 많은 기술사 연구자들이 그러한 문제의식에 동의하고 있다. 그러나 헥트(Hecht, 1994: 657)가 "기술결정론은 죽었다"고 선언했듯이 이제는 기술결정론에 대한 비판을 넘어 기술의 형성과 기술의 영향을 동시적으로 고려하는 세련된 연구가 필요한 시기에 접어들었다.[18] 기술변화를 새롭게 이해해야 한다는 우회적인 논변보다는 엄밀한 사례연구와 종합적인 저술을 통해 그것을 실제적으로 보여주는 새로운 단계로 나아가야 하는 것이다.

기술사와 기술사회학의 실질적인 상호작용이 가능하려면 기술사 연

18 기술결정론에 대한 한국인 연구자들의 최근 논의로는 홍성욱(Hong, 1998); 이두갑·전치형(2001)이 있다.

구자들은 이론적 개념화에 더 많은 관심을 기울이고 기술사회학 연구자들은 역사적 사실을 좀 더 엄밀하게 활용해야 한다. 특히 기술사와 기술사회학 모두에 유의미한 연구업적을 생산하거나 두 진영의 연구자들이 공동으로 작업하는 일은 이러한 상호작용을 더욱 촉진할 수 있는 계기로 작용할 것이다. 기술사와 기술사회학이 어느 정도로 활발한 상호작용을 보일 것인가 하는 문제도 결국 관련 주체들이 어떻게 행위자를 포섭하고 연결망을 창출하느냐에 달려 있다. 기술사와 기술사회학이 완전히 제도화되지 못한 한국의 상황에서는 그것이 더욱 중요한 과제일 것이다.

제 2 부 과학기술자와 과학기술자사회

제4장

과학기술학의 관점에서 본 인적자원개발의 방향

1. 문제 제기

21세기 사회의 성격과 관련해 '지식기반사회'라는 용어가 회자되고 있다. 즉, 최근의 사회·경제활동에서는 자본 및 노동과 같은 전통적인 생산요소 대신에 지식이 중요한 몫을 차지하고 있으며, 앞으로는 지식을 어떻게 확보하고 활용하는지가 한 사회의 성장에 핵심적인 관건으로 작용한다는 것이다. 지식기반사회에 대한 논의가 전개되면서 지식의 범주가 공식적 지식뿐 아니라 암묵적 지식으로 확장되고 있고, 지식의 창출뿐 아니라 지식의 사회적 수용에 대해서도 주의를 기울이게 되었다는 점은 주목할 만하다. 또한 새로운 지식의 핵심적인 요소로서 과학기술이 집중적으로 거론되는 가운데 과학기술과 관련된 인적자원개발에 대한 논의가 점점 중요해지고 있다. 과학기술이 사회·경제적 변화의 동인으로 간주되면서 과학기술 인적자원의 적절한 개발과 활용이 국가의 발전잠재력을 가늠하는 중요한 기준으로 부상하고 있는 것이다.

사실상 우리가 살고 있는 시대는 '과학기술의 시대'라 불릴 정도로 과학기술이 급속한 변화를 겪고 있으며, 과학기술이 사회에 미치는 영향도 날로 증가하고 있다. 오늘날 과학기술은 권위 있는 지식체계이자 신제품 개발의 원천으로서 인간의 삶과 사회의 변화에 막대한 영향력을 행사하고 있다. 과학기술은 잘못된 관념이나 지식을 교정하는 계몽의 역할을 담당하며, 각종 제품개발을 통해 인류의 생활을 매우 편리하게 해준다. 그러나 동시에 과학기술은 전쟁무기, 환경오염, 안전사고, 윤리문제 등과 결부되어 우리의 삶을 끊임없이 위협하는 것처럼 보인다. 한국에서도 1990년대 이후 각종 대형 사고와 환경오염이 중요한 문제로 부각되었으며, 최근에는 생명윤리에 관한 논점이 집중적으로 제기되고 있다. 이러한 과학기술의 중요성에 비추어 이 글에서는 과학기술과 관련된 분야로 특화해 인적자원의 문제를 논의하고자 한다.

과학기술 인적자원과 관련된 기존의 논의는 경제적·관리적 접근에 입각한 인력 양성의 측면에 국한되어 있어 규범적·사회적 측면의 논의가 턱없이 부족하다. 기존의 논의는 과학기술 인력의 수급 구조를 점검하거나 전망하면서 양적·질적 측면에서 사회적 수요에 부합하는 과학기술 인력을 양성·공급하는 문제에 집중되었다. 특정한 과학기술 분야에 어느 정도의 인력이 요구되고 있으며 이러한 인력을 효과적으로 양성하기 위한 방안은 무엇인지 강구하는 데 초점을 맞추어왔던 것이다. 특히 최근에는 과학기술 인력의 양적 규모는 상당한 정도로 발전해왔지만 이에 부응하는 질적 수준이 확보되지 못하고 있다는 현실 진단하에 과학기술 인력의 질적 능력을 제고하는 방향으로 본격적인 논의가 전개되고 있다(재정경제부 외, 2001: 133~151).

이와 같은 접근은 대체로 과학기술자가 과학기술에 대한 능력만 있으면 과학기술과 관련된 인적자원의 문제는 해결 가능한 것으로 가정하는 것처럼 보인다. 그러나 과학기술의 파급효과가 커지고 부작용도 등장하면서 과학기술 능력과 사회수용 능력이 동시에 발전하지 않으면 미래를 낙관할 수 없다는 인식이 점차 확산되고 있다. 이와 관련해 과학기술자의 사회적 책임과 일반인의 과학기술에 대한 수용도가 중요한 쟁점으로 부상하고 있다. 실제로 우리나라의 과학기술자가 과학기술활동의 규범이나 사회적 영향력에 대한 책임감이 충분한지, 그리고 일반 국민들이 과학기술 및 그와 관련된 사회적 문제에 대해 어느 정도의 안목을 가지고 있는지는 의문이다.

이러한 문제의식에 입각하여 이 글에서는 과학기술학의 관점에서 과학기술 인적자원개발의 새로운 방향을 제안하고자 한다. 이 글의 구성은 다음과 같다. 제2절에서 과학기술학에 주목하는 배경을 간단히 고찰한 뒤, 제3절에서는 과학기술학의 주요 이론과 인간관을 검토하고 그 의의 및 한계를 평가해본다. 과학기술자의 규범구조를 중심으로 한 구조기능주의적 과학기술학과 과학적 지식 및 기술적 인공물의 사회적 구성성을 강조하는 구성주의적 과학기술학이 논의 대상이다. 제4절에서는 과학기술학의 논의를 바탕으로 과학기술 인적자원개발의 새로운 방향과 과제를 도출한다. 즉, 과학기술자사회의 규범의 현실화, 과학기술자의 사회적 책임 강화, 과학기술에 대한 일반인의 이해도 증진을 과학기술과 관련된 인적자원개발의 기본방향으로 설정하고 그것이 현실화되기 위해 필요한 사회적·제도적 조건을 검토한다.

2. 왜 과학기술학인가

사실상 인간관은 과학기술 분야에서 중요한 논제가 아니며 매우 추상적인 수준에서 가정되고 있을 뿐이다. 과학에는 지식, 방법, 활동 등의 측면이 있지만, 일차적으로는 자연에 대한 지식으로 정의된다. 이에 따라 과학은 자연관은 중요시하지만 인간관에 대해서는 별다른 관심을 보이지 못했으며, 다만 인간은 자연현상이 보여주는 규칙성을 발견하고 이를 법칙으로 만드는 존재로 상정되었다. 과학활동과 관련된 대표적인 자연관으로는 기계적 자연관과 유기체적 자연관을 들 수 있다. 최근에는 모든 과학적 탐구활동을 기계론적으로 환원할 때 생기는 문제점이 지적되면서 유기체적 자연관에 대한 논의가 본격적으로 제기되고 있다(홍욱희, 1998).

기술 분야의 경우도 인간관에 대해 본격적인 관심을 가지고 있다고 보기는 어렵다. 기술은 인공물, 지식, 활동 등의 측면을 지니며, 일차적으로는 인공물 혹은 그것의 체계로 정의된다. 여기서 인간은 실용적인 목적을 위해 인공물을 개발하고 활용하는 존재라고 볼 수 있다. 이와 관련해 기술활동과 관련된 대표적인 인간관으로는 '도구의 인간(homo fabre)'이 자주 거론되었으며, 최근에는 인간 세계에 도구적인 필요성 이상으로 많은 발명품이 존재한다는 점에 착안하여 '유희적 인간(homo ludens)'에 초점이 맞추어지기도 한다(Basalla, 1988). 이처럼 과학 및 기술 분야에서는 인간관에 관한 논의가 매우 빈약하고 추상적이어서 과학기술을 인간과 관련지어 논의하는 것이 거의 불가능하다.

반면 과학기술에 대한 철학적 차원의 접근에서는 과학기술과 관련된 인간 존재의 의미를 규명하려는 시도가 본격적으로 추진되고 있다. 장회익(1998)은 생명의 단위가 되기 위해서는 자유 에너지의 궁극적인 원천을 그 자체 내에 지녀야 한다고 주장하면서 생명의 본질을 '우주적 생명(global life)'에서 찾고 있다. 그럴 경우에 인간과 자연은 개체와 보(補) 생명의 관계에 놓이게 되며, 인간은 자연을 파괴적으로 활용하는 존재가 아니라 자연과 공생하는 존재로 재정립된다. 기술철학과 관련해서는 인간과 기계의 상호작용을 주제로 한 연구 중에서 인간과 기계의 공통점으로 피드백을 가진다는 점이 지적되기도 한다(홍성욱, 1999: 284~308). 여기서 현대 기술의 역사는 인간이 기계를 단순히 활용하는 것이 아니라 인간-기계의 범주가 확장되는 과정으로 볼 수 있다. 이와 같은 철학적 접근방식은 과학기술과 관련된 인간의 본질을 성찰하는 데에는 상당히 의미 있는 시각을 제공할 수 있으나, 인적자원으로서 과학기술자를 육성하는 문제나 과학기술에 대한 일반인의 이해도를 제고하는 문제와 직접적으로 연결시켜 논의하기는 어렵다.

이러한 판단을 바탕으로 이 글에서는 과학기술학의 범주를 통해 과학기술과 관련된 인간관 및 인적자원의 문제를 살펴보고자 한다(Jasanoff et al., 1995). 과학기술학은 과학기술과 인문사회를 잇는 간(間) 학문 분야(interdiscipline)로서 과학기술철학, 과학기술사, 과학기술사회학, 과학기술경제학, 과학기술정책학 등을 포괄한다. 특히 과학기술에 대한 사회학적 연구는 과학기술학의 세부 분야 간의 중심적인 연결점으로 작용하면서 과학기술학의 방법론에 관한 논의를 본격적으로 제기하고 있다.

사실상 과학기술활동과 관련된 최근의 변화는 과학기술의 차원이 아니라 과학기술학의 차원에서 설명되어야 한다는 점을 보여준다. 이와 관련해 웹스터(Webster, 1991: 3~6)는 과학기술활동의 새로운 방향으로 과학기술활동이 개인의 고립된 활동에서 팀 작업으로 변모하고 있다는 점, 과학과 기술의 상호작용이 증가하면서 과학과 기술을 명확히 구분하기 어렵다는 점, 기업의 성장이 점점 과학기술의 혁신에 의존하게 되었다는 점, 세계 각국의 정부가 과학기술의 진흥 및 규제에 정책적으로 관여하고 있다는 점 등을 들고 있다. 즉, 오늘날 과학기술활동에는 수많은 사회제도적인 문제가 결부되어 있으므로 과학기술과 관련된 문제를 이해하는 데는 문과와 이과라는 전통적인 구분을 넘어서는 과학기술학 차원의 상상력과 판단이 필요한 것이다. 사실상 앞서 언급했던 과학기술이 가정하는 인간관의 문제도 과학기술 자체보다는 과학기술학의 차원에서 이루어져 왔으며, 인간 존재의 본질에 관한 철학적 접근도 이러한 시도의 일환으로 평가할 수 있다.

3. 과학기술학의 흐름과 인간관

1) 과학기술학의 변천 및 논점

(1) 구조기능주의적 과학기술학

머튼(Robert K. Merton)은 1930년대부터 과학발전에 대한 사회학적 연구를 개척한 사람으로서 주로 과학활동의 조직적·행태적 측면에 주목했다(윤정로, 2000: 64~87). 그는 1942년에 발간된 「과학의 규범구조(The Normative Structure of Science)」라는 논문에서 과학을 합리적인 규범이 지배하는 과학자사회(scientific community)의 산물로 파악하면서 이와 관련된 제도적 실천규범을 제시했다(Merton, 1973: 267~278). 하나의 사회제도로서 과학의 목표는 경험적 사실에의 부합성과 논리적 일관성을 기준으로 공인된 지식을 확장하는 데 있으며, 이러한 규범구조에 대한 순응으로 과학활동은 다른 활동과 달리 객관적이고 합리적인 지식을 창출할 수 있다는 것이다. 이에 반해 20세기 전반 나치스 치하의 '아리안 과학'이나 구소련의 '프롤레타리아 과학'은 불순한 사회적 요인이 개입되었기 때문에 객관적이고 합리적인 과학이 될 수 없었다고 머튼은 진단했다.

머튼은 과학자들의 행동에 지침을 제공하여 과학의 목표를 달성할 수 있는 필수불가결한 기본규범으로 공동주의(communism), 보편주의(universalism), 불편부당성(disinterestedness), 조직화된 회의주의(organized skepticism)의 네 가지를 제시했다. 이러한 네 가지 규범은 영문명의 머리철자를 따서 'CUDOS 규범'으로 불리기도 한다.

보편주의에 따르면 새로운 과학지식의 진위나 중요성은 그것의 생산자나 지지자의 개인적·사회적 속성 — 예컨대 인종, 국적, 종교, 성, 연령, 사회적 지위 등 — 에 관계없이 보편적으로 적용되는 기술적·학문적 덕목에 의해서만 평가되어야 한다. 공동주의와 관련해 과학지식의 소유권은 발견자에게 독점적으로 귀속되는 것이 아니라 과학자사회나 인류 전체에 귀속되므로, 과학자들은 자신의 새로운 발견을 숨김없이 공표하고 자신이 사용한 자료와 기법을 타인이 자유롭게 이용할 수 있도록 제공해야 한다. 불편부당성은 과학자들이 자신의 출세나 명성, 경제적 이득 등의 개인적 이해관계에 얽매이지 않고 과학 그 자체를 위해 활동해야 하며 특히 그들의 연구활동이 다른 사회적 요인에 상관없이 진리 추구에 대한 관심에 의해 인도되어야 한다는 것을 의미한다. 마지막 규범인 조직화된 회의주의에 따르면 과학자들은 과학지식을 당연한 것으로 받아들이지 말고 끊임없이 비판적 태도를 취해야 하며, 과학지식은 그 출처의 권위에 상관없이 모두 동등하게 엄격한 공인 과정을 거쳐야 한다.

이러한 과학의 규범구조는 과학지식의 확대를 위한 효율적인 기술적 처방이자 과학자들에게 내면화되어 과학자로서의 양심을 형성하는 도덕적 처방으로 작용한다. 특히 이러한 규범은 과학의 보상체계가 역할 수행의 탁월성에 따라 차별적으로 작동하게 함으로써 위조, 변조, 표절 등과 같은 일탈행위를 통제할 수 있는 원천으로 작용한다. 따라서 구조기능주의적 과학기술학에서는 보상의 배분 과정에 대한 경험적 분석이 과학활동과 과학자사회의 다양한 측면을 이해하는 데 매우 중요한 주제로 간주된다.

구조기능주의적 과학기술학에서는 기본적으로 순수하고 비세속적인 상아탑 속에서 과학활동을 수행하는 인간관을 상정하고 있다고 평가된다. 이러한 관점은 물질세계가 보편적인 자연법칙에 의해 지배되고 있으며 그것은 합리적인 인간 주체에 의해 밝혀질 수 있다는 계몽적 합리주의(enlightenment rationalism)에 해당한다. 구조기능주의적 과학기술학은 과학지식의 객관성과 중립성을 강조하는 '표준적 과학관'을 명료화했을 뿐만 아니라 자유 민주주의를 옹호하는 미국 학계의 성향과도 부합했기 때문에 한동안 과학기술학의 지배적인 패러다임으로 군림할 수 있었다.

(2) 구조기능주의적 과학기술학에 대한 비판

구조기능주의적 과학기술학은 1960년대를 전후하여 지적·사회적 환경이 변화한 것을 배경으로 본격적인 비판에 직면했다. 우선 콰인(W. V. O. Quine)의 증거에 의한 이론의 미결정성(underdetermination)과 핸슨(N. R. Hanson)의 관찰의 이론 의존성에 관한 명제에서 출발한 상대주의적 과학관은 쿤의 패러다임론으로 집대성됨으로써 표준적 과학관에 근본적인 문제를 제기했다(Chalmers, 1999; Laudan, 1990). 증거에 의한 이론의 미결정성은 과학이론이 일련의 보조가설을 포함한 매우 복잡한 층위로 구성되어 있기 때문에 관찰이나 실험을 통해 산출된 증거가 이론의 어떤 부분을 검증 혹은 반증하는지 알 수 없으며, 따라서 증거가 이론을 완전히 결정하지 못함을 의미한다. 관찰의 이론 의존성은 인간은 관찰이나 실험을 하기 전에 이미 특정한 이론을 가지므로 동일한 대상이라도 다르게 인식할 수 있다는 것을 뜻한다. 예를 들어 오리와 토끼는 생김이 비슷하기 때문에 같은 동물을 보면서도 어떤 사람은 오리라고 생각하는 반면 다른 사람은 토끼로 판단하게 된다.

쿤의 패러다임은 과학활동에 안정성과 정합성을 부여하는 기반으로서 과학과 비과학을 구획하는 기준에 해당한다(Kuhn, 1970; 조인래, 1997). 패러다임이란 넓게는 일군의 과학자들이 공유하는 이론, 법칙, 방법, 기술, 가치, 신념 등을 망라한 총체적 집합을 뜻하며, 좁게는 그들이 공유하는 매우 인상적인 범례(examplar)를 뜻한다. 과학자는 이러한 패러다임을 통해 탐구의 대상과 방법을 기획하며, 탐구 결과 역시 특정한 패러다임을 통해 평가된다. 더 나아가 쿤은 두 가지 패러다임을 동일한 기준으로 비교하거나 평가할 수 없다는 공약 불가능성(incommensurability) 명제를 제창했다. 패러다임이 전환되면서 논리의 규칙과 사용되는 자료 자체가 변하기 때문에 상이한 패러다임에 속한 두 과학자는 자신의 견해가 옳다는 점을 논리적인 토론에 의해 증명할 수 없다는 것이다. 이처럼 표준적 과학관에서는 과학지식에 전혀 영향을 미치지 않았던 사회적 요소들이 쿤에 이르러 과학활동에 없어서는 안 될 중요한 존재로 간주되기 시작했다.

이러한 지적 유산은 1960~1970년대의 사회적 변화와 맞물려 구조기능주의적 과학기술학의 근거가 되었던 표준적 과학관을 근본적으로 흔들었다(나카야마 시게루, 1982; 조홍섭, 1984). 군사무기 및 환경문제 등을 매개로 과학기술의 역기능이 가시화되면서 과학기술의 합리성에 심각한 의문이 제기되고 과학기술자의 사회적 책임이 강조되기 시작했던 것이다. 예를 들어 카슨이 1962년에 『침묵의 봄』에서 폭로한 DDT라는 살충제와 제2차 세계대전부터 급속히 개발된 대량살상무기의 역기능은 1965~1973년에 벌어진 베트남전쟁을 통해 뚜렷이 확인되었다.

이러한 배경에서 과학기술자의 사회적 책임에 관한 논의가 활발해지는 가운데 반전·반핵운동 및 환경운동이 조직화되면서 평화와 환경을 지향하는 과학기술의 개발 및 활용이 중요한 이슈로 등장했다. 이와 같이 기존의 과학기술에 대한 비판 활동이 아인슈타인(Albert Einstein)을 비롯한 지도자급 과학기술자를 중심으로 조직적으로 전개되었다는 점은 주목할 만하다.

급기야 학계에서도 과학기술학의 패러다임을 근본적으로 재검토해야 한다는 자각이 생겨나면서 구조기능주의적 과학기술학에 대한 학문적 차원의 비판이 본격적으로 제기되었다(Mulkay, 1976; Bloor, 1976). 예를 들어 머튼의 주장은 과학자가 왜 그러한 방식으로 행동해야 하는지를 보여주지 못하며, 실제로 작동하는 규범구조라기보다는 일종의 직업적 이데올로기에 불과하다는 지적이 집중적으로 제기되었다. 즉, 과학에서 작용하는 단순한 실력주의란 존재하지 않으며, 과학자(사회)의 규범구조 자체가 과학자들의 장·단기적 이해관계, 그들의 재정적 여건, 새로운 아이디어에 대한 정부 및 기업의 태도 등을 포함하는 사회적 맥락에 따라 달라진다는 것이다. 이러한 비판을 배경으로 과학기술학 연구자들은 외부 사회로부터 자율적인 과학이란 일종의 신화에 불과하며, 모든 과학지식은 그 지위에 대한 평가와는 무관하게 다른 지식과 동등한 방식으로 설명되어야 한다는 점을 명확하게 인식하기 시작했다.

(3) 구성주의적 과학기술학

1980년대를 전후하여 등장한 구성주의적 과학기술학은 과학적 지식 및 기술적 인공물이 만들어지는 과정을 본격적으로 고찰하면서 과학기술이 기본적으로 사회적 구성물의 성격을 띤다는 점을 강조한다(Webster, 1991; Jasanoff et al., 1995; Hess, 1997; Hackett et al., 2007; Sismondo, 2009).

과학에 대한 구성주의는 강한 프로그램(strong programme), 경험적 상대주의 프로그램(empirical programme of relativism: EPOR), 실험실 연구(laboratory studies)의 형태로 발전해왔다(홍성욱, 1999: 21~67; 김경만, 2004).

강한 프로그램은 인과성(causality), 공평성(impartiality), 대칭성(symmetry), 성찰성(reflexivity)과 같은 방법론적 원칙을 과학지식의 구성 과정에 대한 연구에 적용해야 한다고 강조하면서 다른 지식과 마찬가지로 과학지식에도 사회적 이해관계가 반영된다고 주장하고 있다. 경험적 상대주의 프로그램은 해석적 유연성의 단계, 합의 형성 및 논쟁 종결의 단계, 과학 논쟁과 거시사회와의 관계를 규명하는 단계로 구분하여 특정한 과학지식이 '핵심집단(core set)'을 중심으로 논쟁과 합의를 거쳐 만들어지는 과정을 탐구하고 있다. 실험실 연구는 과학지식이 구성되는 현장인 실험실에서 벌어지는 활동 및 담론을 참여관찰의 방식으로 분석함으로써 문제 설정에서 해결에 이르는 모든 단계의 과학활동이 과학자들 사이의 부단한 협상을 통해 만들어진다는 점을 강조한다.

기술 분야에서도 이와 유사한 문제의식과 방법론을 사용한 연구가 진척되었으며, 그것은 기술의 사회적 형성론(social shaping of technology), 기술의 사회적 구성론(social construction of technology), 기술 시스템 이론(technological system theory), 행위자-연결망 이론(actor-network theory)으로 구분할 수 있다(송성수 편역, 1995; 송성수 편저, 1999).

기술의 사회적 형성론은 경제적 압력, 계급적 관계, 국가의 역할 등과 같은 거시사회의 구조가 기술변화의 속도와 방향, 형태, 결과에 미치는 영향을 탐구하면서 그것이 해당 사회집단의 세력 관계에 의해 변화될 수 있다고 주장한다. 기술의 사회적 구성론은 상대주의 경험적 프로그램을 기술에 적용한 것으로서, 기술은 '관련된 사회집단(relevant social groups)'의 견해에 따라 다양하게 전개될 가능성이 있으며, 특정한 인공물의 형태는 그러한 집단 사이의 갈등과 협상의 결과라는 점을 강조한다. 기술 시스템 이론은 특정한 기술보다는 시스템적 차원에서 기술변화를 살펴보는 이론으로서 기술 시스템이 발명, 개발, 혁신, 성장, 공고화 등의 단계를 거치면서 진화하는 동안 물리적 인공물, 기술경제적 조직, 과학지식, 법적 장치 등과 같은 매우 이질적 요소들이 끊임없이 통합되는 과정을 탐구한다. 행위자-연결망 이론은 주요 행위자들이 연결망을 구성하는 과정을 통해 특정한 기술 프로젝트의 일생을 탐구함으로써 기술과 사회가 항상 변화를 경험하고 있다는 점을 강조하며 실패한 기술 프로젝트에도 많은 주의를 기울이고 있다.

이러한 논의를 통해 구성주의적 과학기술학은 과학기술이 다른 지식과 마찬가지로 사회적 상황과 우연적 요인에 의해 구성된다는 점을 강조한다. 그것은 지금도 뿌리 깊게 남아 있는 과학기술 만능주의에 비판적으로 접근할 수 있는 유력한 자원으로 기능할 수 있다. 과학기술은 사회발전의 원동력일 뿐 아니라 사회문제를 유발하는 원인으로도 작용할 수 있으며, 따라서 과학기술의 긍정적 측면을 최대화하고 부정적 측면을 최소화하려는 의식적 노력이 요구되는 것이다. 또한 구성주의적 과학기술학은 '이미 만들어진 과학기술(ready-made science and technology)' 대신에 '만들어지고 있는 과학기술(science and technology in-the-making)'에 주목한다. 과학기술의 방향과 내용이 사전에 정해진 것이 아니라 다양한 사회적 요인들의 개입에 의해 바뀔 수 있다는 것이다. 그것은 사회구성원들이 과학기술에 단순히 적응하는 것을 넘어 과학기술을 사회적 필요에 부응하는 방향으로 재구성할 수 있다는 점을 시사한다.

인간관과 관련해 구성주의적 과학기술학에서는 과학기술자가 특정한 이해관계에 따라 매우 이질적인 물적·인적 자원을 일관되게 결합할 수 있는 능력에 주목한다. 예를 들어 버그래그트(Vergragt, 1988)는 기업에서 연구개발, 생산, 마케팅 등의 모든 영역에 관련된 행위자들이 모든 사건을 자신의 직업적 이해관계 안에서 적합하게 해석하고 자신의 전문적 능력을 가장 적절히 활용하는 방식으로 기술혁신 과정을 관리한다는 데 주목하면서, 계산, 협상, 의사결정의 과정을 통해 기술혁신의 경로에 대한 '결정적인 사건'을 해결하는 것이 승패의 관건으로 작용한다는 점을 강조한다. 이와 관련해 후지무라(Fujimura, 1987)는 과학기술자들이 '할 수 있는' 연구과제와 씨름하며, 실험 활동, 실험 이외의 연구소 활동, 사회적 세계에서의 활동이라는 세 가지 수준의 활동이 모두 성공적으로 정렬되고 협상될 때에만 연구과제가 성공적으로 완료될 수 있다고 지적한다.

특히 행위자-연결망 접근을 취하는 연구자들은 연결망을 형성하고 발전시키는 주요 행위자를 '이질적 엔지니어' 혹은 '엔지니어-사회학자'로 개념화하고 있는데, 그들은 과학기술적 요소에서 사회정치적 요소에 이르는 매우 이질적인 자원을 결합하며, 특정한 과학기술뿐 아니라 그것과 관련된 사회 모델을 구현하려고 노력한다. 이와 유사하게 기술 시스템 이론의 주창자인 휴즈는 시스템 구축가가 이질적인 자원을 동원하고 결합해내는 능력에 주목하며, 기술 시스템의 진화 단계에 따라 시스템 구축가의 주요 활동 영역이 발명, 관리, 재정의 문제로 변천된다는 점을 지적하고 있다.

2) 과학기술학의 인간관에 대한 평가

기본적으로 구조기능주의적 과학기술학이 가정하는 규범구조는 오늘날 과학기술자의 현실적인 모습과 부합하지 않는 면이 많으므로 이에 대한 재구성이 필요하다. 거대과학(big science)의 출현으로 상징되는 제2차 세계대전 이후의 과학기술활동은 점차 목표지향적인 것으로 변모하고 있으며, 거기에는 천문학적인 물적자원과 다양한 영역에 걸친 인적자원이 동원되고 있다. 원자폭탄 개발을 목표로 한 맨해튼계획(Manhattan Project, 1943~1945년)과 인간의 유전정보를 총체적으로 규명하기 위한 인간유전체계획(Human Genome Project, 1990~2001년)이 그 대표적인 예인데, 전자에는 20억 달러, 후자에는 30억 달러가 소요되었다. 특히 오늘날 대규모의 연구사업에는 대학, 연구소, 산업계 등과 같은 다양한 주체가 참여할 뿐 아니라 수많은 과학기술 분야가 적극적으로 협동하는 모습을 나타낸다.

이러한 점에 비추어볼 때 순수수학 및 이론물리학과 같은 소수의 몇몇 분야를 제외하고는 머튼이 주장한 것과 같은 규범구조 속의 목가적인 과학기술자의 이미지가 글자 그대로 유지되기는 현실적으로 거의 불가능하다. 즉, 구성주의적 과학기술학이 암시하는 것처럼 과학기술자도 이해관계에서 자유로울 수 없으며, 이질적인 자원을 통합적으로 관리하는 능력이 중시되고 있는 것이다. 실제로 오랫동안 상아탑으로 간주되었던 대학의 경우에도 학문 연구뿐 아니라 사회·경제의 발전에 협력하는 것이 중요한 임무로 추가되고 있으며, 기업 및 정부로부터 연구비를 확보하는 것이 대다수의 과학기술활동에서 중요한 과제로 부상하고 있다.

반면 구성주의적 과학기술학은 과학기술자의 현실적인 환경 및 행태를 적절히 포착하고 있으나 초기의 풍부한 문제의식이 왜소화되어 과학기술이 사회적으로 구성되는 과정을 학문적인 차원에서 묘사하는 데 머무는 경향이 있다. 위너(Winner, 1993)에 의하면 구성주의적 과학기술학은 과학기술이 인간생활에 미치는 영향을 거의 다루지 않은 채, 과학기술의 구성 과정에서 중요한 역할을 하는 사회집단에만 주목하고 있다. 또한 과학기술 선택의 이면에 작동하는 사회구조 문제에 관심을 기울이지 않고 있고, 인식론적 상대주의라는 방법론이 도덕적·정치적 무관심으로 연결될 가능성이 많다. 즉, 구성주의적 과학기술학은 그것의 출현 배경으로 작용했던 과학기술자의 사회적 책임에 관한 논의를 본격적으로 고려하지 못하며, 과학기술에 의해 많은 영향을 받는 일반인들의 태도에 대해서도 충분히 관심을 기울이지 못하고 있는 것이다.

이와 관련하여 20세기를 통해 과학기술이 일상생활에 본격적으로 침투하면서 이에 대한 반응도 상당히 변화해왔다는 점에 주목할 필요가 있다(송성수, 1999). 즉, 1920년대만 하더라도 풍요의 원천이자 진보의 상징으로 찬양되었던 과학기술은 1960년대에 이르러 대량학살과 환경파괴의 주범으로 인식되기에 이르렀다. 과학기술의 역기능에 대한 인식도 1960년대에는 대체로 사후적인 것에 불과했지만, 최근의 정보통신기술 및 생명공학기술을 둘러싼 논쟁은 과학기술의 역기능에 대한 인식이 과학기술의 경로가 가시화되기 전에 시작되고 있음을 보여준다. 이러한 맥락에서 과학기술의 역기능을 최소화하고 과학기술의 발전에 부합하는 사회수용 능력을 제고하기 위해서는 과학기술자의 책임 있는 자세와 과학기술에 대한 일반인의 이해가 필수적으로 요구되는 것이다.

이러한 평가에 비추어볼 때 과학기술학과 관련된 향후 인적자원개발의 핵심적인 방향은 과학기술활동에 대한 규범을 좀 더 현실적으로 재정립하면서 과학기술자의 사회적 책임과 과학기술에 대한 일반인의 이해를 제고하는 데 있을 것이다. 이러한 논의는 과학기술 인적자원개발에 관한 문제를 새로운 측면에서 접근하는 것은 물론 과학기술학 자체의 문제의식과 논의를 더욱 풍부하게 하는 데에도 기여할 것으로 생각된다.

4. 과학기술 인적자원개발의 새로운 방향과 과제

1) 기본방향

(1) 과학기술자사회의 규범의 현실화

우선 구조기능주의적 과학기술학이 제안한 규범구조는 오늘날의 현실에 부합하지 않으므로 우리의 상황을 감안하여 그것을 좀 더 실제적인 내용으로 재정립하는 것이 필요하다. 특히 과학기술자가 과학기술지식의 증가를 도모하는 것이 가장 중요하다는 점은 오늘날에도 통용되고 있지만, 과학기술의 통합화 경향을 고려해볼 때 과학기술지식의 범위가 자신의 분야에만 국한되어서는 곤란하다. 자연과학에서는 물리화학, 생화학, 분자생물학 등의 '간 학문'이 차지하는 중요성이 커지고 있으며, 공학기술에서도 메카트로닉스, 광전자공학 등과 같은 기술융합 현상이 중요한 화두로 등장하고 있다. 더 나아가 '과학기술' 혹은 '기술과학(technoscience)'이라는 용어에서 보듯이, 과학과 기술의 상호작용 역시 점차 증가하며 이것은 정보통신기술이나 생명공학기술과 같은 새로운 영역에서 더욱 뚜렷한 경향으로 자리 잡고 있다.

동시에 과학기술활동에 수많은 물적·인적 자원이 동원되면서 자원배분 및 집행의 효율성과 민주성도 중요한 문제로 부상하고 있으며, 이에 관한 현실적인 규범을 정립할 필요성도 커졌다. 이와 관련해 과학기술자들에게는 연구를 훌륭하게 수행하는 능력과 함께 자원배분에 대한 정책기획 및 자원집행과 관련된 기술관리 능력이 요구되고 있다. 특히 소수 엘리트 중심으로 이루어져 왔던 자원배분 및 집행에 관한 의사결정 구조는 가능한 많은 과학기술자들이 참여할 수 있는 방향으로 개선되어야 할 것이다.

(2) 과학기술자의 사회적 책임 강화

구성주의적 과학기술학의 배경이 되었던 과학기술자의 사회적 책임은 건전한 과학기술·문명을 창출하는 데 매우 중요한 역할을 담당한다. 우리나라의 경우 과학기술이 일상생활에 급격히 침투하기 시작하면서 1990년대부터는 과학기술과 관련된 사회적 문제가 불거져 나왔지만 이에 대한 과학기술자(사회)의 적절한 대응은 미미했던 것으로 판단된다. 사실상 과학기술자가 과학기술과 관련된 각종 사회문제를 논의하고 해결하는 데 참여하는 분위기가 형성되어 있지 않아, 과학기술자가 연구와 교육 이외의 활동을 하는 것을 바람직하지도 않고 가능하지도 않은 것으로 인식하는 경향을 보였다. 그러나 과학기술자가 세상을 보는 시야와 태도를 조금만 개선한다면 자신이 연구하고 교육하는 주제와 관련된 사회적 문제에 관심을 기울이는 것이 크게 어렵거나 부담스러운 일은 아닐 것이다. 과학기술자가 사회적 문제에 대처하는 적절한 능력을 보일 때 과학기술자(사회)에 대한 일반 국민의 인식도 더욱 개선될 것이고 국정 운영에 대한 과학기술자(사회)의 영향력도 커질 것이다.

과학기술자의 사회적 책임에 관한 보편타당한 해답은 없지만, 적어도 과학기술자는 자신의 학문적 양심을 바탕으로 구체적인 상황을 진솔하게 발언하는 것이 필요하다. 과학기술의 성과에 대한 자세한 내용 중에는 과학기술자가 아니면 알기 어려운 점이 많으므로 과학기술자는 그것의 가능성 및 위험성을 사회에 알려야 하는 의무가 있다. 이와 관련해 해리슨(A. J. Harrison)은 '전문가 증언(expert witness)'의 역할을 지적한다. 그것은 "어떤 것이 지금까지 알려져 있는 사실이고, 어떤 것이 아직 알려지지 않은 것이며, 알려진 사실의 경우 그것에 따르는 불확실성은 무엇이며, 지금 연구가 진행되고 있는 것은 무엇이고 노력하면 알 수 있는 것은 무엇이며, 또 필요한 지식을 얻기 위해서는 어느 정도의 연구를 수행해야 하는가 등에 대해 자신의 능력을 나타내 보이는 것"을 의미한다(해리슨, 1994: 58~59).

(3) 일반인의 과학기술에 대한 이해도 증진

일반인의 과학기술에 대한 이해도 증진은 구조기능주의적 과학기술학이나 구성주의적 과학기술학에서 본격적으로 논의되지 않은 영역이다. 특히 초등 및 중등 교육과정을 통해서는 과학기술에 대한 학습을 의무적으로 하는 반면, 성인이 되어서는 과학기술에 대한 교육을 받을 기회가 매우 제한되어 있다는 우리의 현실을 상기해볼 때, 일반인의 과학기술에 대한 이해도 증진은 별도의 노력이 절실히 요구되는 문제이다. 이와 관련해 지식기반사회가 논의되면서 평생학습의 중요성이 강조되고 있다는 점은 환영할 만하지만, 평생학습의 범주에 과학기술에 대한 판단 능력의 배양이 본격적으로 고려되지 못한 점은 시급히 시정되어야 할 과제이다.

그동안 과학기술의 대중화 혹은 대중의 과학기술 이해에 관한 노력은 과학기술문화 정책 및 사업의 일환으로 지속적으로 추진되었지만, 그 성과가 가시화되고 있다고 평가하기는 어렵다(송성수·김동광, 2000). 지금까지의 과학기술문화사업은 일방적이고 위계적인 모델에 입각해 추진됨으로써 국민 대중은 과학기술의 중요성에 대해서는 어느 정도 인식하면서도 과학기술이 자신의 문제가 아니라 전문가의 문제일 뿐이라는 이중적 태도를 갖게 된 것이다. 이러한 방식의 과학기술문화사업이 계속 추진된다면 과학기술과 국민 대중의 간격이 좁혀지기는커녕 과학기술이 더욱 신비화됨으로써 과학기술자와 국민 대중을 모두 상대화하는 결과를 초래할 우려가 있다. 따라서 향후에는 일반인의 적극적인 참여를 전제로 한 쌍방향적인 과학기술문화사업이 본격적으로 논의되고 추진되어야 할 것으로 판단된다.

2) 주요 과제

이상과 같은 인적자원개발의 기본방향이 현실화되기 위해서는 다음과 같은 제도적 장치 혹은 사회적 분위기의 조성이 필요하다.

첫째, 과학기술자사회는 그동안 실험적인 차원에서 시도된 다양한 학제적 교육 및 연구 프로그램에 대한 지지와 참여를 강화해야 할 것이다. 아울러 정부도 기존의 학문 분류에 입각한 편의적인 정책기획 및 집행을 넘어 학문 간 통합을 통해 새롭게 출현하고 있는 영역을 조기에 발굴하고 이를 적극적으로 지원하는 자세를 보여주어야 한다. 이를 위해서는 기존의 학문 분류를 뛰어넘는 차세대 교육과정의 개발을 국가적 차원에서 적극적으로 지원하고, 학술연구 및 과학기술연구에 대한 예산을 배분하는 과정에서도 간 학문이나 융합기술과 관련된 항목을 별도로 고려하는 것이 필요하다.

둘째, 오늘날 과학기술활동에서는 수많은 이질적 자원을 고려하여 통합적으로 기획하고 관리해야 하므로, 정책기획 및 자원집행과 관련된 기술경영 교육훈련 프로그램을 개발하여 보급해야 한다. 이러한 프로그램의 필요성은 과학기술활동 현장에서 절실히 인식되어 이미 이와 관련된 몇몇 프로그램이 민간 주도로 운영되고 있기는 하지만, 국가적 차원에서 더욱 체계적인 노력을 기울여야 할 것이다. 현실적으로는 연구 프로젝트의 책임자급에 해당하는 과학기술자를 대상으로 우선적으로 실시하면서 그 대상을 점차 확대하는 방법이 바람직할 것으로 판단된다. 이러한 제도는 과학기술자의 자기개발 및 경력관리를 위한다는 측면에서도 적극적으로 시도되어야 할 것이다.

셋째, 과학기술자는 자신의 전문 분야에 대한 지식만을 가진 기능적 지식인이 아니라 다른 과학기술 분야는 물론 인문사회에 대한 소양을 동시에 겸비한 유기적 지식인으로서의 역할을 정립해야 한다. 특히 과학기술과 관련된 사회적 이슈는 과학기술과 인간사회를 아우르는 판단을 요구하고 있는데, 한국의 과학기술자(사회)는 대부분 그러한 방식으로 훈련되어 있지 않아 심각한 문제로 지적된다. 이러한 상황을 타개하기 위해서는 과학기술자를 대상으로 과학기술과 인간사회를 연결하는 연수 프로그램을 대폭 개발·보급하여 과학기술자의 사회적 안목을 향상시키는 작업이 필수라 하겠다.

넷째, 과학기술자는 사회적 이슈가 되고 있는 과학기술의 상황에 대해 현실적인 의견을 제시하고 전문인으로서의 윤리를 스스로 정립하는 일에 적극적인 노력을 기울여야 한다. 이처럼 과학기술자들이 사회적 책임에 대해 적극적으로 의견을 개진하고 이에 관한 합의를 도출하는 것은 과학기술 능력에 조화되는 사회수용 능력을 배양하는 데에도 크게 도움이 될 것이다. 과학기술자들의 이러한 활동을 촉진하기 위해서는 과학기술계가 인문사회계보다 사회봉사 활동이 더욱 어렵다는 점을 감안하여 과학기술자의 업적 평가 시 연구 및 교육 외에 사회봉사를 파격적으로 고려해줄 필요도 있다.

다섯째, 청소년뿐 아니라 대학생 및 성인을 대상으로 한 과학기술 교양교육 프로그램을 내실화하여 건전한 민주시민으로서의 자질을 배양해야 한다. 이를 위해서는 각 대학에서 과학기술과 인간사회를 잇는 과목을 강화하여 과학기술시대에 요구되는 기본 소양을 함양하는 것이 필요하다. 특히 성인의 경우에는 과학기술과 관련된 교양교육을 받을 기회가 극히 제한되어 있으므로 성인용 과학기술 교육프로그램의 개발을 적극적으로 지원해야 할 것이다. 이러한 작업은 일반 시민들이 과학을 생활화하고 생활을 과학화함으로써 과학기술문화 창달의 기반을 확대하고 과학기술이 엘리트 문화의 일종이라는 편견을 불식하는 데 크게 기여할 것이다.

여섯째, 과학기술과 관련된 사회적 이슈에 일반 시민의 참여도를 제고함으로써 의사결정의 민주화와 정책추진의 정당성을 확보해야 한다.

과학기술에 많은 영향을 받고 과학기술개발에 재원을 제공하는 일반 시민들을 과학기술정책의 건전한 파트너로 간주하는 인식의 대전환이 필요한 것이다. 특히 최근에 회자되는 생명공학기술은 안전, 윤리, 환경 등의 문제와 결부되어 사회적 역기능을 촉발할 만한 많은 잠재력이 있으므로 이를 충분히 고려한 기술변화를 도모해야 한다. 이와 관련해 선진 각국에서 추진되었던 기술영향평가(technology assessment), 합의회의(consensus conference), 과학상점(science shop)과 같은 제도적 장치를 체계적으로 구축하여 과학기술에 대한 시민참여를 촉진할 필요가 있다(이영희, 2000: 257~287; 송성수, 2000).

5. 맺음말

한국에서 인적자원개발이라는 개념이 본격적으로 사용되기 시작한 것은 1990년대 중반 이후라고 생각된다. 인적자원개발은 이전의 인력양성이라는 개념에 비해 더욱 동태적이고 미래지향적인 성격을 담고 있는 것으로 판단된다. 특히 최근에는 지식기반사회와 인적자원개발이 동시에 논의되면서 모든 사회구성원들이 지속적으로 지식의 폭과 깊이를 심화시켜야 한다는 요청이 강력히 제기되고 있다. 이러한 환경에 비추어볼 때 과학기술 분야에서도 미래지향적인 인적자원개발과 과학기술의 사회적 수용에 대해 심도 있는 논의가 지속적으로 전개되어야 할 것이다.

지식인이 갖추어야 할 능력으로는 기초능력, 일반지식, 전문지식이 언급되고 있으며, 전문지식에도 실천적 지식, 이론적 지식, 성찰적 지식이 포함되어 있다(이무근, 2001). 그러나 그동안 과학기술과 관련된 인적 자원개발은 전문지식에 과도한 무게가 실렸으며, 그중에서도 성찰적 지식이 충분히 고려되지 못했다. 이는 기본적으로 과학기술을 도구주의적 관점에서만 해석하는 풍조가 지배적이었던 우리의 풍토에 기인한다. 이에 따라 과학기술자는 진정한 지식인의 범주에서 제외되는 것이 당연시되었고, 동시에 우리나라 대부분의 지식인들이 과학기술에 대한 지식의 경우 다른 일반인들과 크게 다를 바 없는 상황이 계속되었다.

이러한 논의는 최근에 주요한 이슈로 등장한 이른바 '이공계 위기'에 대해서도 중요한 시사점을 제공할 수 있다. 이공계 대학 진학률이 감소되는 현상에서 촉발되어 과학기술자에 대한 사회적 대우의 문제로 비화된 이공계 위기에 대해서는 이미 많은 논의가 이루어졌다(진미석 외, 2002; 박상욱, 2002; 이은경, 2006). 그러나 기존의 논의는 과학기술자를 보호해야 할 대상으로 가정하는 경향이 강하며 과학기술자들이 담당해야 할 사회적 역할과 바람직한 과학기술자의 이미지는 충분히 고려하지 못했다. 과학기술자들이 스스로 일반 사회로부터의 고립을 자초하지는 않았는지, 과학기술자들이 사회적 문제 해결에 어느 정도 기여해왔는지, 무엇을 위해 과학기술을 발전시키고 과학기술자를 대우해야 하는지 등과 같은 문제가 추가적으로 논의되어야 하는 것이다.

이 글에서는 매우 전문적으로 보이는 과학기술 분야도 효율성 문제에만 주목하는 좁은 의미의 합리주의만으로는 시스템 통합이 되지 않을 수 있고, 실제적인 시스템 통합을 위해서는 과학기술자뿐 아니라 일반 시민의 적극적인 노력이 요구된다는 점에 착안하여 과학기술자사회 규범의 현실화, 과학기술자의 사회적 책임 강화, 일반인의 과학기술에 대한 이해도 증진을 강조했다. 그것은 과학기술 분야의 경우에도 다른 분야와 마찬가지로 전문지식을 갖춘 인적자원을 효과적으로 양성하는 것 못지않게 사회적 규범과 책임성을 갖춘 인적자원을 개발하는 것도 중요하다는 점을 암시한다. 이러한 방향의 과학기술 인적자원의 개발에 더 많은 관심과 노력을 기울일 때 과학기술 또한 더욱 건전한 방향으로 발전하면서 인간사회에 좀 더 친숙한 모습으로 다가설 수 있을 것이다.

이 글에서 과학기술 인적자원과 관련된 주요한 쟁점들을 포괄적으로 다루지는 못했다. 무엇보다 여기서 제시된 논점은 인력 양성의 양적·질적 측면과 관련된 기존의 논의들과 통합적으로 고려되어야 할 것이다. 규범적 능력이 없는 기술적 능력은 위험하지만, 동시에 기술적 능력이 없는 규범적 능력은 공허하기 때문이다. 이러한 점을 고려한다면 과학기술 인적자원개발과 관련된 향후의 연구 및 논의는 실력 있는 과학기술자의 양성, 과학기술자의 사회수용 능력 강화, 사회 전체의 과학기술에 대한 이해도 제고라는 세 가지 주제가 종합적으로 고려되는 가운데 추진되어야 할 것으로 판단된다.

제5장

한국 과학기술활동의 성장과 과학기술자사회의 특징

1. 머리말

그동안 한국 사회에서는 과학기술의 경제적·사회적 중요성을 지적하고 과학기술을 발전시키기 위한 다양한 연구가 이루어졌지만, 정작 과학기술활동을 수행하는 주체인 과학기술자나 과학기술자사회에 대한 연구는 찾아보기 어렵다. 그 결과 한국의 과학기술자사회가 산업화 과정에서 어떻게 발전해왔고, 현재 과학기술자들이 과학기술활동에 어떤 의미를 부여하고 있으며, 실제로 어떤 과정을 거쳐 과학기술활동을 수행하는지에 대한 정보와 지식은 부족한 상태다. 이에 따라 과학기술정책을 설계하는 과정에서 과학기술활동의 주체에 대한 대안을 제시하는 것이 미흡했고, 제시된 정책의 실효성이 떨어지는 경우도 적지 않았다.

이러한 점은 과학기술자사회에 대한 연구가 오래전부터 이루어져 왔던 외국의 학계와는 크게 대비된다. 선진국에서는 과학기술이 어떤 과정을 통해 제도화되었는가 하는 문제가 과학기술사에서 다각도로 다루어져 왔으며(Ben-David, 1971; 아리모토 다테오, 1997; Bowler and Morus, 2005), 과학기술자사회가 어떤 방식으로 작동하고 있는지 혹은 작동해야 하는지에 대한 문제도 과학기술사회학을 매개로 지속적으로 연구되었던 것이다(Merton, 1973; Zuckerman, 1988; Hess, 2004: 105~155). 물론 국내에서도 과학기술의 제도화나 과학기술자사회의 변천을 다룬 연구가 이루어져 왔지만, 그것은 주로 서양을 대상으로 삼고 있다(오진곤, 1997; 홍성욱, 2004: 145~189; 김영식·임경순, 2007)

이러한 맥락에서 이 글에서는 한국의 과학기술활동이 성장해온 역사적 과정과 과학기술자사회가 가진 특성을 시론적으로 고찰한다. 2절에서는 한국 과학기술활동의 역사를 해방 후 1960년대 전반까지, 1960년대 후반부터 1970년대까지, 1980년대 이후로 구분하여 정리한다. 이어 3절에서는 한국 과학기술자사회가 가진 특성을 편의상 내부적 측면과 외부적 측면으로 나누어 살펴본다. 전자는 한국의 과학기술자사회가 성장해온 방식과 과학기술자사회 내부의 관계를 포괄하고 있으며, 후자의 경우에는 한국 사회 전체에서 과학기술자사회가 갖는 위상과 역할에 초점을 둔다.

2. 한국 과학기술활동의 성장[1]

해방 후 한국의 과학기술활동은 지속적으로 성장했다. <표 5-1>에서

1 이 절은 OECD(1996), 김영우 외(1997), 과학기술처(1997), 박성래·신동원·오동훈(2001), 조황희 외(2002), 임경순(2002), 송성수(2002a) 등을 바탕으로 작성했다.

〈표 5-1〉 한국의 연구개발 투자 및 인력 추이(1963~2000년)

연도	1963	1970	1975	1980	1985	1990	1995	2000
연구개발 투자(억 원)	12	105	427	2,825	12,371	33,499	94,406	138,485
국내총생산(GDP) 대비 연구개발 투자 비율(%)	0.25	0.38	0.42	0.77	1.56	1.87	2.50	2.68
연구인력의 수(명)	1,750	5,628	10,275	18,434	41,473	70,503	128,315	159,973
인구 1만 명당 연구인력의 수(명)	0.7	1.8	2.9	4.8	10.1	16.4	28.6	33.8

자료: 과학기술부, 『과학기술연구활동조사보고』, 각 연도.

보듯이 연구개발 투자 및 연구인력의 규모가 확대되는 것은 물론 과학기술활동이 사회 전체에서 차지하는 위상도 꾸준히 증대했다. 이 절에서는 해방 후 1990년대까지의 시기를 대상으로 한국 과학기술활동의 변천 과정을 검토하고자 한다. 해방 후 1960년대 전반까지의 과학기술활동은 산만했고, 1960년대 후반부터 1970년대까지는 과학기술활동의 기반이 구축되었으며, 1980년대 이후에는 본격적인 과학기술활동이 전개되었다.

1) 산만한 과학기술활동

일제는 될 수 있으면 한국 과학기술 인력의 배출을 억제했기 때문에 일제하에서 배출된 과학기술자의 수는 매우 적었다. 이공계 박사학위 소지자는 10여 명에 지나지 않았으며 이공계 대학 졸업자도 400여 명에 불과했던 것이다.[2] 해방 이후에는 미군정이 기상관측, 광물자원, 생물교

2 일제 시기 한국의 과학기술자에 대한 조사연구로는 박성래·김근배 외(1995, 1998)가 있으며, 김근배(2005)는 대한제국 시기부터 1945년까지 과학기술 인력이 어떻게 양성되었는지를 체계적으로 검토했다.

육 등과 같은 분야를 중심으로 과학기술을 지원하는 활동을 전개하기도 했다. 1946년에는 국립대학설립안(일명 국대안)이 공포되면서 기존의 경성대학과 전문학교가 서울대학교로 개편되었고 이공계는 문리과대학 이학부와 공과대학으로 나누어 운영되었다. 그러나 좌우 대립이라는 당시 사정과 결부되어 우수한 과학기술자들이 대학을 떠나거나 월북함으로써 한국의 과학기술자사회는 커다란 피해를 입게 되었다.

해방 직후부터 과학기술계를 재건하는 활동도 적극적으로 전개되었다. 조선학술원은 학술계 전체를 포괄하는 단체로서 과학기술 관련 부서로 이학부, 공학부, 기술총본부 등을 운영했다. 또한 공업기술자들이 주축이 된 조선공업기술연맹, 과학자와 공학자가 중심이 된 조선과학기술연맹도 결성되었다. 각 학문 분야를 대표하는 과학기술단체도 잇달아 설립되었다. 조선수물학회, 조선화학회, 조선생물학회, 조선토목기술협회, 조선건축기술협회, 조선전기기술협회, 조선화학기술협회, 조선기계기술협회, 조선광업기술협회 등이 그 대표적인 예다.

1940년대 후반에는 과학기술자들이 일반인을 대상으로 한 과학잡지를 발간하는 데에도 열성적으로 참여했다. 주요 과학잡지로는 ≪대중과학≫, ≪현대과학≫, ≪과학세기≫, ≪과학나라≫, ≪과학과 발명≫ 등이 있었다. 발간 취지는 과학기술에 대한 관심 고취, 과학정신의 대중적 확산 등과 같이 '과학주의'에 입각한 과학기술 계몽에 있었다. 내용에서는 과학기술 지식을 알기 쉽게 소개하는 글이 많았고 그 밖에 과학기술자의 전기나 과학기술의 역사를 소개하거나 과학기술정책을 제안하는 글이 일부 있었다.

한국전쟁은 국가 경제는 물론 과학기술에도 치명적인 영향을 미쳤다. 대학 교육은 건물, 설비, 교수, 재원 등 모든 것이 부족하여 전시연합대학의 형태를 통해 명맥을 유지하는 수준에 불과했다. 한국전쟁 이전까지 과학기술연구를 부분적으로 담당해왔던 중앙공업연구소, 지질광산연구소 등도 건물과 설비가 파손되었고 심지어 그간의 연구성과까지 크게 유실되는 피해를 입었다. 차츰 자리를 잡아가던 학회활동도 전쟁을 맞아 많은 피해를 입고 다시금 오랜 침체상태에 빠져들었다.

한국전쟁을 계기로 국방과 관련된 과학기술활동이 성장했다. 당시 많은 과학기술자들이 국방연구와 관련된 기관에서 근무했고 군대에서 기술장교나 교관으로 활동하기도 했다. 특히 국방부 과학연구소, 해군기술연구소, 육군과학기술연구소 등은 1950년대에 과학기술 연구의 중심지로 작용했다. 이러한 국방 관련 연구소는 비교적 우수한 연구시설을 갖추고 있어서 다른 곳에 비해 활발한 연구개발 활동이 이루어졌고, 훗날 한국 과학기술계를 대변하는 많은 과학기술자들은 젊은 시절 국방 관련 연구소에서 일한 경험을 갖게 되었다.

한국전쟁은 일반 국민들이 과학기술의 사회적 중요성을 인식하게 된 중요한 계기로 작용했다. 그것은 대학 진학에도 반영되어 1950년대에는 과학기술 분야로 진학하는 사람들이 크게 늘어났다. 여기에는 이공계·농수산계·의약계 대학생들이 징집 연기의 혜택을 받을 수 있었다는 점도 중요한 요인으로 작용했다. 동시에 북한 점령군 치하에 있었던 사람들을 대상으로 행적 전반에 관한 심사가 시행되면서 상당수 과학기술자들이 불이익을 받았다. 물론 여러 차례의 사면을 거쳐 대부분의 사람들이 징계에서 벗어나기는 했지만, 그것은 과학기술자들이 정치나 이념의 문제와 거리를 두게 하는 결과를 낳았다.

한국전쟁이 소강상태에 접어들면서 해외유학이 본격화되기 시작했다. 여기에는 전쟁으로 국내에서는 정상적인 수학이 어려워졌다는 점과

전시상태에서 병역의무를 일시적으로 회피할 수 있었다는 점이 중요한 배경으로 작용했다. 1951~1960년에 해외로 유학을 떠난 사람은 학생 5,600여 명, 교수요원 1,100여 명 등 총 6,700여 명에 달했다. 미국 유학이 전체의 85%를 차지했으며 서독, 프랑스, 대만 등으로의 유학이 2~3%로 그 뒤를 따랐다. 특히 자연계의 유학이 급증하여 일제강점기 때 20% 내외에 불과했던 것이 1950년대에는 50% 이상으로 증가했다. 전공 분야와 관련해서는 화학계열(화학, 화학공학) 전공하는 사람들의 비율이 30%에 이를 정도로 높았다.

한국전쟁이 끝난 후에는 외국 원조기관의 후원하에 재건사업이 추진되기 시작했다. 여기에는 기술자 해외파견, 외국기술자 초청, 용역계약, 물자도입 등과 같은 기술원조도 포함되었다. 기술원조 중에서 가장 큰 규모로 시행된 것은 1955~1961년에 추진된 서울대학교 재건사업(일명 미네소타 프로젝트)이었다. 그 사업은 인사 교류, 기구 구입, 건물 복구, 도서 구입 등으로 나뉘어 추진되었으며, 인사 교류를 통해 많은 교수가 학위취득과 단기연수의 혜택을 받을 수 있었다. 미네소타 프로젝트를 바탕으로 서울대학교는 교과과정, 교수인력, 실험설비, 도서 등 제반 교육여건을 갖추었고, 1960년대 후반부터는 비교적 충실한 과학기술교육을 실시할 수 있었다.

그러나 미네소타 프로젝트는 주로 학사과정의 교육기반을 마련하는데 초점을 맞췄기 때문에 교수 및 대학원생의 연구 여건은 여전히 미흡할 수밖에 없었다. 시설이 어느 정도 갖추어진 분야의 경우에도 연구비가 거의 없는 형편이어서 본격적인 연구활동을 수행하기는 매우 어려웠다. 게다가 미네소타 프로젝트는 단기적이고 가시적인 성과를 목표로 실용성이 강한 공학, 농학, 의학 분야에 집중되었다. 이에 따라 지원을 거의 받지 못한 기초과학 분야는 매우 낙후된 상태에 머물러 있었고 그때부터 과학과 기술의 불균형이 가시화되기 시작했다.

한국에서 최초로 과학기술을 본격적으로 연구한 기관은 1959년에 설립된 원자력원이라고 할 수 있다(고대승, 1998). 원자력원은 연구원들에게 많은 보수를 지급했고 연구대상을 원자력에만 국한하지 않았기 때문에 다양한 과학기술 분야에서 우수한 인재들이 몰려들었다. 원자력원은 우여곡절 끝에 1962년에 연구용 원자로를 가동하면서 방사선과 방사성 동위원소를 이용한 기초과학 및 응용과학에 대한 연구에 주력했다. 또한 원자력원은 '원자력 유학'이라고도 불리는 연구원의 해외유학 지원사업을 적극적으로 전개하여 과학기술 전반에 걸쳐 고급 인력을 양성하는 계기를 마련했다.

이처럼 해방 이후 1960년대 전반까지 한국의 과학기술활동은 산만한 형태를 띠고 있었지만, 몇몇 대학과 연구소를 중심으로 과학기술에 대한 교육이나 연구를 수행할 수 있는 여건이 마련되었다. 특히 1950년대 이후의 해외유학을 배경으로 한국은 역사상 최초로 서양 과학기술을 직접적으로 학습할 기회를 갖게 되었다.

2) 과학기술활동의 기반 구축

선진국에서는 과학기술활동이 어느 정도 정착된 상태에서 정부의 개입이 있었지만 한국은 초창기부터 과학기술활동을 위한 물적·인적 자원을 정부 지원으로 확보할 수 있었다. 정부 주도의 과학기술진흥을 위해서는 과학기술정책을 전담하는 국가기구의 확립이 선행되어야 하는데, 1967년에는 경제기획원 산하의 기술관리국과 원자력원을 모태로 하여 과학기술처가 발족되었다. 과학기술처는 과학기술정책의 기조로서 과학기술 기반의 조성·강화, 산업기술의 전략적 개발, 과학기술풍토의 조성을 내세웠고 이러한 정책기조는 1970년대에 계속해서 유지되었다. 과학기술처의 설립을 전후로 「한국과학기술연구소육성법」(1966년), 「과학기술진흥법」, 「기술사법」, 「직업훈련법」(이상 1967년), 「한국과학원법」(1970년), 「특정연구기관육성법」, 「국가기술자격법」(이상 1973년)이 제정되어 과학기술과 관련된 주요 법률이 정비되었다.

한국에서 과학기술활동을 위한 기반이 구축되는 과정에서 가장 두드러진 특징은 정부출연 연구기관의 설립 및 육성에서 찾을 수 있다. 당시 한국의 대학은 교육기능에, 기업은 생산활동에 초점을 두고 있었기 때문에 연구개발 활동에 주력할 수 있는 여건이 형성되어 있지 않았다. 이러한 상황에서 한국은 정부 주도로 연구기관을 설립하는 전략을 취했는데 그것은 국공립 연구소가 아닌 정부출연 연구기관의 형태를 띠었다. 여기에는 우수한 연구개발인력의 유치를 위해서는 공무원과 동일한 처우를 받는 국공립 연구소가 적합하지 않았다는 점이 크게 작용한 것으로 판단된다. 정부출연 연구기관은 다른 선진국에서는 찾아보기 어려운 독특한 제도로서 한국 정부가 과학기술정책을 추진하는 주요한 매개체로 작용해왔다.[3]

한국 최초의 정부출연 연구기관은 1966년에 설립된 한국과학기술연구소(KIST)였다. KIST는 미국으로의 두뇌유출 문제가 심각해지고 한국

---

3 한국의 정부출연 연구기관은 정권 교체 및 시대적 환경의 변화를 배경으로 계속적인 구조조정의 대상이 되었다. 1981년에는 정부출연 연구기관의 대통합이 단행되었고, 1991년에는 몇몇 정부출연 연구기관의 기능이 재정립되었으며, 1999년에는 「정부출연연구기관등의설립·운영및육성에관한법률」이 제정되면서 이사회 체제가 출범했다.

군을 베트남에 파병하는 것을 배경으로 설립되었다. KIST는 정부가 출연한 자금을 바탕으로 정부와 산업계로부터 연구를 위탁받는 형태로 운영되었다. KIST는 이전의 연구소에 비해 규모가 크고 분야가 방대한 대규모 종합연구소이자 연구의 자율성과 창의성이 보장되는 조직으로서 과학기술 각 분야에 대한 연구개발 활동뿐 아니라 국가의 산업정책 및 과학기술정책에 대한 기획연구사업과 산업계 현장의 애로기술을 타개하기 위한 기술지원사업도 병행해서 추진했다. KIST는 1960년대 후반 이후 한국을 대표하는 연구소로 성장했고, 1970년대 후반에는 KIST의 각 연구실들이 전문 분야별로 독립적인 정부출연 연구기관으로 분리되었다(김근배, 1998; 문만용, 2010).

1970년을 전후로 본격적인 산업화가 추진되기 시작했으며 그것은 과학기술활동이 이루어지는 방식에도 커다란 영향을 미쳤다. 한국 정부는 1967~1971년에 주요 산업을 육성하기 위해 「기계공업진흥법」, 「조선공업진흥법」, 「전자공업진흥법」, 「철강공업육성법」, 「석유화학공업육성법」, 「비철금속제련사업법」을 제정했으며, 1973~1979년에는 철강, 화학, 비철금속, 기계, 조선, 전자공업 등의 6대 전략산업을 중심으로 중화학공업화 정책을 추진했다. 1970년대 한국의 과학기술활동은 이러한 전략산업의 육성에 필요한 기술개발을 촉진하는 데 초점이 맞추어졌다. 즉, 정부에서 전략산업을 선정하면 그것을 육성하는 데 필요한 핵심기술이 선택되고 이에 대한 연구개발 활동이 진척되면서 그 결과가 보급되는 패턴을 보였던 것이다. 특히 한국은 선진국과 달리 기존의 분야 중에서 선택하는 것이 아니라 먼저 특정 분야를 선택한 후에 이를 집중적으로 지원하는 형태를 띠었다고 볼 수 있다.

1970년대 중화학공업화 정책의 원활한 추진을 위해서는 이를 담당할 수 있는 인적자원의 확보가 필수였다. 한국 정부는 1972년에 향후 10년을 기간으로 하는 '장기 인력수급계획'을 수립하면서 인력 양성체제를 정비하기 시작했다. 이는 과학기술자, 현장기술자, 기능자의 수준별로 특성화된 인력을 계획적으로 공급한다는 데 그 목적이 있었다. 이공계 대학이 확충되면서 공과대학 특성화 정책이 추진되었고 다양한 형태의 직업기술 교육기관이 2년제 전문대학으로 개편되었으며 실업계 고등학교를 특성화하면서 산업체 현장실습을 제도화했다. 동시에 「직업훈련법」과 「국가기술자격법」을 정비하여 기능인력과 기술인력의 체계적인 활용을 도모했다.

연구역량을 갖춘 고급 과학기술 인력을 확보하는 데에는 한국과학원(KAIS, 현재의 KAIST)을 설립하는 방법이 사용되었다. 정부는 1971년에 한국과학원을 설립하면서 교수요원과 연구설비의 확보에 필요한 자금을 대폭적으로 지원했으며, 졸업생들에게 병역특례, 장학금과 연구비 지원, 기숙사 제공 등과 같은 파격적인 혜택을 제공했다. 그것은 한국과학원이 「한국과학원법」에 따라 독자적으로 운영되는 특수한 법적 지위에 있었기 때문에 가능했다. 한국과학원은 설립 초기부터 활발한 연구 및 교육활동을 전개했고 이론과 실제를 겸비한 고급 과학기술 인력을 배출했다. 졸업생들은 1970년대에는 주로 정부출연 연구기관에 취직했으며 기업연구소가 활성화된 1980년대 이후에는 기업으로도 활발히 진출했다(Kim and Leslie, 1998).[4]

4 한국과학원(KAIS)은 1981년에 한국과학기술연구소(KIST)와 통합되어 한국과학기술원(KAIST)이 되었다. 1989년에는 한국과학기술연구원(KIST)과 한국과학기술원(KAIST)이 다시 분리되었다. KAIST는 대전으로 이동하여 1985년에 설립된 한국과학기술대학(KIT)과 통합해 학부-대학원 체제를 갖추었다.

고급 과학기술 인력을 확보하는 또 다른 방법은 해외에 거주하는 우수 과학기술자를 유치하는 데 있었다. 해외 과학기술자를 유치하는 사업은 KIST의 설립과 함께 시작되었으며 1968년부터는 재외 한국인 과학기술자 유치사업이 공식적으로 출범했다. 해외 과학기술자에게는 최신의 연구시설, 적정 수준의 급여, 연구개발 활동의 자율성 등이 유인책으로 제공되었다. 1968~1979년에 238명의 해외 과학기술자가 영구적으로 유치되었고 255명은 일시적으로 유치되었다. 그들은 1970년대와 1980년대에 연구개발사업을 담당하는 제1 세대를 형성하면서 국내 연구개발 인력을 양성하는 데에도 크게 기여했다.

고급 과학기술 인력의 확보와 함께 기초연구의 지원을 위한 대책도 강구되기 시작했다. 중화학공업화 정책의 추진으로 산업구조가 점차 고도화되고 이에 요구되는 기술수준이 상승함에 따라 기초연구를 활성화할 필요성이 제기되었던 것이다. 이러한 배경에서 한국 정부는 1977년 한국과학재단(KOSEF)을 발족하여 연구장려금과 연구장학금을 지급하고 학술활동, 국제교류활동, 산학협력활동 등을 지원하기 시작했다. 한국과학재단이 발족되면서 기초연구에 대한 투자가 증가하긴 했지만 전체적인 비중은 여전히 매우 적은 수준에 머물렀다. 1980년의 경우 연구개발비에서 대학이 차지하는 비중은 9.2%이었으며 그중에서 일부분만이 기초연구에 투자되었기 때문이다.

이상과 같이 1960년대 후반부터 1970년대에 이르러 과학기술의 발전을 선도할 수 있는 정부기구, 연구기관, 교육기관, 지원기관이 갖추어졌다. 이처럼 한국이 산업화의 초기 단계에서부터 과학기술 하부구조를 구축했다는 것은 특기할 만한 일이다. 그러나 정부의 주도로 과학기술 활동이 촉진되면서 과학기술은 경제발전의 수단으로, 과학기술계는 동원의 대상으로 간주되는 경향을 보였다.

3) 본격적 과학기술활동의 전개

한국의 과학기술활동은 1970년대까지 관련 기관을 설립하면서 과학기술의 연구와 교육에 필요한 기반을 조성하는 데 주력했던 반면 1980년대부터는 과학기술의 위상을 강화하면서 연구개발 활동의 본격 지원을 중심으로 추진되었다. 1980년을 전후로 심각한 불황에 직면하면서 기존 산업의 경쟁력을 강화하고 새로운 첨단산업에의 진출을 도모하는 것이 중요한 과제로 부상했다. 특히 1980년대 이후에는 국가연구개발사업을 통해 과학기술이 국가적 차원에서 관리되기 시작했으며 정부출연연구기관 이외에 기업과 대학이 연구개발을 담당하는 중요한 주체로 부상했다.

1980년대 이후에는 국가 정책에서 과학기술이 차지하는 위상이 대폭 강화되었다. '기술입국(技術立國)'이라는 용어가 사용되는 가운데 1982년에는 기술 드라이브 정책이 천명되면서 대통령이 주재하는 기술진흥확대회의가 신설되었다.[5] 기술 드라이브 정책은 "기술혁신이 경제발전을 뒷받침하는 역할에서 한 걸음 나아가 경제성장을 선도하는 능동적 역할을 담당"해야 하며(과학기술실무계획반, 1981: 17), "국가통치권자의 강력한 뒷받침으로 가용 자원을 최대한 투자하여 우리의 기술수준을 선진국

---

5 이러한 용어법에는 새로운 정권이 수출 중심의 경제성장을 도모해왔던 기존의 정권과 차별화하려는 의도가 내포되어 있었다. 즉, 기술입국은 수출입국과, 기술 드라이브 정책은 수출 드라이브 정책과, 기술진흥확대회의는 수출진흥확대회의와 대비되는 것이었다.

으로 끌어올림으로써 경제발전을 이룩"한다는 의미가 있었다(과학기술처, 1987a: 32).

이를 위한 대표적인 정책수단으로는 국가연구개발사업을 들 수 있다. 1982년부터 과학기술처가 시작한 특정연구개발사업과 1987년부터 통상산업부가 시작한 공업기반기술개발사업이 그 대표적인 예다. 1970년대까지의 과학기술정책은 전략산업의 발전과정에서 발생하는 기술수요를 간접적으로 충족시키는 정도에 머물렀지만 1980년대부터는 정부가 핵심기술의 개발을 원활히 하기 위해 국가연구개발사업을 통해 관리하는 좀 더 직접적인 형태를 띠었던 것이다. 반면 산업정책의 기조는 1986년 「공업발전법」의 제정을 전후로 기존의 산업별 육성정책이 기능별 지원정책으로 전환되었다.

1990년대에 들어 국가연구개발사업은 부처별로 다원화되었다. 즉, 1991~1995년에 정보통신연구개발사업, 환경기술개발사업, 건설교통기술개발사업, 농림수산기술개발사업, 보건의료기술연구개발사업 등이 잇달아 시작되었던 것이다. 그것은 국가의 모든 정책 분야에서 과학기술의 위상이 강화되었다는 점을 반영하는 동시에 과학기술과 관련된 국가의 정책이 분산적인 방향으로 추진되었다는 점을 의미한다. 선진국의 경우에는 1980년대부터 기술혁신을 위한 각종 프로그램을 추진하면서 이를 국가적 차원에서 조율하는 것이 강조되었지만, 한국의 국가연구개발사업은 상호 조정의 과정을 충분히 거치지 않은 채 양적으로 팽창하는 경향을 보였던 것이다.

1980년대 이후에는 민간 부문의 연구개발 투자와 기술혁신활동이 급격히 증가했다. 연구개발 투자에서 정부와 민간이 차지하는 비중은 1983년부터 역전되기 시작했으며 기업부설 연구소는 1981년에 53개에 불과했던 것이 1991년 4월에는 1,000개를 돌파했다. 이러한 현상은 흔히 '민간 주도의 기술혁신체제'가 정립되기 시작한 것으로 평가된다. 그러나 한국의 경우에는 다른 선진국과 달리 정부의 강력한 개입과 지원을 바탕으로 민간기업의 연구개발 활동이 촉진되었다. 한국 정부는 1980년대 이후에 민간기업의 연구개발 활동을 촉진하기 위해 국가연구개발사업에 대한 참여를 촉진하는 가운데 금융, 세제, 인력 등에 대한 지원시책을 대폭적으로 강화해왔다. 특히 1981년에 한국 정부가 기업부설 연구소 인정기준을 정하고 연구개발인력에 대한 병역특례제도를 실시한 것은 다른 선진국에서는 찾아볼 수 없는 독특한 조치였다고 평가된다.

기업부설 연구소의 팽창을 배경으로 기업체 연구원의 수는 1981년에 2,086명이었던 것이 1991년에는 3만 1,186명으로 증가했다. 이에 따라 대학과 정부출연 연구기관에 이어 기업체에 근무하는 과학기술 인력이 한국의 과학기술자사회에서 중요한 집단으로 성장했다. 그런데 기업체 연구원의 양적 규모는 지속적으로 증가했지만 질적 수준은 이에 미치지 못했다. 예를 들어 1990년을 기준으로 기업체 연구원의 약 70%가 학사 출신이었으며, 박사학위 소지자는 한국 전체의 약 5%에 불과했던 것이다. 이에 따라 첨단기술 분야의 연구개발 활동은 극히 소수의 연구소에서만 수행될 수 있었고, 기업부설 연구소에서는 현장에서 발생한 문제를 해결하거나 기존의 기술을 개량하는 활동이 주를 이루었다.

1980년대 이후에는 산업구조가 고도화되면서 고급 과학기술 인력의 확보가 중요한 과제로 부상했다. 이에 따라 대학 이상의 교육기관이 팽창하고 전문대학은 정비하며 실업계 고등학교는 내실화하는 경향을 보였다. 대학생 수는 인문계가 자연계보다 훨씬 큰 폭으로 팽창했는데, 그것은 인문계가 시설투자에 대한 부담이 적었기 때문이었다. 자연계의 경우에도 대학생의 증가에 비해 교수요원과 연구시설의 확보가 병행되지 않아 연구보다는 교육에 중점이 주어졌고 수업 방식도 실험보다는 이론 위주로 진행되었다. 이와 달리 한국과학기술원과 포항공과대학(1986년 설립)은 '연구중심 대학'을 표방하면서 연구인력을 체계적으로 양성하는 데 초점을 두었다.

대학의 연구개발 활동이 본격적으로 강화된 것은 1990년대를 전후해 일어났다. 기초과학에 대한 정부의 투자 확대를 바탕으로 대학도 주요한 연구개발 주체로 등장하기 시작했던 것이다. 한국 정부는 1989년을 '기초과학기술진흥의 원년'으로 선포하고 같은 해 「기초과학연구진흥법」의 제정을 배경으로 기초연구진흥을 위한 투자 확대, 연구활동에 대한 지원 확대, 기초연구 기반의 선진화, 산학연 연계강화, 경쟁적 연구풍토 조성 등 기초과학을 진흥하기 위한 다양한 시책을 개발했다. 한국 정부의 기초과학에 대한 지원은 대학의 연구단위 육성을 중심으로 전개되었는데, 한국과학재단의 우수연구센터 지원사업과 한국학술진흥재단의 대학부설 연구소 지원사업이 그 대표적인 예다.[6]

대학의 연구개발 활동이 촉진되는 것과 병행하여 대학원도 크게 확대되었다. 『교육통계연보』에 집계된 대학원 수는 1990년 303개에 그쳤던

---

6 황혜란·윤정로(2003)에 따르면, 1990년부터 시작된 우수연구센터 지원사업은 다음과 같은 특징을 보인다. 첫째, 수월성의 원칙이 계속해서 관철되었다. 그것은 한정된 자원을 가지고 선택과 집중의 원칙에 따라 잠재력이 많은 연구집단의 능력을 고양했다는 의미다. 둘째, 연구분야의 측면에서는 모든 분야를 포괄하는 방향으로 추진되었다. 사업을 기획할 때에는 전략적 집중을 염두에 두었지만, 대학 연구집단 사이의 이해조정이 어려워 균형적인 지원이 이루어졌던 것이다. 셋째, 연구능력이 어느 정도 확보된 이후에야 학제 간 연구와 산학연 연계가 가능해졌다. 학제 간 연구와 산학연 연계는 기획 단계부터 강조되었지만, 그것은 2차 사업이 시작된 1999년을 전후로 현실화되기 시작했다.

것이 2000년에는 905개로 증가했고, 이와 별도로 광주과학기술원(1993년)과 한국정보통신대학원(1998년)이 설립되었다. 이를 배경으로 1990년대에는 고급 과학기술 인력의 배출이 촉진되어, 『교육통계연보』에 집계된 이학과 공학의 박사학위 취득자는 1990년의 1,167명에서 2000년에 3,043명으로 증가했다. 1990년대 중반부터는 전국의 대학을 학부 중심과 대학원 중심으로 특성화하려는 일련의 정책이 추진되었지만 실제로는 대학원 중심을 표방하는 대학에 지원이 집중되었기 때문에 아직까지 뚜렷한 성과가 나오지 않고 있다.

1980년대 이후에는 과학영재교육을 통해 차세대 과학기술 인력을 양성하는 것도 강조되었다. 1983년부터 전국의 각 지역에 과학고등학교가 설립되었고 1985년에는 한국과학기술대학(현재의 KAIST 학사과정)이 설립되었다. 또한 1997년부터는 주요 대학에 과학영재교육센터가 설립되어 우수한 초·중학생을 대상으로 별도의 과학교육을 실시하고 있다. 이로써 과학영재교육원, 과학고등학교, 이공계 대학(원)으로 이어지는 과학영재교육 시스템이 구축되었지만 대학입시 위주의 교육환경으로 과학영재교육이 충분한 역할을 다하지는 못하고 있다.

이처럼 1980년대 이후에는 정부의 기술개발지원제도가 정립되고 기업 및 대학의 연구개발 활동이 급격히 증가하는 등 한국의 과학기술활동은 더욱 종합적인 모습을 띠게 되었다. 그러한 가운데 한국은 1980년대 후반과 1990년대 전반을 통하여 자생적인 기술발전이 가능하다는 점을 확인하고 실제로 세계적 수준의 과학기술을 창출하는 경험을 갖게 되었다. 예를 들어 조선, 철강, 자동차, 반도체 산업 등에서 세계 10위권 이내의 선진국가로 발전했으며, 특히 철강 조업기술, 메모리 반도체 제조기술, 이동통신 상용화 기술 등은 세계 최고 수준을 확보했다(송성수,

2004; 최영락·이은경, 2004; 송위진, 2007).

동시에 1980년대 이후에는 과학기술 인력이 급증하고 연구개발 활동이 본격화되면서 과학기술자사회가 분화되는 모습을 보이기 시작했다. 연구개발 활동은 1970년대까지 정부출연 연구기관을 중심으로 추진되었지만 1980년대부터는 기업연구소가, 1990년대부터는 대학이 가세했다. 전체적으로는 과학기술자들이 사회에서 누리는 지위가 다른 직종과 비교할 때 양호한 편이라고 볼 수 있지만, 과학기술자사회 내부적으로는 소속 기관과 담당 업무에 따라 차이가 발생하기 시작했다. 특히 정부출연 연구기관은 잇따른 구조조정과 다른 연구개발 주체의 성장을 배경으로 사회적 지위가 상대적으로 하락하는 경향을 나타낸다.

3. 한국 과학기술자사회의 특징

1) 내부적 특징

한국 과학기술자사회의 내부적 특징으로는 조직의 신설을 통해 성장해왔다는 점, 기초연구가 경시되었다는 점, 산학연 협동이 미흡하다는 점, 과학기술자 리더 그룹의 형성이 미진하다는 점 등을 들 수 있다.

첫째, 한국의 과학기술자사회는 주로 외형적 측면에 초점을 두고 성장해왔다. 이러한 점은 한국의 과학기술활동이 기관이나 조직을 신설하는 방향으로 전개되었다는 사실과 밀접히 연관된다. 특히 경제사회적 환경이 새로운 국면을 맞이할 경우에도 기존의 기관이나 조직을 변화시켜 활용하기보다는 새로운 기관이나 조직을 설립하는 방법이 활용되었다. 그것은 과학기술자사회의 역사적 기반이 부족한 후발국에서 종종 발견할 수 있는 현상이며, 비교적 짧은 기간에 과학기술자사회를 성장시키기 위해서는 효과적인 방법이라고 평가할 수도 있다. 그러나 과학기술자사회가 어느 정도 성장한 이후에는 지나친 분화가 오히려 질적인 발전에 걸림돌로 작용할 수도 있다.

대표적인 과학기술자사회에 해당하는 학회에서도 이러한 점을 확인할 수 있다. 한국의 자연계 분야 학회는 1967년에 78개에 불과했던 것이 2000년에는 495개로 증가했다. 이러한 과정에는 기존의 학회에서 새로운 학회를 분화하는 방법이 널리 사용되었다. 토목공학의 경우에는 대한토목학회가 1945년에 설립된 이후에 수자원학회(1967년), 지반공학회(1984년), 전산구조공학회(1988년), 강구조학회(1989년), 콘크리트학회(1989년), 지진공학회(1996년), 구조물진단학회(1997년) 등으로 분화되었다. 이처럼 학회가 지나치게 분화되면서 학회의 운영이 부실해지고 연구의 질을 통제하기 어렵다는 문제점이 제기되고 있다(이태식 외, 2001: 30~50).

둘째, 한국에서는 과학기술활동의 기본이 되는 기초연구가 경시되었다. 2000년을 기준으로 한국의 연구개발비 중에서 기초연구가 차지하는 비중은 12.6%로 일본(14.4%), 미국(16.3%), 독일(21.2%), 프랑스(22.0%)보다 낮다. 더구나 기초연구의 집계방식을 감안한다면 한국에서 기초연구가 차지하는 실제적인 위상은 더욱 낮다고 볼 수 있다. 후발국은 선진국의 연구결과를 활용할 수 있기 때문에 기초연구의 비중이 낮은 경향이 있지만 창조적 기술혁신이 필요한 단계에서는 기초연구의 비중이 낮은 것이 걸림돌로 작용할 수 있다. 동시에 그것은 과학기술자사회 내부에서 기초연구를 수행하는 집단과 응용연구나 개발연구를 담당하는 집단 사이의 상호 이해가 부족하게 되는 결과를 유발할 수 있다.

실제로 한국의 과학자 집단과 기술자 집단은 상호작용이 미약한 편이다. 그것은 비슷한 목적을 가진 단체가 과학자 집단과 기술자 집단에 따라 별도로 형성되어 있다는 점에서도 확인할 수 있다. 역사적으로 오랜 기간 과학과 기술은 별개였으며 과학자 집단이 먼저 출현한 후에 기술자 집단이 등장했다. 그러나 20세기에 들어와 과학과 기술은 밀접한 상호작용을 하기 시작했고, 그 후 과학과 기술이 제도화된 국가의 경우에는 과학자 집단과 기술자 집단이 거의 동시에 형성되었다. 이러한 역사적 조건에도 불구하고 한국 사회에서 과학(자)과 기술(자)의 구분이 강한 데에는 기초연구에 대한 경시가 주요 원인으로 작용한다. 이와 관련해 "한국에는 과학이 없다"거나 "과학기술이라는 개념은 기술 위주로 인식되는 경향이 있다"는 평가도 있다(이덕환, 2002: 25).

셋째, 한국의 과학기술자사회에서는 산학연 협동이 미약하다. 한국에서는 지난 40여 년 동안 정부의 적극적인 지원을 바탕으로 정부출연 연구기관, 기업, 대학 등의 과학기술자 집단이 빠르게 성장해왔으나, 그들 사이의 연계가 미약한 탓에 과학기술지식의 확산이 원활하지 못했던 것이다(이공래 외, 1998: 617). 즉, 과학기술혁신 주체들이 '각개약진'의 방식으로 활동함으로써 서로 보완적인 지식을 창출하지 못했고, 이에 따라 상호 협력이 어려운 상황이 구조화되고 있다. 특히 한국에서는 과학기술 인력이 대학으로 귀착하려는 양상을 보이면서 물적자원과 인적자원의 불균형 배분이 심화되고 있다. 이와 관련해 이공계 박사 인력을 대상으로 한 최근의 설문조사에 따르면 1998~2001년에 이직을 경험한 사람은 전체의 31%였으며 그중에서 60%가 대학으로 이직했다(<표 5-2> 참조).

한국의 과학기술자사회에서 산학연 협동이 미약한 데에는 대학교수

〈표 5-2〉 이공계 박사 인력의 이동 현황(1998~2001년)

단위: 명, 괄호 안은 %

구분	출연 ↓ 대학	출연 ↓ 국외	출연 ↓ 기업	출연 ↓ 출연	대학 ↓ 출연	국외 ↓ 출연	기업 ↓ 출연	계
1998년	59(42.1)	10(7.1)	24(17.1)	7(5.0)	5(3.6)	5(3.6)	1(0.7)	140(11.8)
1999년	59(19.5)	7(2.3)	40(13.2)	68(22.4)	11(3.6)	4(1.3)	7(2.3)	303(25.6)
2000년	70(15.6)	14(3.1)	116(25.8)	37(8.2)	24(5.3)	34(7.6)	17(3.8)	449(38.0)
2001년	31(19.4)	7(4.4)	26(16.3)	13(8.1)	8(5.0)	15(9.4)	5(3.1)	160(13.5)
계	219(18.5)	38(3.2)	206(17.4)	125(10.6)	48(4.1)	58(4.9)	30(2.5)	1,182(100)

주: 1) 산학연의 박사학위 소지자 568명을 대상으로 실시함.
2) 각 비중은 각 연도별 총이동인력을 기준으로 한 것임.
자료: 고상원·민철구 외(2001: 80).

를 우대하는 특수한 사회문화적 장벽도 중요한 원인으로 작용하고 있지만 과학기술자사회가 형성되는 과정상의 특징에서도 그 원인을 찾을 수 있다. 서구에서는 대학, 기업연구소, 공공연구소가 비슷한 시기에 연구개발 주체로 정립되기 시작했고, 기관별로 역할에 차이가 있다 하더라도 동등한 자격과 독자적인 위상을 가진 주체로서 다양한 형태의 산학연 협동관계를 형성해왔다. 일본의 경우에는 국가연구개발사업을 추진하면서 연구조합과 같은 중간조직을 적절히 활용함으로써 산학연 협동을 촉진하는 제도적 장치를 발달시켜왔다(김갑수 외, 1996). 이에 반해 한국의 경우에는 산학연이 별개의 연구개발 주체로 정립되었으며 그들 사이를 매개할 수 있는 실질적인 제도도 발달되지 못했다고 볼 수 있다.

넷째, 한국에서는 과학기술자 리더 그룹의 형성이 미진하다. 과학기술자 리더 그룹은 수적으로는 소수이지만 과학기술은 물론 경제사회 문제와 관련된 의사결정 과정에 강력한 영향력을 행사하며 과학기술자의 사회적 참여와 책임을 강조하는 경향을 보여왔다. 미국에서는 1920년대부터 과학기술자 리더 그룹이 형성된 후 정부와 대등한 관계를 형

〈표 5-3〉 이공계 출신 국회의원 비중의 국제 비교(1999년)

단위: %

구분	한국	미국 (하원)	러시아	프랑스	일본 (중의원)	중국 (상무위원)
이공계	5.0	5.7	32.0	19.8	10.4	34.1
(이공학)	2.0	3.7	28.4	10.1	7.4	26.4
(의약학)	3.0	2.3	3.6	9.7	3.0	7.7
농학계	1.0	1.6	8.9	5.0	3.6	1.3
경상계	14.4	16.8	15.1	14.4	22.6	9.7
인문계	8.4	10.8	23.8	18.7	61.8	9.7
군사안보	3.0	0.2	8.0	0.5	0.4	9.0
기타 사회과학	68.1	61.8	12.2	41.6	1.2	36.1
계	100.0	100.0	100.0	100.0	100.0	100.0

자료: 장회익 외(2001: 181)에서 재인용.

성해왔으며 프랑스와 중국에서는 엘리트 양성에 초점을 둔 교육제도를 바탕으로 과학기술자가 정부 관료로 진출하는 전통이 형성되었다. 반면 한국의 경우에는 1960~1970년대 국가 정책에 과학기술계 인사가 상당한 영향력을 발휘했지만 1980년대 이후에는 그러한 활동이 점차 축소되었다. 물론 최근에는 과학기술자가 과학기술정책의 형성 과정에 참여하는 정도가 높아지고 있지만 다른 영역의 정책에서는 그렇지 못한 것으로 판단된다.

과학기술자의 국가 정책 참여도를 반영하는 지표 중의 하나로 국회의원과 고위공직자에서 과학기술자가 차지하는 비중을 들 수 있다. 주지하듯이 한국의 경우에는 이공계 출신 국회의원의 비중과 국무위원의 비중은 매우 낮은 편이다. 2002년을 기준으로 국회의원 중 과학기술계 인사는 전체의 약 8%, 3급 이상 공무원 중 이공계 인사는 약 15%로 집계되고 있다. 제16대 국회가 구성된 1999년을 기준으로 할 경우에는 국회의원 중에서 이공계 출신이 차지하는 비중이 5.0%로 중국의 34.1%, 러시아의 32.0%, 프랑스의 19.8%, 일본의 10.4%에 비해 현저하게 낮은 수준이다(<표 5-3> 참조).

한국에서 과학기술자 리더 그룹의 형성이 취약한 것은 기본적으로 과학기술자사회의 외부적 환경에 기인하지만, 과학기술자사회가 내부적으로 작동하는 방식도 중요한 원인의 하나로 볼 수 있다. 한국의 과학기술자사회가 본격적으로 성장했던 1980년대 이후에 국가 정책에 대한 참여도가 낮아졌다는 것은 과학기술자사회가 핵심적인 거점을 상실한 채 분화되었다는 해석을 가능하게 한다. 한국의 과학기술자사회는 전체적인 공동체를 이루기보다는 소규모의 폐쇄적인 공동체를 형성해왔던 것이다. 과학기술계 인사들이 자신이 속한 모태 조직에 따라 그룹을 형성해왔고 그러한 그룹들 사이에 건설적인 교류가 부족한 것이다. 이와 관련해 1990년대 이후 대덕연구단지에서 출현한 분리신설기업의 경우에도 출신 연구소를 연고로 이루어지는 형태를 보이며 그것이 상호작용적 학습을 제한하는 결과를 유발했다는 분석도 있다(한경희, 2000).

2) 사회적 위상과 역할

한국 사회에서 과학기술자사회의 위상 및 역할과 관련된 특징으로는 사회적 중요성에 비해 대우가 부족하다는 점, 주로 기능적 활동을 수행해왔다는 점, 과학기술자 중심의 사고를 가지고 있다는 점, 사회문화활동에 대한 참여도가 저조하다는 점 등을 들 수 있다.

첫째, 한국에서는 과학기술자의 중요성에 비해 대우는 부족한 것으로 인식되고 있다. 과학기술자는 경제사회 발전에 중요한 역할을 담당해왔으며, 앞으로 과학기술의 기여도는 더욱 증가할 것으로 예상되지만 과학기술자에 대한 대우는 이에 미치지 못하고 있는 것이다. 과학기술자에 대한 파격적인 우대 정책이 전개되었던 1970년대에는 과학기술자가 새로운 신분상승의 수단으로 간주되기도 했다. 그러나 1980년대 이후에 과학기술자가 양산되면서 과학기술자의 지위는 하락하기 시작했고 다른 전문직과의 경제적 보상의 격차가 점차 커졌다. 2002년의 조사에 따르면 개인병원을 경영하는 의사의 연간 순수입이 평균 2억 원이고 개업 변호사의 연간 수임료가 평균 1억 8,000만 원인 데 비해 국립대학교 자연대 교수의 연봉은 3,000~4,000만 원 수준이었다(이은경·송성수, 2002: 5). 게다가 과학기술자로 활동할 수 있는 시기가 다른 전문직보다 짧다는 점을 고려한다면 과학기술자의 경제적 지위는 더욱 낮은 것으로 볼 수 있다.

과학기술자의 지위가 낮다는 사실은 2002년을 전후로 이공계 위기가 거론되면서 본격적으로 논의되었지만, 이러한 현상은 그전부터 감지되고 있었다. 예를 들어 일반 국민을 대상으로 한 2000년의 조사에 따르면 과학기술자에 대한 사회적 중요도는 97.9%에 이르지만 사회적 대우는 87.7%로 상대적으로 낮게 나타나고 있다(<표 5-4> 참조).

둘째, 한국에서는 과학기술자사회가 주로 기능적 활동을 수행해왔다. 한국에서는 정부의 강력한 개입을 바탕으로 과학기술활동이 성장해왔으며, 그러한 과정에서 과학기술자들은 정부에서 결정된 사업을 효율적으로 수행하는 일에 전념해왔다. 과학기술자사회가 독자적인 기획과 조정을 담당하거나 사회발전에 대한 비전을 제시하는 능력이 축적되지 못했던 것이다. 이에 따라 과학기술자가 사회의 전체적인 맥락을 생각하는 지식인으로서 자리 잡지 못하고 자신의 좁은 분야에서 주어진 문

〈표 5-4〉 전문가 집단별 사회적 중요도 및 대우에 대한 인식

단위: %

구분	사회적 중요도			사회적 대우		
	매우 중요	약간 중요	계	매우 좋은 대접	좋은 대접	계
법조인	25.9	59.3	85.2	46.3	43.6	89.9
의사	53.3	42.8	96.1	45.4	48.4	93.8
과학기술자	69.5	28.4	97.9	31.5	56.2	87.7
사업가	20.9	58.3	79.3	13.6	64.1	77.7
신문방송인	30.2	56.7	86.9	23.7	63.4	87.2
은행원	11.8	56.8	68.6	7.6	67.3	74.9
교육자	44.4	43.2	87.6	12.6	61.6	74.2

자료: 한국과학문화재단(2000).

제를 풀이하는 데만 열중하는 모습을 보이게 되었다. 한국 과학기술계가 사회변화에 대한 정치적 감각이나 윤리적 안목에서 일반인들에 비해 나을 것이 없는 위치에 있는 것이다. 이와 관련해 일반 국민들이 과학기술자에 대해 '기능인'의 이미지를 가지고 있다는 분석도 나왔다(김학수·최진명·정태진, 2000).

이러한 현상의 역사적 기원으로 종종 지적되는 것이 '중인의식(中人意識)'이다(박성래, 1998: 300~302; 김영식, 1998: 349~351). 한국의 전통사회에서 과학기술은 거의 전적으로 중인계층이 담당해왔다. 그들은 양반으로부터 차별을 당했으며 사회 중대사를 결정하는 과정에서 소외되었지만, 전문직종에 종사하면서 비교적 안정된 사회적 지위와 경제적 특권을 누릴 수 있었다. 이러한 배경에서 중인계층에게는 자신의 전문 분야만을 중시할 뿐 전체 국가와 사회에는 관심을 기울이지 않는 의식이 형성되었다. 더구나 중인의 숫자가 아주 적었고 그들 사이의 결혼관계가 유지되었기 때문에 중인의식은 효과적으로 재생산될 수 있었다.

이러한 논의가 가진 약점은 중인의식이 19~20세기를 통해 계속 재생산되어온 과정과 그 계기에 대한 분석이 미흡하다는 점이다. 그러나 중인의식을 설명하는 기본적인 관점은 1960년대 이후 한국의 과학기술자사회가 성장하는 과정에도 적용될 수 있다. 한국에서는 정부출연 연구기관, 기업, 대학을 막론하고 거기에 속한 과학기술자들이 국가 정책의 실현을 위해 동원되어야 할 대상으로 인식되었다. 이러한 배경에서 정부는 과학기술자사회를 보호하는 동시에 통제했고, 과학기술자사회는 정부의 지원을 바탕으로 연구개발 활동에 전념하는 구조를 형성해왔다. 미국과 같은 선진국에서 과학기술자사회와 정부가 대등한 관계를 이루었다면, 한국에서는 과학기술자사회가 독자적 정체성을 가지지 못한 채 정부에 종속되는 관계를 보였던 것이다.

셋째, 한국의 과학기술자사회는 과학기술자 중심의 사고를 가지고 있다. 과학기술자사회가 전체 사회를 구성하는 일종의 하위 부문인데도 전체 사회 속에서 자신의 정체성을 규정하기보다는 과학기술의 잣대로 전체 사회를 규정하려는 경향이 강한 것이다. 이와 관련해 '과학기술중심사회'가 논의되면서 적지 않은 과학기술자들이 이를 '과학기술자중심사회'로 해석하는 경향을 보이고 있다고 판단된다. 그것은 과학기술계에서 이공계 위기가 강조되면서도 주로 의사 집단과 비교될 뿐 인문사회 분야가 겪고 있는 위기에 대해서는 충분히 논의되지 않고 있다는 점에서도 확인된다. 또한 한국의 과학기술자들은 한편으로는 과학기술이 정부로부터 당연히 지원을 받아야 하는 분야라고 생각하는 반면, 다른 한편으로는 과학기술에 대한 정부의 개입을 축소하고 과학기술자사회의 자율성을 보장해줄 것을 요구하고 있다.

이러한 점은 과학기술정책에 영향을 행사하는 집단과 행사해야 할

〈표 5-5〉 과학기술정책에 영향력을 행사하는 집단과 행사해야 할 집단

단위: 명, %

구분	과학 기술자	과학 기술관료	정치인	대통령	기업가	계
현재 과학기술정책에 영향력을 행사하는 집단	18 (4.6)	155 (39.7)	147 (37.7)	50 (12.8)	20 (5.2)	390 (100.0)
향후 과학기술정책에 영향력을 행사해야 할 집단	292 (73.6)	41 (10.3)	11 (2.8)	34 (8.6)	19 (4.8)	397 (100.0)

주: 대학 134명, 정부출연 연구기관 112명, 기업연구소 144명을 대상으로 실시함.
자료: 민철구·배영자·· 이은경(2001: 60~61).

집단에 대해 과학기술자를 대상으로 실시한 설문조사에서 간접적으로 드러난다. 과학기술정책에 대한 현재의 영향력은 과학기술관료(39.7%)와 정치인(37.7%)이 매우 높은 반면 과학기술자(4.6%)는 가장 낮은 것으로 집계되었으며, 향후 과학기술정책에 영향력을 행사할 집단으로는 과학기술자의 비중이 73.6%로 압도적으로 높게 나타났다(<표 5-5> 참조). 과학기술정책은 단순히 과학기술을 발전시키는 것뿐 아니라 과학기술의 사회적 기여도를 제고하고 과학기술과 관련된 사회적 이슈를 해결하는 종합적인 성격을 띠는데, 이를 과학기술자가 독점한다는 것은 또 다른 문제점을 야기할 가능성이 있다.

넷째, 한국의 과학기술계는 사회문화활동에 대한 참여도가 저조하다. 영국과 미국을 비롯한 선진국에서는 과학기술자나 과학기술단체가 일반 대중의 과학기술에 대한 이해를 촉진하거나 주요한 사회적 이슈를 해결하는 데 참여하는 전통이 발달되었다. 반면 한국에서는 과학기술자가 사회문화활동에 참여하는 분위기가 형성되지 못해 과학기술자가 공식적인 연구와 교육 이외의 활동을 하는 것을 '외도'나 '시간낭비'로 인식하는 경향이 강하다. 특히 1990년대 이후에는 과학기술이 일상생활에 급격히 침투하기 시작하면서 과학기술과 관련된 사회적 문제가 불거졌

지만, 이에 대한 과학기술자사회의 적절한 대응은 미미했던 것으로 판단된다.

과학기술계의 사회문화활동에 대한 참여도가 저조한 것은 '두 문화(two cultures)' 현상이 한국 사회에 깊숙이 뿌리박고 있기 때문이다. 두 문화라는 용어는 영국의 과학자이자 소설가인 스노우(C. P. Snow)가 현대사회의 지식층이 인문사회계열과 이공계열로 날카롭게 양분되어 있다는 점을 지적하면서 사용했다(Snow, 1959). 두 문화 현상은 전 세계적으로 공통적으로 나타나지만, 한국에서는 고등학교 때부터 문과와 이과로 나누기 때문에 이러한 현상이 더욱 심각하다. 한국의 과학기술자는 청소년 시절부터 사회문화적 이슈에 대한 교육을 받지 못했으며 성인이 되어서도 사회문화활동에 참여할 수 있는 준비와 여건이 마련되어 있지 않다. 최근에는 몇몇 대학을 중심으로 이공계 소양교육을 강화하려는 움직임이 있고 몇몇 과학기술자들이 사회문화활동에 적극 참여하는 모습을 보인다.

4. 맺음말

이제 우리나라가 해방된 지도 60년이 지났다. 사람으로 치면 환갑의 나이를 넘긴 것이다. 그러나 해방 후 과학기술활동의 역사가 보여주는 다양한 측면을 깊이 있게 분석하고 연구한 결과는 아직도 매우 부족한 실정이다. 이웃 나라인 일본이 이미 1990년대 초반에 자신의 과학기술활동을 체계적으로 정리하면서 총서를 발간한 것과는 크게 대비되는 대목이다.[7] 우리나라에서도 해방 후 과학기술활동을 본격적으로 분석하고 점검하는 대규모 프로젝트가 추진되었으면 하는 바람이 간절하다. 그러한 작업은 많은 사례들을 발굴하여 구체적이고 심층적으로 분석하되 산·학·관·민의 다양한 입장을 포괄하는 방향으로 이루어져야 할 것이다.

한국 과학기술자사회의 특성도 체계적으로 연구될 필요가 있다. 한국의 과학기술자사회가 어떤 정체성을 가지고 있는지, 한국의 과학기술자(사회)가 과학기술을 어떤 각도에서 바라보고 있는지, 과학기술자사회의 명분상 규범과 현실적 행위에는 괴리가 없는지, 과학기술자의 사회적 위상과 역할은 어떠한지, 바람직한 과학기술자(사회)의 모습은 무엇인지 등 탐구되어야 할 문제가 산적해 있다. 특히 과학기술자사회에 대한 기존의 논의가 대부분 정성적 성격을 띠고 있기 때문에 설문조사 등을 통해 정량적 자료를 확보하는 것이 필수적이다.[8] 아울러 한국 과학기술자사회를 다른 국가나 집단의 경우와 비교해보는 것도 흥미로운 연구주제가 될 것이다.

---

7 그 결과는 中山茂 外, 『通史—日本の科學技術』(東京: 學陽書房, 1995)로 출간된 바 있다. 이를 요약하여 발간한 것과 문고판으로 축소한 것은 국내에도 번역되어 있다. 나카야마 시게루·요시오카 히토시(2000), 나카야마 시게루(1998)를 참조.

8 이와 관련해 최근의 연구성과인 김환석 외(2010)는 한국 과학자사회의 형성과 변천, 한국 과학자사회의 구조적 특징, 한국 과학자의 정체성과 사회화 과정을 설문조사, 인터뷰 등의 다양한 방법을 활용하여 심도 있게 분석하고 있다.

제 3 부 과학기술과 공공정책

제6장

한국의 과학기술종합계획에 관한 내용분석

1. 머리말

과학기술정책의 양적 성장을 넘어 질적 발전을 도모하기 위해서는 우리나라 과학기술정책의 역사에 관한 체계적 분석을 바탕으로 '한국적' 과학기술정책을 모색하는 것이 필수적이다. 사실상 우리나라 과학기술정책의 역사에 대한 연구는 아직 초보적인 수준에 불과하며 많은 논의가 축적되어야 하는 상황이다. 이에 대한 주요 연구성과로는 김영우·최영락 외(1997)와 송성수(2002a)를 들 수 있다. 전자는 광복 이후 1990년대 중반까지 우리나라 과학기술정책의 발자취에 대한 정보를 담고 있으며 주요 영역별로 과학기술정책이 변화한 과정을 검토했다. 후자는 우리나라 과학기술정책의 시기별 특징을 형성기(1962~1981년), 확대기(1982~1996년), 전환기(1997년 이후)로 나눠 살펴보고, 정책목표·정책수단·정책문화에서 나타난 거시적인 특징을 분석했다.

이 글에서는 우리나라 과학기술정책의 진화와 특징을 규명하기 위한 시도로 과학기술계획의 내용을 구체적으로 분석하고자 한다. 선진국과 달리 후발국의 과학기술은 처음부터 국가의 적극적인 개입을 바탕으로 발전해왔으며, 본격적인 연구개발을 촉진하는 것은 물론 과학기술활동을 위한 기반의 확충도 중요하게 고려되었다(Sardar and Rosser-Owen, 1977; Shrum and Shenhav, 1995). 특히 중장기적 시각에서 수립된 과학기술계획이 우리나라 과학기술정책의 기본적인 틀을 제공하는 역할을 해왔다는 점에 주목하고자 한다.

우리나라의 과학기술계획을 검토하는 기존의 연구성과로는 김갑수 외(1991)와 황용수(1999)를 들 수 있다. 전자는 주로 1980년대에 수립된 과학기술계획을 대상으로 과학기술계획의 체계와 내용, 과학기술정책수단의 연계실태, 과학기술계획의 문제점을 분석한 후 과학기술정책 시스템의 개선방향을 제안하고 있다. 후자는 과학기술계획의 의의와 근거를 살펴본 후 주로 1990년대에 수립된 과학기술에 관한 각종 계획의 현황을 조사하되 그 내용에 대한 구체적인 분석은 하지 않고 있다. 이에 비해 이 글은 1960년대부터 현재에 이르는 모든 시기의 과학기술계획을 연구의 대상으로 삼고 있으며, 해당 계획에 관한 공식적인 문건을 중심으로 내용분석(content analysis)을 시도한다는 측면에서 선행 연구와 차별된다.

이를 위해 제1차 기술진흥 5개년 계획(1962~1966년)부터 참여정부의 과학기술기본계획(2003~2007년)에 이르는 과학기술계획에 관한 공식적인 문건을 수집하여 집중적으로 분석했다. 아울러 기존의 연구성과와 관련 회고록은 물론 정부가 발간해온 자료를 활용하여 과학기술계획의 변천 과정에 대한 추가적인 정보를 확보했다. 특히 1962년부터 매년 발간된 『과학기술연감』, 그리고 『과학기술행정20년사』(과학기술처, 1987b)

와 『과학기술30년사』(과학기술처, 1997)를 비롯한 과학기술정책의 역사에 대한 자료를 적극 활용했다.

2. 연구설계

1) 분석 대상

계획(計劃)에 대한 학문적 논의는 기획론(企劃論)을 통해 전개되고 있다(김신복, 1999). 계획은 대상 기간, 종합성 정도, 지리적 범위, 고정성 여부 등에 따라 다양한 유형으로 분류될 수 있다(김신복, 1999: 64~80; 황용수, 1999: 16~18). 계획은 대상 기간에 따라 단기계획, 중기계획, 장기계획으로, 종합성 정도에 따라 종합계획, 부문계획, 사업계획, 세부사업계획으로 구분된다. 또한 계획은 지리적 범위에 따라 지방계획, 지역계획, 국가계획, 국제계획으로, 고정성 여부에 따라 고정계획과 연동계획으로 구분된다. 여기서는 계획의 종합성 정도와 관련해 종합계획을 대상으로 하며, 계획의 기간과 관련해 중기계획을 대상으로 한다.

이 글에서 검토할 과학기술계획에는 제1차 기술진흥 5개년 계획(1962~1966년), 제2차 과학기술진흥 5개년 계획(1967~1971년), 제3차 과학기술개발 5개년 계획(1972~1976년), 제4차 경제개발 5개년 계획: 과학기술부문계획(1977~1981년), 제5차 경제사회발전 5개년 계획: 과학기술부문계획(1982~1986년), 제6차 경제사회발전 5개년 계획: 과학기술부문계획(1987~1991년), 제7차 경제사회발전 5개년 계획: 과학기술부문계획(1992~1996년), 신경제 5개년 계획: 기술개발전략부문계획(1993~1997년),

과학기술혁신 5개년 계획(1997~2002년), 과학기술혁신 5개년 수정계획(2000~2002년), 과학기술기본계획(2002~2006년), 참여정부의 과학기술기본계획(2003~2007년)이 포함된다.[1]

2) 내용분석

내용분석은 커뮤니케이션 연구에 대한 조사방법론의 일종이다(위머·도미닉, 1996; 라이프·레이시·피코, 2001). 내용분석은 제2차 세계대전 동안의 라디오 방송 프로그램에 대한 분석에서 시작되어 이후 다양한 방송매체와 인쇄매체로 확장되었다(라이프·레이시·피코, 2001: 13~39). 방송매체의 경우에는 라디오나 텔레비전에서 제공되는 프로그램이나 광고의 내용이 분석되었으며, 인쇄매체의 경우에는 신문이나 잡지에 실린 기사의 내용이 분석되었다. 최근에는 내용분석이 이와 같은 매스미디어는 물론 교과서, 선거공약, 정책문건 등을 대상으로 추진되고 있다. 내용분석 방법론이 언론방송학, 광고학, 심리학을 넘어 교육학, 정치학, 정책학 등에 적용되고 있는 것이다. 사실상 교육, 정치, 정책의 과정도 일종의 커뮤니케이션에 해당하기 때문에 이러한 분야에 내용분석을 적용하는 것은 어렵지 않게 이해할 수 있다.

내용분석은 커뮤니케이션 내용의 기술(記述), 메시지 특성에 대한 가설 검증, 미디어 내용과 현실세계의 비교, 사회 특정 집단의 이미지에

---

1 다음의 논의에서는 해당 계획을 각각 제1차 기술진흥계획, 제2차 과학기술진흥계획, 제3차 과학기술개발계획, 제4차 과학기술부문계획, 제5차 과학기술부문계획, 제6차 과학기술부문계획, 제7차 과학기술부문계획, 신경제 기술개발전략부문계획, 과학기술혁신 5개년 계획, 과학기술혁신 수정계획, 과학기술기본계획, 참여정부의 과학기술기본계획으로 간소화하여 사용했다.

대한 평가, 미디어의 효과를 연구하기 위한 방법론 정립 등과 같은 다양한 목적을 가진다(위머·도미닉, 1996: 199~201). 그중에서 커뮤니케이션 내용의 기술은 모든 내용분석이 시작되는 지점에 해당한다. 특히 내용분석은 특정한 주제에 대해 오랜 시간에 걸쳐 그 흐름을 연구할 수 있다는 것이 장점이다. 이러한 측면에서 지난 40여 년 동안 지속적으로 수립되어온 과학기술종합계획은 내용분석의 장점을 살릴 수 있는 적절한 연구대상이라 할 수 있다. 즉, 이 글에서는 내용분석을 활용하여 우리나라의 과학기술종합계획이 어떤 특징을 나타내면서 진화해왔는지 살펴보고 과학기술정책의 역사에 관한 전체적인 지형도를 그려보고자 한다.

3) 분석범주

내용분석에 관한 연구를 실제로 수행하는 데 가장 중요한 것은 내용을 분석하는 범주체계(category system)이다(위머·도미닉, 1996: 207). 이 글에서는 분석범주를 설정할 때 검토 대상이 되는 과학기술종합계획이 어떤 방식으로 구성되어 있는지를 중시했다. 그것은 과학기술사회학에서 널리 사용되는 '행위자를 따라가는 방법'에 해당한다고 볼 수 있다(Latour, 1987; Bijker, 1992). 해당 자료에서 어떤 행위자들이 등장하고 그들이 어떤 논의를 전개하고 있는지 따라감으로써 분석의 범주와 내용을 구성한다는 것이다. 물론 이러한 방법에 의해 도출된 분석범주가 순전히 행위자의 범주인 것은 아니며, 사실은 행위자의 범주이자 동시에 해석가의 범주에 해당한다. 그러나 행위자를 따라가는 방법을 통해 적어도 무분별한 범주의 사용은 방지할 수 있으며 더 나아가 당시의 맥락에서 내용을 분석할 수 있는 입지를 확보할 수 있다.

과학기술종합계획은 대부분 계획수립의 배경, 목표와 기본방향, 계획의 주요 내용으로 구성된다. 그중에서 계획의 주요 내용이 가장 많은 비중을 차지하며, 그것은 몇 가지 부문으로 분류한 후 추진과제를 제시하는 형태를 취한다. 아울러 몇몇 과학기술종합계획의 경우에는 계획을 추진하게 된 경위와 절차, 그리고 참여자 명단을 수록하고 있다. 이러한 점을 감안하여 이 글에서는 정책환경, 추진체계, 정책목표, 정책범위, 정책과제를 과학기술종합계획에 대한 분석범주로 삼고자 한다. 여기서 정책환경은 해당 계획을 수립하게 된 배경에 해당하고, 추진체계는 해당 계획을 수립한 주체와 방식을 뜻하며, 정책목표는 해당 계획이 표방하는 목표와 기본방향을 의미하고, 정책범위는 해당 계획의 주요 부문과 구성요소를 지칭하며, 정책과제는 해당 계획에 제시된 추진과제의 세부적인 내용에 해당한다.

3. 내용분석의 결과[2]

1) 정책환경

우리나라의 과학기술종합계획은 상당 기간 정책환경을 본격적으로 기록하지 않고 있다. 제1차 기술진흥계획과 제2차 과학기술진흥계획에서는 정책환경을 다루는 별도의 항목이 없어서 해당 계획의 발간사 혹

2 제1차 기술진흥계획에서 참여정부의 과학기술기본계획에 이르는 각 계획의 내용분석에 대해서는 송성수(2005b: 40~164)를 참조. 다만 그 보고서에서는 연구 당시에 입수하지 못했던 제3차 과학기술개발계획에 대한 분석이 이루어지지 않았다.

은 머리말이나 당시에 발간된 『과학기술연감』을 통해 그 내용을 유추할 수 있을 뿐이다. 제3차 과학기술개발계획, 제4차 과학기술부문계획, 제5차 과학기술부문계획은 정책환경을 다루는 항목을 부분적으로 채택하고 있지만 그 내용이 소략하여 실질적으로는 큰 변화가 없었다. 우리나라의 과학기술종합계획에서 정책환경에 대한 정보를 별도의 영역으로 독립시켜 본격적으로 논의하는 방식은 1987년에 수립된 제6차 과학기술부문계획부터 채택되었다.

제1차 기술진흥계획, 제2차 과학기술진흥계획, 제3차 과학기술개발계획, 제4차 과학기술부문계획 등과 같이 1960~1970년대에 수립된 과학기술종합계획은 경제개발 5개년 계획을 뒷받침한다는 점을 강조하는 가운데 우리나라 과학기술의 위상에 대한 논의를 담고 있으며, 국제 과학기술환경에 대해서는 거의 언급하지 않고 있다. 이와 같은 네 가지 계획이 다룬 국내 과학기술환경에 대한 내용에는 강조점에서 차이가 있다. 즉, 제1차 기술진흥계획에서는 우리나라의 기술수준이 매우 낙후되어 있다는 점을, 제2차 과학기술진흥계획에서는 과학기술 자체의 발전을 도모해야 할 필요성을, 제3차 과학기술개발계획에서는 과학기술 개발의 기반조성에서 상당한 발전이 있었다는 점을, 제4차 과학기술부문계획에서는 우리나라의 과학기술 수준이 일정한 궤도에 진입했다는 점을 중요한 정책환경으로 인식하고 있는 것이다.

1980년대 이후에 수립된 과학기술종합계획이 제공하는 정책환경에 대한 정보는 대부분 국내외 과학기술환경의 변화, 주요국 과학기술정책 동향, 우리나라 과학기술의 수준, 과학기술정책의 주요 과제 등에 대한 내용으로 구성되어 있다. 특히 이전의 계획에 비해 국제 과학기술환경의 변화를 본격적으로 다루면서 핵심기술을 선점하기 위한 경쟁이 치열해지고 있다는 점과 우리나라의 과학기술 수준이 선진국과는 상당한 격차가 있음을 강조했다.

1980년대 이후에 수립된 과학기술종합계획의 정책환경에 대한 인식은 기본적으로 유사한 내용을 담고 있지만 강조점에서 몇 가지 차이를 발견할 수 있다. 제5차 과학기술부문계획과 제6차 과학기술부문계획은 경제사회발전에서 과학기술이 선도적인 역할을 해야 한다는 '기술 드라이브 정책'을 천명했으며, 제7차 과학기술부문계획과 신경제 기술개발전략부문계획은 냉전체제의 붕괴를 배경으로 '기술패권주의'가 강화되고 있다는 점에 주목한 가운데 창의적 기술개발에 본격적으로 착수해야 한다는 점을 강조했다. 이어 과학기술혁신 5개년 계획부터는 21세기의 시대적 상황으로 '지식기반경제'에 대한 논의가 부각되는 가운데 '국가혁신체제'가 과학기술활동과 관련 정책을 종합적으로 진단하는 개념으로 정착했으며, 과학기술기본계획은 미래유망신기술의 중요성을 본격적으로 논의하면서 과학기술이 국가의 주요 과제 해결에 기여해야 한다는 점과 과학기술과 사회의 연계를 강화하는 것이 필요하다는 점을 강조했다.

이와 함께 신경제 기술개발전략부문계획, 과학기술혁신 수정계획, 참여정부의 과학기술기본계획 등과 같이 기존의 계획을 수정·보완하는 형식으로 수립된 과학기술종합계획의 경우에는 국내 환경의 변화를 집중적으로 다루었다는 특징을 보인다. 신경제 기술개발전략부문계획은 문민정부의 출범을 배경으로 민간 부문의 창의와 활력을 바탕으로 내생적 성장기반을 확충해야 한다는 점을 강조한다. 과학기술혁신 수정계획은 IMF 위기를 배경으로 대대적인 구조조정이 추진되면서 연구개발 투자가 감소하고 있다는 점을 지적하는 가운데 1999년에 국가과학기술위원

〈표 6-1〉 과학기술종합계획의 정책환경 변화

계획명	고려 정도	정책환경에 대한 주요 인식
제1차 기술진흥 5개년 계획	미비	• 제1차 경제개발 5개년 계획을 뒷받침하는 역할 • 한국의 기술수준이 매우 낙후되어 있음
제2차 과학기술진흥 5개년 계획	미비	• 제2차 경제개발계획에 따른 기술수요를 밑받침 • 과학기술 자체의 발전을 조장하기 위해 수립
제3차 과학기술개발 5개년 계획	부분적	• 제3차 경제개발계획에 따른 기술수요를 밑받침 • 과학기술의 기반조성에서 상당한 발전을 경험
제4차 경제개발 5개년 계획: 과학기술부문계획	부분적	• 경제개발에서 과학기술의 역할이 필수적 • 한국의 과학기술 수준이 일정한 궤도에 진입
제5차 경제사회발전 5개년 계획: 과학기술부문계획	부분적	• 경제사회발전에서 과학기술이 선도적인 역할을 담당하는 기술 드라이브 정책을 강조 • 국제기술환경의 변화에 능동적으로 대응하여 선진국의 수준에 진입
제6차 경제사회발전 5개년 계획: 과학기술부문계획	본격적	• 한국이 선진개도국으로 성장했으며 기술주도정책을 착실히 추진 • 불확실성과 변혁의 시대에 대비하여 중장기 발전계획을 바탕으로 기술선진국 구현의 기반을 구축
제7차 경제사회발전 5개년 계획: 과학기술부문계획	본격적	• 냉전체제의 붕괴를 배경으로 기술패권주의가 강화 • 선진국과의 기술격차가 더욱 확대될 가능성 • 고급기반기술과 핵심기술의 낙후 • 과학기술에 대한 지원을 획기적으로 강화 • 창의적 기술개발에 본격적으로 착수
신경제 5개년 계획: 기술개발전략부문계획	본격적	• 국제질서가 기술패권주의를 중심으로 재편 • 공통기반기술과 핵심기술의 취약 • 민간 부문의 창의와 활력을 바탕으로 내생적 성장기반 확충
과학기술혁신 5개년 계획	본격적	• 핵심기술을 선점하기 위한 국제적 경쟁이 치열 • 기초기술과 핵심기술에서 선진국과 상당한 격차 • 지식기반경제의 도래에 대응하여 국가혁신체제를 선진화
과학기술혁신 5개년 수정계획	본격적	• 21세기 지식기반사회로의 이행이 가속화되면서 핵심기술역량의 확보가 국제경쟁력의 관건으로 작용 • IMF 위기를 배경으로 과학기술혁신 환경이 크게 변화하면서 새로운 국가혁신체제의 구축을 모색
과학기술기본계획	본격적	• 지식기반사회 및 세계화의 진전으로 무한경쟁이 심화 • 전반적으로 과학기술 수준이 향상되었지만 미래유망신기술 개척을 위한 잠재력이 미진 • 과학기술이 국가의 주요 과제 해결에 기여해야 하며 과학기술과 사회의 연계를 강화해야 한다는 점을 강조
참여정부의 과학기술기본계획	본격적	• 지식기반사회의 진전 및 글로벌 경쟁의 심화 • 한국의 과학기술 수준이 세계 최고의 60~70%에 불과 • 신기술의 등장과 사회적 요구에 대한 대응력 강화 • 이공계 기피, 국가기술지도, 과학기술중심사회 등을 강조

주: '미비'는 정책환경에 대한 별도의 항목이 없는 경우를, '부분적'은 정책환경을 다루는 항목을 부분적으로 채택한 경우를, '본격적'은 독립된 장에서 정책환경에 대한 정보를 제공하는 경우를 의미함.

회가 설치되고 정부출연 연구기관의 관리체제가 변경되었다는 점을 거론하고 있다. 참여정부의 과학기술기본계획은 2002년을 전후로 부각된 이공계 기피 현상, 국가기술지도의 작성, 과학기술중심사회의 구축 등에 관한 논의를 담고 있다.

지금까지의 논의를 바탕으로 과학기술종합계획이 인식한 정책환경의 변화를 정리하면 <표 6-1>과 같다.

2) 추진체계

과학기술종합계획에 관한 공식 문건은 오랫동안 추진체계에 대한 정보를 소홀히 했다가 1993년에 수립된 신경제 기술개발전략부문계획부터 추진체계를 명시적으로 포함시키는 특징을 보인다. 이에 따라 제1차 기술진흥계획부터 제7차 과학기술부문계획의 경우에는 해당 계획의 발간사 혹은 머리말이나 당시에 발간된 『과학기술연감』을 통해 추진체계를 유추할 수 있을 뿐이다.

과학기술종합계획의 추진체계에 대한 내용이 진화해온 양상은 발간주체, 참여부처, 추진기구, 발간시기 등으로 구분하여 살펴볼 수 있다(<표 6-2> 참조).

과학기술종합계획을 발간한 공식 주체는 과학기술행정을 담당하는 정부기구의 변천과 과학기술정책의 국가적 위상의 변화를 배경으로 경제기획원, 과학기술처, 범부처 등의 순서로 진화해왔다.

제1차 기술진흥계획과 제2차 과학기술진흥계획은 경제기획원을 통해 수립되었다. 제1차 기술진흥계획은 경제기획원이 발간했으며, 구체적으로는 같은 부처의 물동계획국 기술관리과가 담당했다(전상근, 1982:

〈표 6-2〉 과학기술종합계획의 추진체계 변화

계획명	기록된 정보	발간 주체	참여 부처	추진 기구	발간 시기
제1차 기술진흥 5개년 계획	미비	경제기획원	NA	과학기술정책 자문위원회	1962년 5월
제2차 과학기술진흥 5개년 계획	미비	대한민국정부 (경제기획원)	NA	NA	1966년 7월
제3차 과학기술개발 5개년 계획	미비	과학기술처	NA	NA	1971년 12월
제4차 경제개발 5개년 계획: 과학기술부문계획	미비	과학기술실무 계획반(과학기술처)	NA	과학기술실무 계획반	1976년 12월
제5차 경제사회발전 5개년 계획: 과학기술 부문계획	미비	과학기술실무 계획반(과학기술처)	NA	과학기술실무 계획반	1981년 12월
제6차 경제사회발전 5개년 계획: 과학기술 부문계획	미비	과학기술처	NA	NA	1987년 2월
제7차 경제사회발전 5개년 계획: 과학기술 부문계획	미비	과학기술처	NA	과학기술부문 계획위원회, 부문별 소위원회	1992년 3월
신경제 5개년 계획: 기술개발전략부문계획	계획수립경위, 실무작업반 명단	과학기술처	과학기술처 경제기획원 상공자원부 특허청 등	실무작업반	1993년 10월
과학기술혁신 5개년 계획	추진경위, 작성체계, 참여자 명단	과학기술처 교육부 통상산업부 건설교통부	범부처	총괄작업반, 실무작업반	1997년 12월
과학기술혁신 5개년 수정계획	추진배경, 참여자 명단	과학기술부 교육부 산업자원부 건설교통부	범부처	총괄작업반, 실무작업반	1999년 12월
과학기술기본계획	추진배경, 수립체계, 참여자 명단	재정경제부와 과학기술부 등 17개 부처	범부처	추진위원회, 10대 부문별 위원회, 총괄 지원팀	2001년 12월
참여정부의 과학기술 기본계획	추진경위, 작업체계, 참여자 명단	재정경제부와 과학기술부 등 16개 부처	범부처	기획조정위원회, 분과위원회(총괄, 기술, 정책분과), 총괄지원팀	2003년 5월

15). 제2차 과학기술진흥계획의 경우에는 대한민국정부가 공식적인 발간 주체로 되어 있지만, 실제로는 경제기획원 기술관리국이 담당했다(전상근, 1982: 102).

제3차 과학기술개발계획부터는 과학기술처가 발간하는 체제가 정립되었다. 예를 들어 제3차 과학기술개발계획, 제6차 과학기술부문계획, 제7차 과학기술부문계획, 신경제 기술개발전략부문계획을 발간한 주체는 과학기술처이다. 제4차 과학기술부문계획과 제5차 과학기술부문계획의 경우에는 과학기술실무계획반이 공식적인 발간 주체로 되어 있지만, 과학기술실무계획반은 과학기술처가 구성한 기구에 해당한다.

우리나라의 과학기술종합계획은 1997년 이후에 범부처적 차원에서 발간되었다. 물론 신경제 기술개발전략부문계획에서도 과학기술처 이외의 몇몇 정부부처가 참여했다는 기록이 있지만(과학기술처, 1993: 113), 공식적인 발간 주체는 여전히 과학기술처로 되어 있다. 과학기술혁신 5개년 계획부터는 "종전의 계획과 달리 …… 국가 차원에서 과학기술혁신을 폭넓게 확산시키기 위해 범부처적으로 수립"되는 방식이 채택되었던 것이다(과학기술처 외, 1997: 7). 과학기술혁신 5개년 계획과 과학기술혁신 수정계획의 경우에는 과학기술처나 과학기술부를 비롯한 4개 부처, 과학기술기본계획과 참여정부의 과학기술기본계획에서는 재경경제부와 과학기술부를 포함한 16~17개 부처가 공식적인 발간 주체로 되어 있다. 이처럼 1997년 이후의 과학기술종합계획이 범부처적 차원에서 수립된 것은 관련 사항이 「과학기술혁신을위한특별법」이나 「과학기술기본법」과 같은 상위 법률에 의해 규정되고 있기 때문으로 풀이할 수 있다.

과학기술종합계획을 수립하기 위한 추진기구도 점차 진화해왔다. 제

1차 기술진흥계획에서는 과학기술정책자문위원회가, 제4차 과학기술부문계획과 제5차 과학기술부문계획에서는 과학기술실무계획반이, 제7차 과학기술부문계획에서는 과학기술부문계획위원회가, 신경제 기술개발전략부문계획에서는 실무작업반이 계획수립을 위한 추진기구의 역할을 담당했다. 이어 과학기술혁신 5개년 계획과 과학기술혁신 수정계획에서는 총괄작업반과 함께 실무작업반이 구성되었고, 과학기술기본계획과 참여정부의 과학기술기본계획에서는 추진위원회 혹은 기획조정위원회, 부문별 위원회 혹은 분과위원회, 그리고 총괄지원팀이 활용되었다.

이처럼 구체적인 명칭에는 차이가 있지만, 거의 모든 경우에 산학연관 전문가로 추진위원회가 구성되었고, 주요 부문별로 소위원회나 분과위원회가 활동했으며, 주무부처 및 관계 기관이 지원팀의 역할을 맡았다. 과학기술처 혹은 과학기술부와 함께 지원팀의 역할을 담당한 기관은 해당 기관의 변화에 따라 한국과학기술원 부설 과학기술정책연구·평가센터, 한국과학기술원 정책기획본부, 과학기술정책관리연구소, 과학기술정책연구원, 한국과학기술기획평가원 등으로 변화했다.

과학기술종합계획의 발간시기를 살펴보면 제1차 기술진흥계획, 제6차 과학기술부문계획, 제7차 과학기술부문계획, 신경제 기술개발전략부문계획, 과학기술혁신 5개년 계획, 참여정부의 과학기술기본계획의 경우에는 해당 계획이 사전에 발간되지 못했다. 그중에서 제1차 기술진흥계획, 신경제 기술개발전략부문계획, 참여정부의 과학기술기본계획은 새로운 정권의 출범을 배경으로 급하게 준비되거나 국정목표를 반영하기 위한 성격을 띠었다.[3]

제6차 과학기술부문계획, 제7차 과학기술부문계획, 과학기술혁신 5

개년 계획은 상위 계획, 대책, 법률 등과 연계시키기 위한 조치에 해당한다고 볼 수 있다. 제6차 과학기술부문계획은 1986년 12월에 확정된 2000년대를 향한 과학기술발전 장기계획의 내용을 반영하기 위해 사전에 발간되지 못했던 것으로 판단된다. 이와 관련해 당시에 발간된 『과학기술연감』은 "제6차 과학기술부문계획은 2000년대 과학기술발전 장기계획의 제1단계 실천계획"이라는 점을 명시하고 있다(『과학기술연감』, 1986: 172). 제7차 과학기술부문계획이 사전에 확정되지 못한 배경으로는 1991년 4월에 노태우 대통령의 4·30 과학기술정책선언이 발표되었고 이에 대한 후속조치로 1991년 12월 과학기술혁신종합대책(1992~2000년)이 수립되었다는 점을 들 수 있다. 그 대책은 선도기술개발사업(G7 프로젝트)이 추진되고 국가과학기술자문회의가 설치되는 근거로 작용한 바 있다(『과학기술연감』, 1992: 25~28). 과학기술혁신 5개년 계획은 1997년 4월에 제정된 「과학기술혁신을위한특별법」 제3조의 규정에 의거하여 수립되었기 때문에(과학기술처 외, 1997: iii), 계획 기간 이전에 발간되지 못했던 것이다.

이와 함께 1997년 이후에 수립된 과학기술종합계획은 추진체계와 관련해 몇 가지 새로운 경향을 보여준다. 첫째, 과학기술혁신 5개년 계획

3 전상근의 회고에 따르면, 제1차 기술진흥계획은 처음부터 체계적으로 준비된 것이 아니었다(전상근, 1982: 7~22). 1962년 1월에 경제기획원은 박정희 대통령에게 제1차 경제개발 5개년 계획에 대해 보고했고, 박정희 대통령은 현재의 기술수준과 기술자로 목표달성이 가능한지에 대한 '뜻밖의 질문'을 제기했다. 이에 경제기획원 물동계획국 기술관리과 직원을 중심으로 기술진흥에 관한 종합적인 계획이 준비되면서 과학기술계의 각 분야를 대표하는 40명으로 과학기술정책자문위원회가 구성되었다. 이를 바탕으로 약 4개월 간의 작업을 거쳐 1962년 5월에 수립된 것이 제1차 기술진흥계획이다. 이 계획에 '제1차 경제개발 5개년 계획 보완'이라는 부제가 달려 있는 것도 이러한 맥락에서 이해할 수 있다.

부터는 해당 계획에 대해 매년 추진실적과 추진계획을 점검하는 체제를 공식적으로 구축하고 있다. 둘째, 과학기술혁신 5개년 계획과 과학기술기본계획은 공식적인 문건과 함께 부문별 계획에 대한 보고서를 발간했다는 특징을 보인다. 셋째, 과학기술혁신 5개년 계획부터는 계획(안)에 대한 공식적인 공청회나 토론회를 개최하고 과학기술기본계획과 참여정부의 과학기술기본계획이 홈페이지를 운영하는 등 해당 계획에 대해 다양한 의견을 수렴하는 통로가 마련되었다. 넷째, 1980년대 이후에는 과학기술종합계획이 해당 정부의 임기와 일치하지 않는 경향이 나타났지만 참여정부의 과학기술기본계획은 정부의 임기와 연동된 특징을 보이고 있다.

3) 정책목표

과학기술종합계획은 모두 정책목표에 대한 정보를 담고 있지만 정책목표를 다루는 방식에서는 상당한 차이를 보인다. 그것은 정책목표와 관련된 용어가 매우 다양하게 사용되었다는 점에서도 간접적으로 확인할 수 있다. 비전, 기본목표, 중점목표, 목표, 세부목표, 부문별 목표, 분야별 목표, 정책기조, 기본방향, 정책방향, 추진전략, 중점전략, 핵심전략 등이 그것이다. 여기서는 이와 같은 다양한 범주 중에서도 비전, 기본목표, 중점목표, 목표에 주목하고자 한다. 다른 범주들은 해당 계획에서 제시되고 있는 정책범위를 요약하여 나열하는 성격이 강한 것으로 판단되기 때문이다.

그동안 우리나라에서 수립되었던 과학기술종합계획이 표방하는 정책목표를 정리하면 <표 6-3>과 같다.

〈표 6-3〉 과학기술종합계획의 정책목표 변화

계획명	범주	계획의 목표
제1차 기술진흥 5개년 계획	목표	• 제1차 경제개발 5개년 계획의 완수에 소요되는 기술계 인적자원을 확보 • 산업발전과 생산성 향상을 위해 기술수준의 질적 향상을 도모
제2차 과학기술진흥 5개년 계획	기본 목표	• 창의력의 원천인 인간두뇌와 생산성의 원천인 기능개발을 극대화 • 연구활동의 촉진으로 과학기술의 자생능력을 배양 • 선진 과학기술지식의 효율적인 도입으로 산업발전과 과학기술 능력 제고 • 과학적인 풍토를 조성하여 사회생활과 사고방식의 과학화를 촉진
제3차 과학기술개발 5개년 계획	중점 목표	• 중화학공업의 건설을 위한 원자재 및 중간재의 제조기술과 정밀가공 및 설계기술을 개발 • 국제수지를 개선하기 위한 부존자원의 조사활동과 기술집약적 수출제품 및 공통취약기술을 개발 • 식량을 증산하고 농어민소득을 증대하기 위한 육종재배, 방재 및 처리가공기술을 향상 • 자주국방력의 강화를 위한 방위산업기술의 개발과 국가비상사태에 적응하는 과학기술지원체제를 확립 • 과학기술의 저력배양을 위한 기초과학의 육성과 생활의 과학화를 위한 풍토를 조성
제4차 경제개발 5개년 계획: 과학기술부문계획	기본 목표	• 과학기술 인력의 질적 향상과 연구개발능력의 확충으로 과학기술의 발전기반을 견고히 하고 자주기술개발능력 확대·제고 • 고도산업기술의 전략적 개발로 두뇌집약산업을 중점 육성하고 기술혁신을 촉진하여 경제발전을 적극 선도 • 국민생활의 과학화와 과학기술의 전국적인 보급·확산을 촉진하여 과학기술풍토 심화·조성
제5차 경제사회발전 5개년 계획: 과학기술부문계획	기본 목표	과학기술의 획기적 발전으로 1980년대 선진국 기술수준에 진입
제6차 경제사회발전 5개년 계획: 과학기술부문계획	기본 목표	2000년대 기술선진국 구현을 위한 기반구축 및 중간거점 확보
제7차 경제사회발전 5개년 계획: 과학기술부문계획	목표	2000년도 과학기술 선진 7개국 수준 진입을 위한 마무리적 가교역할로서 최종거점 확보 • 과학기술투자에서 선진 7개국 하위 수준 달성 • 생산기술력에서 선진 7개국 중하위 수준 달성 • 기초기술력과 과학기술문화에서 OECD 수준에 진입
신경제 5개년 계획: 기술개발전략부문계획	기본 목표	21세기 초까지 우리의 과학기술을 선진 7개국 수준으로 발전시키기 위한 기반을 확고히 구축
과학기술혁신 5개년 계획	목표	국가전략적 핵심분야의 독창적 기술혁신역량 확보를 통해 종합과학기술력을 21세기초 G7 수준으로 제고 • 21세기 창조적 핵심기술의 자립적 개발역량 확보 • 독자적 기술혁신을 위한 연구개발재원의 확충 및 전략적 배분 • 미래기술혁신을 위한 기초·기반기술 분야의 집중 육성 • 기술혁신의 근간인 과학기술 하부구조의 조기 구축

계획명	범주	계획의 목표
과학기술혁신 5개년 수정계획	목표	국가전략적 핵심분야의 독창적 기술혁신역량 확보 및 21세기 지식기반사회를 견인할 과학기술혁신체제 구축: 2010년까지 종합과학기술력을 세계 10위, 2025년까지 세계 7위 수준으로 제고하기 위해 2002년까지 구체적인 실천계획을 통해 과학기술 선진국 진입에 필요한 혁신기반 조성
과학기술기본계획	비전	1인당 국민소득 1만 5천 달러 수준의 경제성장과 복지사회 실현
	목표	2006년까지 세계 10위의 과학기술경쟁력 확보
참여정부의 과학기술 기본계획	비전	과학기술중심사회 구축을 통한 제2의 과학기술입국 실현
	목표	과학기술 8대 강국 실현

제1차 기술진흥계획, 제2차 과학기술진흥계획, 제3차 과학기술개발계획, 제4차 과학기술부문계획과 같이 1960~1970년대에 수립된 과학기술종합계획은 다소 분산적인 형태로 정책목표를 제시하고 있다. 이에 따라 해당 계획이 표방하는 정책목표가 정책방향이나 추진전략과 유사한 성격을 띠는 경향을 보인다. 또한 이러한 네 가지 계획은 정책목표를 설정하는 데 정량화된 수치를 전혀 사용하지 않는 특징을 나타낸다.

제1차 기술진흥계획은 기술인력의 개발과 기술수준의 향상을 목표로 삼으며, 제2차 과학기술진흥계획에서는 과학기술 인력의 개발, 연구활동 촉진, 선진과학기술의 효율적 도입, 과학적 풍토 조성 등으로 목표가 더욱 확장되고 있다. 제3차 과학기술개발계획의 경우에는 중화학공업 건설, 수출의 획기적 증대, 농어촌 경제의 혁신적 개발, 국가안전보장 확립 등과 같은 국가적 현안 과제에 필요한 기술개발에 중점이 주어지면서 기초과학 육성과 과학적 풍토 조성을 포함한 과학기술의 저력 배양이 강조되고 있다. 제4차 과학기술부문계획은 기존 계획에 비해 정책목표를 더욱 체계적으로 제시하고 있는데, 여기에는 과학기술 기반의 조성·강화, 산업기술의 전략적 개발, 과학기술풍토의 조성이 포함된다.[4]

1980년대 이후에 수립된 과학기술종합계획은 이전과 달리 선진국의 과학기술 수준에 진입한다는 것을 정책목표로 채택하고 있다. 이는 1980년대 이후에는 선진국을 추격한다는 명확한 관념을 가지고 과학기술종합계획을 수립했다고 풀이할 수 있다. 특히 1980년대에 수립된 제5차 과학기술부문계획과 제6차 과학기술부문계획에서는 단순히 기술선진국을 구현한다는 점을 목표로 삼고 있는 데 반해, 1990년대 이후에 수립된 과학기술종합계획은 세계 몇 위에 진입한다는 구체적인 수치를 제시한 것이다. 즉, 제7차 과학기술부문계획은 '2000년 세계 7위', 신경제 기술개발전략부문계획과 과학기술혁신 5개년 계획은 '21세기 초 세계 7위', 과학기술혁신 수정계획은 '2010년 세계 10위', 과학기술기본계획은 '2006년 세계 10위', 참여정부의 과학기술기본계획은 '2007년 세계 8위'를 목표로 삼고 있다.

여기서 1990년대 이후의 과학기술종합계획이 설정한 목표는 '2000년 혹은 21세기 초 세계 7위'에서 '2010년 세계 10위'로 하향조정된 후 다시 '2006년 세계 10위'와 '2007년 세계 8위'로 상향조정되었다. 과학기술혁신 수정계획을 통해 목표가 하향조정된 것은 IMF 위기라는 특수한 상황이 고려된 것이기는 하지만, 기본적으로는 이전의 계획이 과도한 목표를 설정했기 때문으로 풀이할 수 있을 것이다. 과학기술기본계획과 참여정부의 과학기술기본계획을 통해 목표가 상향조정된 것은 한국의 과

---

4 이러한 세 가지 정책목표는 1971년에 최형섭 장관이 부임하면서 설정되었으며, 1970년대를 일관한 우리나라 과학기술정책의 기조로 작용한 것으로 알려져 있다(과학기술처, 1987b: 24). 그러나 당시의 『과학기술연감』을 통해 정확한 시기를 확인해보면, 이와 같은 과학기술정책의 3대 기조는 1973~1978년에 공식적으로 천명되었음을 알 수 있다. 1971년 12월에 발간된 제3차 과학기술개발계획에서도 이러한 내용이 가시화되지 않았던 점을 감안한다면, 1972년 중에 과학기술정책의 3대 기조가 설정되었다고 볼 수 있다.

학기술 수준이 지속적으로 향상된 점을 반영하는 것으로 판단된다.

이와 함께 1997년 이후에 수립된 과학기술종합계획은 정책목표와 관련해 몇 가지 새로운 경향을 보인다. 첫째, 과학기술혁신 5개년 계획부터는 목표와 함께 발전지표를 제시함으로써 해당 계획의 정책목표를 더욱 구체화했다. 즉, 투자, 인력, 특허, 논문 등과 같이 과학기술 수준을 나타내는 계량화된 지표를 계획의 수립 시점과 종료 시점을 비교해 기록하고 있는 것이다. 둘째, 과학기술기본계획과 참여정부의 과학기술기본계획은 '목표' 이외에 '비전'이라는 범주를 추가적으로 채택했다. 그것은 경쟁력 제고는 물론 삶의 질 향상을 비롯한 새로운 정책 이슈가 본격적으로 제기되면서 계량화된 목표만으로는 과학기술종합계획이 지향하는 바를 충분히 반영하기 어려워진 상황을 나타낸다.

4) 정책범위

그동안 우리나라에서 수립되었던 과학기술종합계획의 정책범위는 3~5개, 10~11개, 6~7개, 3개, 10~11개, 14개 등으로 변화해왔다. 과학기술종합계획이 포괄한 정책범위의 추이를 정리하면 <표 6-4>와 같다.

제1차 기술진흥계획, 제2차 과학기술진흥계획, 제3차 과학기술개발계획은 3~5개의 부문으로 구성되어 있다. 제1차 기술진흥계획은 인력개발, 기술협력, 과학기술진흥 등을 포괄하고 있으며, 제2차 과학기술진흥계획에는 연구개발이 추가되었다. 이러한 두 계획에서 '과학기술진흥'은 과학기술지원제도, 과학기술정보, 과학기술보급 등을 포함하는 것으로 간주된다. 제3차 과학기술개발계획의 정책범위는 산업기술의 개발, 과학기술인재의 육성 및 기능의 숙달, 국제기술협력 및 기술정보

〈표 6-4〉 과학기술종합계획의 정책범위 변화

계획명	계획의 범위
제1차 기술진흥 5개년 계획	기술계 인력의 확보, 기술도입의 촉진, 과학기술진흥기반의 구축 등 3개 부문
제2차 과학기술진흥 5개년 계획	과학기술 인력의 개발, 연구개발 활동의 촉진, 국제 과학기술협력의 강화, 과학기술진흥기반의 구축 등 4개 부문
제3차 과학기술개발 5개년 계획	산업기술의 개발, 과학기술인재의 육성 및 기능의 숙달, 국제 기술협력 및 기술정보 교류 강화, 자원조사·개발, 과학기술풍토의 조성 등 5개 부문
제4차 경제개발 5개년 계획: 과학기술부문계획	과학기술진흥체제의 정비, 과학기술 인력 개발, 기술도입 촉진, 기술용역 육성, 민간기업의 기술개발 촉진, 두뇌산업의 육성과 장기적 대형연구개발 추진, 원자력 기술개발, 자원개발과 환경보전 및 기상업무 강화, 정보산업 육성, 국제기술협력 증진, 과학기술풍토 조성 등 11개 부문
제5차 경제사회발전 5개년 계획: 과학기술부문 계획	연구개발 활동기반 강화, 과학기술 인력 개발, 기업의 기술개발 촉진, 핵심전략기술 토착화, 기초연구 및 공공기술개발, 원자력 기술개발, 산업설비용역산업 육성, 정보산업 육성, 국제기술협력 강화, 과학기술풍토 조성 등 10개 부문
제6차 경제사회발전 5개년 계획: 과학기술부문 계획	전략적·선택적 기술개발을 통한 기술수준 고도화, 국가연구개발체제 정립과 협동연구 촉진, 특정연구개발사업 확대와 효율적 추진, 과학기술투자 확대와 투자효율성 제고, 과학기술 인력개발과 기초연구 강화, 산업기술개발 촉진·지원, 과학기술기반 조성사업 전개 등 7개 부문
제7차 경제사회발전 5개년 계획: 과학기술부문 계획	중점 추진대상 전략사업 전개, 과학기술혁신 기초요소 강화, 과학기술혁신 주체의 정예화, 과학기술활동의 본격적 국제화, 과학기술의 지역적·사회적 확산, 국가과학기술정책 추진체제 효율화 등 6개 부문
신경제 5개년 계획: 기술개발전략부문계획	민간 주도의 기술혁신체제 확립, 수요지향적 기술개발체제 강화, 국가연구개발사업의 전략적 추진 등 3개 부문
과학기술혁신 5개년 계획	투자재원의 확대목표 및 효율화, 중점국가연구개발사업 추진, 기초연구 진흥 및 이공계대학 연구활성화, 과학기술 인력 양성 및 활용, 엔지니어링 기술 진흥, 민·군 겸용기술 개발, 중소기업을 포함한 기업의 기술개발 지원, 과학기술교육 내실화 및 시설 확충, 과학기술 하부구조 구축, 사회간접자본 관련 기술개발 등 10개 부문
과학기술혁신 5개년 수정계획	투자재원의 확대목표 및 효율화, 중점국가연구개발사업 및 21세기 지향 신규사업 추진, 기초연구 진흥 및 이공계대학 연구활성화, 과학기술 인력 양성 및 활용, 엔지니어링 기술 진흥, 민·군 겸용기술 개발, 기업의 지식집약화를 위한 기술개발 지원, 과학기술교육 내실화 및 시설 확충, 과학기술 하부구조 구축, 사회간접자본 관련 기술개발, 지방과학기술진흥 등 11개 부문
과학기술기본계획	미래유망기술연구, 산업기술 개발, 공공복지기술 개발, 과학기술 인력, 기초과학진흥, 과학기술 국제화, 과학기술문화, 민간기술개발지원제도, 과학기술 하부구조, 과학기술투자 등 10개 부문
참여정부의 과학기술기본계획	지식·정보·지능화 사회구현을 위한 기술개발, 건강한 생명사회 지향을 위한 기술개발, 지속가능한 사회구현을 위한 기술개발, 고부가가치 창출 산업구조 실현을 위한 기술개발, 국가 안전 및 위상제고를 위한 기술개발, 창의적 혁신역량 제고를 위한 기초과학·연구 진흥, 지식기반사회를 선도할 과학기술 인력 양성, 과학기술의 국제화 및 동북아 R&D 허브 구축, 국가균형발전을 위한 지방과학기술혁신, 과학기술투자의 확충 및 효율성 제고, 산업계 기술역량 제고를 위한 민간기술개발 지원, 과학기술 생산성 제고를 위한 하부구조 고도화, 사회적 수요에 부응하는 과학기술의 역할 증대, 국민과 함께하는 과학기술문화 확산 등 14개 부문

교류 강화, 자원조사·개발, 과학기술풍토의 조성 등 5개 부문으로 제시되었다. 기존의 '연구개발'이 산업기술의 개발과 자원조사·개발로 분화되었으며, '과학기술진흥'과 관련된 사항은 다른 부문으로 재편되는 가운데 과학기술풍토 조성이 독립되었다고 볼 수 있다.

제4차 과학기술부문계획과 제5차 과학기술부문계획의 정책범위는 10~11개 부문으로 크게 확대되었다. 제3차 과학기술개발계획과 비교할 때 과학기술 인력, 국제기술협력, 과학기술풍토 조성이 계속해서 강조되는 가운데 과학기술진흥체제(혹은 연구개발 활동기반)와 기업의 기술개발이 독립적으로 다루어지고 있다. 특히 연구개발과 관련된 영역이 다양한 부문으로 세분화되는데, 제4차 과학기술부문계획에서는 기술용역, 두뇌산업, 원자력, 자원·환경·기상, 정보산업 등이, 제5차 과학기술부문계획에서는 핵심전략기술, 기초·공공연구, 원자력, 산업설비용역, 정보산업 등이 포괄되었다.

제6차 과학기술부문계획, 제7차 과학기술부문계획, 신경제 기술개발전략부문계획이 수립되었던 1980년대 중반부터 1990년대 초반까지는 정책범위를 조정하는 시기에 해당한다고 볼 수 있다. 제6차 과학기술부문계획에서는 이전에 분야별로 분화되었던 연구개발이 다시 통합되는 가운데 특정 연구개발사업의 추진과 과학기술투자의 확대가 별도의 부문으로 독립되면서 7개 부문으로 조정되었다. 제7차 과학기술부문계획에서는 정책범위가 전략사업, 기초요소, 혁신주체 등으로 재편되는 가운데 과학기술의 국제화와 과학기술정책 추진체계가 강조되면서 6개 부문으로 재편되었다. 이어 신경제 기술개발전략부문계획에서는 매우 포괄적인 범주를 채택함으로써 민간 주도의 기술혁신체제 확립, 수요지향적 기술개발체제의 강화, 국가연구개발사업의 전략적 추진 등 3개 부문으로 축소되었다.

과학기술혁신 5개년 계획과 과학기술혁신 수정계획의 정책범위는 다시 10~11개로 확대되었다. 과학기술혁신 5개년 계획에서는 기술개발과 관련된 영역이 중점연구개발사업, 엔지니어링 기술, 민·군 겸용기술, 사회간접자본 등으로 분화되는 가운데 과학기술투자, 기초연구, 과학기술인력, 민간기술개발지원, 과학기술 하부구조, 과학기술교육 등이 독립적인 부문으로 다루어지면서 10개 부문으로 재구성되었다. 과학기술혁신 수정계획에서는 과학기술혁신 5개년 계획의 과학기술 하부구조에서 지방과학기술진흥이 독립하면서 11개 부문을 포괄하게 되었다.

과학기술기본계획과 참여정부의 과학기술기본계획의 정책범위는 10개 이상을 유지하면서 더욱 종합적인 모습을 갖추게 되었다. 과학기술기본계획에서는 기술개발과 관련된 영역이 미래유망기술연구, 산업기술개발, 공공복지기술개발로 정리된 가운데 과학기술 인력, 기초과학진흥, 과학기술 국제화, 과학기술문화, 민간기술개발지원, 과학기술 하부구조, 과학기술투자 등이 독립적인 부문으로 다뤄지면서 10개 부문으로 재구성되었다. 이어 참여정부의 과학기술기본계획에서는 기술개발과 관련된 영역이 5개 부문으로 재조정되는 가운데 지방과학기술진흥과 과학기술의 사회적 역할이 독립되면서 14개 부문을 포괄하게 되었다.

이처럼 과학기술종합계획의 정책범위는 해당 계획의 지향성에 따라 확대와 조정을 반복하는 양상을 보인다. 그러한 과정에서 과학기술종합계획이 정책범위를 다루는 방식도 단계적인 변화를 거쳤다. 제1차 기술진흥계획부터 신경제 기술개발전략부문계획까지의 과학기술종합계획은 다수의 장(章)으로만 구성되어 있으며 배경과 현황을 분석한 후에 정책범위를 나열하는 구조를 보인다. 과학기술혁신 5개년 계획과 과학기술혁신 5개년 수정계획은 총괄편과 부문별 계획을 포함한 2개의 부(部)로 구분한 후 부문별 계획을 통해 정책범위를 다루는 방식을 채택하고 있다. 과학기술기본계획과 참여정부의 과학기술기본계획은 국가과학기술비전, 국가전략과학기술의 개발, 과학기술역량의 강화 등과 같은 3개의 부(部)로 구성되어 있으며, 국가전략과학기술에서 연구개발과 관련된 정책범위를, 과학기술역량에서 그 외의 정책범위를 다루는 방식을 취한다. 즉, 과학기술종합계획을 작성하는 구조는 정책범위를 나열하는 방식에서 총괄 편과 부문 편으로 구분하는 방식을 거쳐 총괄 편, 기술 편, 정책 편으로 구성하는 방식으로 변화되었다고 할 수 있다.

5) 정책과제

과학기술종합계획의 정책과제는 정책범위에 따라 논의되는 방식을 취하고 있다. 그러나 정책범위 자체가 지속적으로 변화되었기 때문에 해당 정책범위에서 제안된 정책과제의 내용을 체계적으로 분석하는 것은 쉽지 않다. 따라서 과학기술종합계획이 제시해온 정책과제가 진화한 특징을 평가하기 위해서는 정책범위를 재구성하는 작업이 선결되어야 한다. 여기서는 다음 네 가지 가정을 바탕으로 과학기술종합계획의 정책범위를 재구성하고자 한다.

첫째, 과학기술종합계획이 지속적으로 진화되었다는 점을 감안하여 가장 최근에 수립된 참여정부의 과학기술기본계획을 정책범위의 재구성을 위한 출발점으로 삼고자 한다.

둘째, 연구개발과 관련된 영역은 과학기술종합계획에서 가장 많은 비중을 차지하고 있지만, 대부분 분야별로 국가가 전략적으로 추진해야

〈표 6-5〉 과학기술 하부구조의 위상 변화

<table>
<tr><th>과학기술혁신
5개년 계획</th><th>과학기술혁신
5개년 수정계획</th><th>과학기술기본계획</th><th>참여정부의
과학기술기본계획</th></tr>
<tr><td rowspan="5">과학기술 하부구조
• 연구기자재·시설
• 과학기술정보
• 과학기술 지방화
• 과학기술 세계화
• 과학기술 국민이해</td><td>지방과학기술진흥</td><td rowspan="2">과학기술 하부구조
• 연구시설·장비
• 과학기술정보
• 지방과학기술진흥
• 법·제도·환경</td><td>지방과학기술혁신</td></tr>
<tr><td rowspan="4">과학기술 하부구조
• 연구기자재·시설
• 과학기술정보
• 과학기술 세계화
• 과학기술 국민이해
• 법·제도·환경</td><td>과학기술 하부구조
• 연구시설·장비
• 과학기술정보
• 법·제도·환경</td></tr>
<tr><td>과학기술 국제화</td><td>과학기술 국제화</td></tr>
<tr><td rowspan="2">과학기술문화</td><td>과학기술과 사회</td></tr>
<tr><td>과학기술문화</td></tr>
</table>

할 연구개발과제를 도출하는 방식을 취하고 있기 때문에 '국가전략기술개발'이라는 하나의 정책범위로 간주하고자 한다.

셋째, 참여정부의 과학기술기본계획에서는 '사회적 수요에 부응하는 과학기술의 역할 증대'와 '국민과 함께하는 과학기술문화 확산'이 구분되어 있지만, 그 내용의 유사성을 감안하여 '과학기술과 사회문화'로 재구성하고자 한다.

넷째, 과학기술 하부구조는 참여정부의 과학기술기본계획에 따라 연구시설·장비, 과학기술정보, 법·제도·환경을 포함하는 협의의 개념으로 사용하고자 한다. 이와 관련해 <표 6-5>는 1997년 이후에 과학기술 하부구조의 위상이 어떻게 변화해왔는지를 보여준다.

이러한 가정에 의거해 이 글에서는 과학기술종합계획의 정책범위를 다음 9개로 재구성하고자 한다. 국가전략기술개발, 과학기술투자, 과학기술 인력, 기초연구진흥, 민간기술개발지원, 과학기술국제협력, 지역과학기술혁신, 과학기술 하부구조, 과학기술과 사회문화 등이 그것이다.

앞서 언급했듯 국가전략기술개발은 연구개발과 관련된 영역을 포괄하는 범주다. 국가전략기술개발은 국내외 기술개발의 동향과 수준이 변

〈표 6-6〉 국가전략기술의 내역 변화

계획명	국가전략기술의 내역
제2차 과학기술진흥 5개년 계획(1967~1971년)	광업, 금속, 기계, 조선, 화공, 섬유, 전기, 원자력, 토목건축, 의료보건, 농림수산 등
제4차 경제개발 5개년 계획: 과학기술부문계획(1977~1981년)	• 두뇌산업 육성: 기계, 금속, 전자, 화공, 자원 등 • 원자력기술 개발 • 정보산업 육성 • 기술용역 육성
제6차 경제사회발전 5개년 계획: 과학기술부문계획(1987~1991년)	• 정보산업기술 분야: 컴퓨터, 소프트웨어, 반도체, 통신, 생활정보 등 • 에너지·자원기술 분야: 에너지, 원자력, 자원기술 등 • 재료기술 분야: 정밀화학, 신소재, 생명공학기술 등 • 산업요소기술 분야: 생산기반기술, 기계자동화, 설계 및 엔지니어링, 예측·표준기술 등 • 공공기술 분야: 환경, 보건기술 등 • 거대과학기술 분야: 해양, 항공, 우주기술 등
과학기술혁신 5개년 계획(1997~2002년)	• 중점국가연구개발: 핵심산업기술개발, 정보혁신기술개발, 원자력·자원·에너지기술개발, 대형시스템 기술개발, 미래원천기술개발, 공공복지기술개발 등 • 엔지니어링 기술 진흥 • 민·군 겸용기술 개발 • 사회간접자본 관련 기술개발
과학기술기본계획(2002~2006년)	• 미래유망기술연구: 정보기술(IT), 생명공학기술(BT), 나노기술(NT), 환경기술(ET), 우주항공기술(ST), 문화기술(CT) 등 • 산업기술개발 • 공공복지기술개발: 사회간접자본, 자원·에너지, 국방기술 등

화하는 상황을 반영하여 그 내역이 지속적으로 변화하는 가운데 중점 추진분야가 조정되는 양상을 보이고 있다. 이러한 점을 포착하기 위해 1966년, 1976년, 1986년, 1997년, 2001년에 수립된 과학기술종합계획에서 제시하는 국가전략기술의 내역을 살펴보면 <표 6-6>과 같다.

우선 1960년대 중반과 1970년대 중반을 비교하면 광업이나 농림수산과 같은 1차 산업의 중요성이 상대적으로 감소하는 가운데 전자, 정보, 엔지니어링 등과 같은 새로운 산업을 육성하기 위한 기술개발이 강조되고 있다는 점이 나타난다. 또한 국가연구개발사업의 추진을 배경으로 1980년대 중반에는 중점 추진분야가 더욱 체계적으로 제시되는 가운데 민간 부문이 담당하기 어려운 공공기술과 거대과학이 추가되었다. 이어 1997년 이후에는 미래원천기술 혹은 미래유망기술과 같이 미래 사회를 이끌어갈 과학기술 분야에 초점이 맞추어지면서 산업기술과 공공기술을 포괄하는 특징을 보인다.

과학기술투자에서는 투자규모의 확대가 지속적으로 논의되는 가운데 점차적으로 투자의 효율화에도 관심을 기울이고 있다. 과학기술투자의 확대를 논의하는 방식은 상당 기간 국민총생산(GNP) 대비 과학기술투자의 비중을 제고하자는 데 초점을 맞추었다. 특히 제6차 과학기술부문계획이 수립되었던 1987년 이후에는 "2001년까지 GNP 대비 5% 수준으로 과학기술투자를 제고해야 한다"는 점이 계속해서 강조되었다. 이에 반해 1997년 이후에는 정부예산 대비 연구개발 예산에 주목하는 경향이 나타났으며, 정부예산증가율보다 더욱 높은 비율로 연구개발 예산을 증가시키는 방법이 제시되었다. 과학기술투자를 확충하는 방안의 경우에는 정부와 민간의 연구개발 투자를 확대하는 것이 계속 강조되는 가운데 1990년대 이후에는 정부투자기관의 연구개발 투자를 확대하거나 정부가 공공사업을 추진할 때 연구개발 예산을 의무적으로 편성하는 방안이 모색되었다. 아울러 1960~1970년대에는 민간의 연구개발 투자를 확대하는 것이 계속해서 강조되었지만, 정부와 민간의 비중이 역전된 1983년 이후에는 민간보다는 정부의 연구개발 투자에 주목하는 경향을 보였다.

과학기술투자의 효율화에 대한 관심은 1980년대 이후부터 본격적으로 표방되었다. 그것은 1982년에 과학기술처의 특정연구개발사업이 시작된 이후에 다양한 국가연구개발사업이 계속해서 추진되었다는 점을 반영한다고 볼 수 있다. 과학기술투자의 효율화에 관한 논의는 기본적으로 연구개발 투자를 종합적으로 조정하여 우선순위를 확립하고 중복 투자를 방지한다는 내용을 담고 있으며, 부처별로 전문적인 관리기구를 육성하고 부처 간 협의체를 구성한다는 점에도 주목하고 있다. 특히 국가과학기술위원회가 설치된 1999년 이후에는 범부처적 차원에서 국가연구개발사업에 대한 조사·분석·평가를 강화하고 표준관리규정을 마련하는 방안이 강조되었다.

과학기술 인력은 제1차 기술진흥계획부터 참여정부의 과학기술기본계획에 이르기까지 계속해서 강조된 정책범위에 해당한다. 모든 과학기술종합계획은 과학기술 인력에 대한 수급전망을 살펴본 후 필요한 과학기술 인력을 양성·활용하는 방안을 제시하는 식으로 논의를 전개하고 있다. 그러나 우리나라 과학기술의 지속적인 발전을 배경으로 과학기술 인력에 대한 정의와 과학기술 인력의 양성·활용방안에서 강조하는 사항은 상당한 차이를 나타낸다.

제1차 기술진흥계획, 제2차 과학기술진흥계획, 제3차 과학기술개발계획은 (과학)기술자, 기술공, 기능공을 포괄하면서 기술공의 양성에 주목하는 특징을 보이며, 제4차 과학기술부문계획에서는 과학기술 인력이 과학자, 기술자, 기능자로 분류되면서 이공계 대학 및 대학원의 육성이 강조되고 있다. 제5차 과학기술부문계획부터는 연구인력의 양성에 초점을 두면서 과학기술영재교육을 포괄하고 있는데, 그것은 과학기술 선진국으로의 진입이 강조되면서 창의적 연구개발의 중요성이 부각되었기 때문으로 풀이된다.

과학기술혁신 5개년 계획과 과학기술혁신 수정계획에서는 이공계 대학 및 대학원의 '개혁'이 강조되는 가운데 과학기술 인력에 대한 데이터베이스를 구축하고 산학연 인력교류의 확대를 중시한다. 과학기술기본계획과 참여정부의 과학기술기본계획은 미래유망기술 분야의 우수인력을 양성하는 데 초점을 두면서 과학기술인의 경제적·사회적 지위를 제고하는 방안에도 주목하고 있다. 특히 과학기술기본계획부터는 이전과 달리 여성 과학기술 인력의 확보와 활용을 중점 추진과제에 명시적으로 포함시키고 있다(재정경제부 외, 2001: 150).

기초연구진흥에 대한 논의는 1980년대부터 가시화된 후 1990년대부터 본격화되었다고 볼 수 있다. 1980년대에 수립된 제5차 과학기술부문계획과 제6차 과학기술부문계획은 '기초연구 및 공공기술개발' 혹은 '과학기술 인력개발과 기초연구의 강화' 등과 같이 기초연구를 강조하고 있지만 다른 정책범위와 결합시켜 논의하는 방식을 취한다. 두 계획은 기초연구에 대한 투자를 확대하고 대학연구소와 학회에 대한 지원을 강화하는 데 주목한다. 기초연구진흥정책은 1989년에 「기초과학연구진흥법」이 제정되고 1990년부터 우수연구센터(SRC/ERC) 사업이 실시되면서 본격적으로 추진되기 시작했는데, 제7차 과학기술부문계획과 신경제 기술개발전략부문계획은 기초연구에 대한 투자 확대는 물론 우수연구집단의 육성과 연구시설의 확충을 통해 대학의 연구능력을 향상시키는 방안에 주목하고 있다.

1997년 이후에 수립된 과학기술종합계획은 기초연구진흥을 독립적인 부문으로 격상시키면서 다양한 정책과제를 제안하고 있다. 기초연구에 대한 투자와 관련해 과학기술혁신 5개년 계획과 과학기술기본계획은 정부의 연구개발 예산에서 기초연구투자가 차지하는 비중을 20% 수준으로 제고한다는 목표를 제시했는데, 그것은 참여정부의 과학기술기본계획에서 25%로 상향조정되었다. 이와 함께 1997년 이후에는 우수연구센터와 대학부설 연구소에 대한 지원은 물론 창의적 개인 연구, 학제

간 연구, 순수기초학문 등에 대한 지원의 확대도 강조되며, 기초연구의 성과를 확산하는 데도 주목하고 있다.

민간기술개발지원은 1970년대에 들어와 강조되기 시작한 것으로 판단된다. 1971년과 1976년에 수립된 제3차 과학기술개발계획과 제4차 과학기술부문계획은 이전의 계획과 달리 민간기업이 산업기술개발의 주역이라는 점을 강조한 후에 민간기업의 기술개발을 촉진하기 위한 다양한 시책을 거론하고 있는 것이다. 1980년대에 수립된 제5차 과학기술부문계획과 제6차 과학기술부문계획에서는 대기업은 물론 중소기업이 본격적으로 고려되기 시작하는 가운데 기업부설 연구소와 산업기술연구조합의 설립이 강조되고 있다. 특히 이러한 계획은 기술개발지원제도를 조세, 자금, 정부구매, 연구인력 등으로 체계적으로 구분하여 제시하고 있다.

1990년대 이후에는 민간기술개발지원에 대한 정책과제가 더욱 다변화되는 경향이 나타난다. 1993년에 수립된 신경제 기술개발전략부문계획은 민간의 창의와 활력을 강조하면서 기술개발활동을 촉진하기 위한 행정규제를 완화하는 데에도 주목하고 있다. 1997년에 수립된 과학기술혁신 5개년 계획은 이전의 계획에 비해 벤처기업의 육성과 기술의 사업화를 크게 강조하는 것이 특징이다. 아울러 최근에 수립된 과학기술기본계획과 참여정부의 과학기술기본계획은 핵심원천기술의 개발에 대한 지원을 강조하면서 제조업의 매출액 대비 연구개발 투자를 3.5%로 제고할 것을 주문하고 있다.

과학기술국제협력은 과학기술 인력과 마찬가지로 처음부터 계속해서 강조되어온 정책범위에 해당한다. 제1차 기술진흥계획, 제2차 과학기술진흥계획, 제3차 과학기술개발계획, 제4차 과학기술부문계획과 같이 1960~1970년대에 수립된 과학기술종합계획은 과학기술자를 매개로 한 정보교류와 함께 선진국으로부터의 기술도입에 주목하고 있다. 여기서 흥미로운 점은 기술도입에 관한 정책과제의 내용이 점차적으로 발전하고 있다는 것이다. 제1차 기술진흥계획은 단순히 기술도입이 필요하다는 점을 강조하지만, 제2차 과학기술진흥계획은 자본재의 도입을 억제하고 노하우의 도입을 적극 추진해야 한다는 점에 주목하며, 제3차 과학기술개발계획과 제4차 과학기술부문계획은 도입한 기술을 소화·개량하는 문제를 중시하고 있는 것이다.

과학기술종합계획에서 다루는 국제협력의 대상도 점차적으로 다변화되었다. 1970년대에는 과학기술국제협력의 대상이 선진국과 개발도상국으로 국한되었지만, 1980년대에는 국제기구 및 지역협력체가 고려되기 시작했고, 1990년대에는 러시아와 중국을 비롯한 북방권이 추가된 가운데 남북한 과학기술협력에 주목한 바 있다. 이와 함께 1980년대 이후에는 과학기술국제협력의 내용에서도 인력 및 정보교류를 넘어 국제공동연구사업을 추진하고 해외 현지에 연구거점을 설치하는 것이 강조되었다. 특히 1997년에 수립된 과학기술혁신 5개년 계획부터는 해외의 우수 연구자와 연구기관을 국내에 유치하는 데 주목하고 있으며, 최근에 수립된 참여정부의 과학기술기본계획은 동북아 R&D 허브의 구축을 강조하고 있다.

지역과학기술혁신에 대한 관심은 1980년대 후반부터 시작되었다. 예를 들어 1987년에 수립된 제6차 과학기술부문계획은 '과학기술기반조성사업의 전개'에서, 1992년에 수립된 제7차 과학기술부문계획은 '과학기술의 지역적·사회적 확산'을 통해 과학기술입지 혹은 과학산업연구단지를 전국적으로 조성해야 한다는 점을 거론한 바 있다.

1997년 이후에 수립된 과학기술종합계획에서는 지역과학기술혁신에 대한 본격적인 논의가 이루어졌다. 지역과학기술혁신을 위한 정책과제로는 주로 전략·특화기술개발사업의 추진, 지역기술혁신거점의 육성, 지역의 수요에 부응하는 과학기술 인력의 양성, 지역과학기술정보체제의 구축, 지방의 과학문화 확산, 지방자치단체의 연구개발 예산 확대 및 과학기술행정체제 강화 등이 포함되었다. 이러한 과정에서 지역과학기술혁신과 관련된 범주는 과학기술 지방화, 지방과학기술진흥, 지방과학기술혁신 등으로 진화했고, 특히 참여정부의 과학기술기본계획에서는 지역의 과학기술혁신사업에 대한 종합조정이 크게 강조되었다.

<표 6-5>에서 보듯이, 과학기술 하부구조는 지속적인 변화를 거쳐왔으며, 최근에는 연구시설·장비, 과학기술정보, 법·제도·환경 등을 포괄하는 것으로 간주되고 있다. 연구시설·장비를 확충하는 것은 오랫동안 연구기관을 육성하는 차원에서, 그리고 1990년대 전반에는 기초연구진흥의 일환으로 간접적으로 고려되다가 1997년 이후에 수립된 과학기술종합계획에서 본격적으로 논의되고 있다. 이에 관한 정책과제에는 대학 및 연구소의 연구시설·장비 확충, 대형공동연구시설의 확충 및 활용도 제고, 시험·분석·평가시스템의 확보 등이 포함된다.

과학기술정보와 법·제도·환경은 처음부터 지속적으로 고려되었지만 상대적인 중요도는 크게 심화되지 않은 영역으로 판단된다. 과학기술정보의 경우에는 전담기관의 육성과 데이터베이스의 확충이 계속해서 중시되는 가운데 1990년대부터는 연구전산망을 고도화하고 과학기술통합정보시스템을 구축하는 것이 강조되었다. 법·제도·환경은 주로 국가표준이나 지적재산권과 같은 무형의 하부구조에 해당하는 것으로 오랫동안 국내의 과학기술진흥체제를 정비하기 위한 영역으로 다뤄지다가

1990년대부터는 세계 시장을 선점하기 위한 핵심적인 매개체로 간주되는 경향을 보인다.

과학기술과 사회문화는 과학기술종합계획에서 점차적으로 강조된 영역에 해당한다. 1960년대에는 과학기술진흥기반의 일환으로 과학기술보급이 부분적으로 고려되면서 과학행사 확충, 대중매체 활용, 과학관 육성 등의 과제가 거론되었다. 1970년대에는 전 국민의 과학화 운동의 추진을 배경으로 과학기술풍토 조성이 독립적인 부문으로 격상되었고, 기존의 과제와 함께 새마을 기술봉사단의 운영이 부각되었다. 이어 1980년대에는 차세대 과학기술 인력의 양성이 중시되면서 청소년 과학화가 강조되었으며 다양한 형태의 과학체험활동이 전개되기 시작했다.

1990년대에는 '과학기술 국민이해'라는 용어가 널리 사용되면서 정보, 원자력, 안전 등에 관련된 과학기술에 대한 국민의 이해를 제고하기 위한 사업이 본격적으로 추진되었다.[5] 이어 2000년대에 수립된 과학기술기본계획과 참여정부의 과학기술기본계획에서는 과학기술문화가 독립적인 부문으로 격상되면서 과학기술에 대한 이해도 제고는 물론 과학기술의 사회적 역할과 책임을 강화하고 과학기술문화활동의 기반을 구축하는 것이 강조되고 있다. 이러한 과정에서 과학관의 확충과 과학행사의 내실화가 계속해서 중시되는 가운데 연령별·계층별 콘텐츠의 확충, 과학기술자 및 민간단체의 참여도 제고, 과학기술정책에 대한 시민

5 여기서 과학기술 국민이해는 '대중의 과학이해(public understanding of science: PUS)'를 번역한 것이다. 이러한 번역에는 PUS의 핵심 주장인 대중의 이질성이나 주체적 역할이 충분히 고려되지 않고 않다. 오히려 한국에서는 1997년을 전후해 '과학기술문화'라는 용어가 널리 사용되기 시작하면서 PUS가 가진 철학적 의미가 다시 조명되었다고 볼 수 있다. PUS로 비롯되는 대중과 과학기술에 대한 논의는 김명진(2001), 김동광(2002), 박희제(2002), 송성수(2009)를 참조할 것.

참여 촉진, 과학기술문화의 인적·물적·학술적 기반의 강화 등이 부각되는 경향을 보인다.

4. 결론적 고찰

그동안 과학기술정책에 대한 많은 연구성과들이 축적되었지만, 대부분은 특정한 시점에서 주요 현안을 다루는 성격을 띠고 있어서 우리나라 과학기술정책이 가진 특징이 부분적으로 규명되는 수준에 머물렀다. 이 글은 1960년대부터 현재까지 수립된 과학기술종합계획에 대한 내용분석을 시도함으로써 우리나라 과학기술정책이 진화해온 과정에 대한 전체적인 지형도를 제시하고 있다는 데서 의의를 찾을 수 있다.

우리나라의 과학기술종합계획은 1962~1976년에는 (과학)기술진흥 5개년 계획 혹은 과학기술개발 5개년 계획의 형태를 취해왔고, 1977~1997년에는 경제개발 5개년 계획 혹은 경제사회발전 5개년 계획의 부문계획으로 수립되었으며, 1997년 이후에는 과학기술혁신 5개년 계획이나 과학기술기본계획과 같이 독립적인 위상을 확보했다. 이러한 과정에서 계획수립과 관련된 행위자나 집단은 시행착오 속에서도 상당한 정책학습을 수행해왔고, 이에 따라 우리나라의 과학기술종합계획이 제시하는 정책환경, 추진체계, 정책목표, 정책범위, 정책과제의 내용도 점차 풍부해지고 체계화되는 경향을 보여왔다.

지금까지의 분석을 바탕으로 향후 과학기술종합계획을 수립할 때 고려해야 할 사항을 제안하면 다음과 같다.

정책환경의 경우에는 최근의 과학기술종합계획에서 논의하고 있는 것처럼 국내외 과학기술 관련 환경의 변화, 주요국 과학기술정책의 동향, 우리나라 과학기술의 수준과 과제 등을 포괄하는 것이 무난하다고 판단된다. 다만 과학기술종합계획에서도 환경분석에서 널리 사용되는 SWOT 기법을 도입하여 정책환경의 내용을 더욱 체계적이고 명료하게 제시하는 방안을 고려할 수 있겠다.

추진체계의 경우에도 최근의 과학기술종합계획과 같이 추진경위, 추진절차, 참여자 명단 등을 수록하는 것이 바람직하다. 특히 참여자 명단은 계획수립에 대한 책임성과 투명성을 제고한다는 차원에서 착실하게 기록되어야 할 것이다. 또한 추진절차에서는 관계 부처 및 전문가 집단의 의견을 수렴하는 것은 물론 청문회의 내실화, 인터넷의 활용 등을 통해 일반 국민들의 의견 반영을 제도화할 필요가 있다. 아울러 과학기술종합계획을 사전에 확정·발간하고 정부의 임기와 연동함으로써 그 실효성을 제고하는 것도 중요한 과제다. 정부의 임기가 연동되지 않을 경우에는 기존의 계획이 무시되거나 새로운 계획이 별도로 작성되는 경향을 보이기 때문이다.

정책목표는 대부분 간단한 문구로 표현되는 경향이 있어서 상당한 함축성을 가질 수밖에 없다. 다만 우리나라의 과학기술활동이 모방에서 혁신으로, 또는 추격에서 창조로 변화하는 상황에서 이전과 같이 선진국을 겨냥한 목표를 설정하는 방식은 재고(再考)되어야 한다. 아울러 과학기술정책이 경쟁력 제고는 물론 삶의 질 향상을 포괄하는 방향으로 다변화되고 있기 때문에 이를 반영할 수 있는 목표를 설정하는 것이 필요하다. 특히 정책목표의 계량화에 초점을 두다보면 경쟁력에 대한 담론만이 부각되는 경향이 있다는 점에 유의해야 할 것이다. 이와 관련해 최근의 과학기술종합계획이 목표 이외에 비전이라는 항목을 설정하고 있다는 점이나 과학기술의 발전상에 대한 지표를 추가적으로 제시하고 있다는 점에 주목할 만하다. 이와 같은 범주를 잘 활용한다면 정책목표의 다변화 혹은 계량화와 관련된 문제점이 상당 부분 해소될 수 있을 것이다.

정책범위는 새로운 과학기술정책 이슈가 등장하는 것을 배경으로 점차 확대될 것으로 전망된다. 정책범위를 몇 개로 구성할 것인지에 대해서는 미리 제약을 둘 필요가 없지만, 이에 대한 표현은 최대한 포괄성과 명료성을 담보하는 방향으로 이루어져야 할 것이다. 후자와 관련해 정책범위를 표현하는 방식은 전략과 영역 중에서 어디에 초점을 두느냐에 따라 달라진다. 우리나라의 과학기술종합계획은 과학기술기본계획을 제외하면 대부분 전략에 초점을 두어왔다. 그 결과 정책범위를 간명하게 표현하기 어렵고 비슷한 수식어가 계속해서 등장하는 경향이 나타나고 있다. 오히려 과학기술기본계획과 같이 주요 부문과 구성요소를 표현하는 방식을 차별화하는 것이 적절하다고 판단된다. 아울러 최근의 과학기술종합계획이 채택하고 있는 것처럼 총괄 편, 기술 편, 정책 편으로 구분하여 정책범위를 체계적으로 제시하는 방식이 무난한 것으로 보인다.

과학기술종합계획은 수많은 정책과제로 구성되어 있다. 그중에는 사업내용에 초점을 둔 것도 있고, 단순한 추진전략에 해당하는 것도 있다. 물론 계획이 수립되는 특정한 맥락이 있기 때문에 이를 완전히 통일하기는 어렵겠지만 가능한 한 사업의 내용에 초점을 두고 정책과제를 제시하는 방법이 적절할 것이다. 그보다 더욱 중요한 문제는 특정한 과학기술종합계획에서 제시된 정책과제가 이전의 계획과 어떤 연계성을 갖는지에 대한 정보가 충분하지 않다는 점이다. 그 결과 해당 정책과제가 어떤 배경에서 제안되었는지, 어느 정도의 중요성을 가지는지, 실제로 집행된 내용은 무엇인지 등을 판단하는 것이 매우 어려워졌다. 따라서 향후 과학기술종합계획에서 정책과제를 제시할 경우에는 신규 추진, 보완 추진, 계속 추진 등의 여부를 표기하는 것이 바람직할 것이다.

제7장

생명윤리 입법과정에 관한 정책 네트워크 분석

1. 머리말

정보통신기술과 생명공학기술로 대표되는 신기술은 긍정적인 측면과 부정적인 측면을 동시에 지닌다. 이에 따라 신기술을 진흥하려는 측과 그 부작용을 최소화하려는 측 사이에서 사회윤리적 이슈에 대한 논쟁이 빈번히 발생했다. 생명공학기술의 경우에는 유전자변형식품과 생명윤리가 중요한 영역으로 부각되었는데 이 글에서는 후자를 다룬다. 한국에서는 1997년부터 생명윤리 입법과정을 매개로 상당한 논쟁이 진행되었으며 2003년 말에 「생명윤리및안전에관한법률」이 제정됨으로써 일단락되었다. 아마도 한국 사회에서 과학기술과 관련된 주제를 놓고 7년여 동안 지속적으로 논쟁이 벌어진 사례는 거의 찾아보기 어려울 것이다.

신기술의 사회윤리적 쟁점에 관련된 논의는 대부분 특정 사회집단의 이해관계나 가치관에 속박되어 있기 때문에 논쟁의 생산적 발전과 사회적 합의 도출을 이루려면 되도록 제3자의 시각에서 객관적으로 접근하는 것이 필요하다. 이러한 맥락에서 이 글에서는 생명윤리 논쟁의 주요 이슈를 직접적으로 평가하는 방법을 지양하고 논쟁 자체의 성격을 분석하는 방법을 채택하고자 한다. 즉, 입법과정을 매개로 전개된 생명윤리 논쟁의 전개과정과 동학을 규명함으로써 그러한 논쟁이 어떤 특징을 보이는지 논의하려는 것이다.

생명윤리 논쟁에 대한 기존의 연구는 주로 생명윤리에 대한 논점을 검토하는 형태를 띠고 있으며, 이와 관련된 교과서적 저술은 어렵지 않게 찾을 수 있다(Nussbaum and Sunstein, 1998; Pence, 1998; 박은정, 2000; 윤정로 외, 2001; 구영모, 2004). 이에 반해 생명윤리 논쟁 자체를 검토하려는 연구는 최근에 추진되기 시작했으며, 아직도 많은 연구가 축적되어야 하는 상황이다(박희주, 2002; 김훈기, 2003; 이영희, 2003a; 김훈기, 2004). 박희주(2002)는 신문과 잡지 등을 활용해 초기의 생명복제논쟁을 검토하되 입법과정에 초점을 두지는 않았다. 김훈기(2003)와 이영희(2003a)는 각각 의제형성과 시민참여의 관점에서 생명윤리 입법과정을 다루고 있지만 주로 1997~2001년을 논의의 대상으로 삼고 있다. 김훈기(2004)는 논의의 시기를 2003년으로 확장하고 있지만 생명윤리 입법과정에 대한 사실을 서술하는 데 초점을 두고 있다. 이에 반해 이 글에서는 정책 네트워크 이론을 바탕으로 1997~2003년의 모든 시기를 대상으로 삼아 생명윤리 입법과정에 대한 분석을 시도하고자 한다.

이하의 구성은 다음과 같다. 제2절에서는 생명윤리 논쟁을 분석하는 이론적 자원을 정책 네트워크 이론에서 찾으면서 기존의 연구문헌에 대한 검토를 바탕으로 이 글에서 사용할 분석요소를 구성한다. 이어 제3부터 제5절까지는 1997~2003년에 전개된 생명윤리 입법과정에서 정책 네트워크가 변화하는 양상을 각종 1차 자료, 신문기사, 연구문헌 등을 활용하여 검토한다. 더욱 체계적인 논의를 위해 생명윤리 입법과정을 정책의제 형성, 정책갈등 심화, 정책조정 모색의 세 가지 국면으로 구분했다. 마지막 제6절에서는 분석의 결과를 요약하면서 생명윤리 논쟁에 대한 몇 가지 논점을 제기할 것이다.

2. 분석시각: 정책 네트워크 이론

1) 정책 네트워크 이론의 위상

정책과정에는 수많은 행위자들이 참여하며 정책은 이러한 행위자들 사이에서 벌어지는 복잡한 상호 조정의 산물이다. 이처럼 정책이 사회적 과정으로 파악되면서 관련 행위자들의 참여 문제는 정책과정 연구의 핵심적 주제로 부상하고 있다(송희준, 1992: 69). 정책과정의 역동성을 파악하기 위해서는 행위자의 성격에 대한 분석에 그칠 것이 아니라 행위자 간의 상호작용과 그것의 구조를 강조하는 접근법을 모색할 필요가 있다. 이는 정책과정에서 행위자들 사이에 일종의 네트워크가 형성된다는 점을 함축한다.

정책과정의 주요 행위자인 정부와 이익집단의 관계에 대해서는 그동안 활발한 논의가 이루어져 왔다. 이에 관한 대표적인 이론으로는 다원주의와 조합주의를 들 수 있다. 다원주의에 따르면, 정책과정에는 다수의 행위자들이 영향을 미치며 각 행위자가 다양한 채널을 동시에 사용하기 때문에 특정한 행위자가 정책과정을 독점하지 못한다. 이에 반해

조합주의는 공공정책을 형성하고 실행하는 과정에서 몇몇 조직화된 이익집단들이 개인과 국가 사이에서 중요한 중개역할을 수행한다고 본다. 다원주의는 교환적 관점에 입각하고 있는 반면 조합주의는 위계적 관점을 채택하고 있는 것이다.

그러나 다원주의와 조합주의는 정부와 이익집단 사이의 관계를 충분히 설명하지는 못한다는 비판을 받았다(유훈, 1998). 두 이론 모두 정부와 집단의 관계가 정책 분야에 따라 매우 다양하다는 사실을 간과한 것이다. 예를 들어 거시적 차원에서 한 국가가 다원주의 체계에 해당한다 하더라도 특정한 정책 분야에서는 조합주의적 형태가 나타날 수 있다. 게다가 정책과정에서 이해당사자들은 계속해서 변화하며 동시에 그들의 관계도 매우 다양한 형태를 띠게 된다. 사실상 다원주의와 조합주의의 차별성은 각 이론에서 분화된 하위 모형들이 증가하면서 점점 퇴색하게 되었다.

이런 맥락에서 정책과정에 참여하는 행위자들의 관계에 대한 다양한 유형들을 포함하는 이론을 개발할 필요성이 제기되었다. 그것은 1980년대에 들어와 서구 대부분의 국가들이 정부와 이익집단의 협력관계를 기초로 하는 네트워크의 구축을 모색하면서 더욱 강화되었다(Kennis and Schneider, 1991: 34~36). 이에 유럽과 미국의 일군의 학자들은 정책 네트워크 이론을 표방하면서 정책과정에 참여하는 행위자들 사이의 상호작용과 특징을 규명하기 시작했다. 정책 네트워크는 "특정한 정책 분야에 관심을 가지고 참여하는 행위자들의 집합체에서 일정한 관계가 형성된 것"을 지칭한다(정정길, 1997: 227).

1980년대 이후에 정책 네트워크에 대한 논의가 활발해지면서 관련 연구자들은 다양한 사례연구를 통해 정책 네트워크 이론을 정교화하는 작업을 수행해왔다(Rhodes and Marsh, 1992; Blom-Hansen, 1997). 그러한 과정에서 정책 네트워크 이론이 어떤 유용성을 가지고 있는지, 정책 네트워크의 특징을 분석하기 위해 필요한 구성요소는 무엇인지, 정책 네트워크의 하위 모형에는 어떤 것들이 있는지에 대한 다양한 논점이 제기되었다.[1] 이와 관련해 김순양(2003)은 정책 네트워크 이론이 현상을 서술하는 것은 물론 인과적 관계를 설명하는 데에도 유용성이 있다고 평가한 후에 정책 네트워크의 구성요소와 하위유형을 지나치게 복잡하게 이해하기보다는 가급적 단순화할 필요가 있다고 지적했다.

1990년대 이후에는 국내에서도 정책 네트워크 이론에 입각한 정책과정에 대한 연구가 추진되기 시작했다. 1990년대에 들어 한국 사회도 형식적 민주화를 넘어 실질적 민주화를 도모하는 단계에 접어들기 시작했고, 시민사회단체를 비롯한 새로운 행위자들이 형성되었기 때문에 정책 네트워크의 시각에서 다양한 행위자들의 상호작용을 고찰하는 것이 상당한 유용성을 갖게 된 것이다. 정책 네트워크에 대한 국내의 연구는 경제정책이나 행정정책에 집중되었지만(이도형, 1992; 신회영, 1993; 신희권, 1995), 최근에는 의료정책, 노동정책, 환경정책, 과학기술정책 등으로 그 대상이 확장되고 있다(김순양, 1995; 이순호, 1999; 강은숙, 2001; 이장재, 1999, 송성수 외, 2003).

이처럼 정책 네트워크 이론을 활용한 연구가 지속적으로 증가하면서

1 정책 네트워크의 분석요소나 하위 모형에 대한 견해는 매우 다양하지만, 로즈와 마시(Rhodes and Marsh, 1992), 이샤이(Yishai, 1992)가 가장 자주 인용되는 문헌이라고 할 수 있다. 전자는 정책 네트워크의 분석요소를 멤버십(membership), 통합성(integration), 자원배분(resource distribution), 권력(power)의 네 가지 차원으로 구분하며, 후자는 정책 네트워크의 하위 모형으로 정책 커튼(policy curtain), 철의 듀엣(iron duet), 철의 삼각(iron triangle), 정책공동체(policy community), 이슈 네트워크(issue network)를 들고 있다.

정책 네트워크 이론은 정책과정에 대한 연구의 지배적인 패러다임으로 부상하고 있다. 여기서는 과학기술에 관한 규제정책에 해당하는 생명윤리 입법과정을 대상으로 정책 네트워크 분석을 시도함으로써 연구의 대상과 방법을 확장하는 데 일조하고자 한다. 과학기술에 관한 규제정책은 사회윤리적 논쟁을 매개로 매우 다양한 행위자가 참여하므로 정책 네트워크 이론을 적용하는 데 상당한 적합성을 지닌다고 볼 수 있다.

2) 분석요소

이 글에서는 정책 네트워크의 특성을 분석하기 위한 구성요소로 행위자, 상호작용, 구조를 선정했다. 정책 네트워크의 분석요소에 대해서는 연구자에 따라 다양한 의견을 보이지만 행위자, 상호작용, 구조는 연구자 대부분이 공통적으로 고려하는 분석요소에 해당하기 때문이다(<표 7-1> 참조). 행위자는 정책 네트워크를 구성하는 데 가장 기본적인 요건이 되며, 상호작용은 행위자들의 이해관계를 분석하는 데 필수이고, 구조는 행위자들의 영향력이 발휘되는 정도를 파악하는 데 유용하다.

행위자는 정책과정에 자신의 입장을 반영하려는 정책참여자 혹은 이해관계자를 의미한다. 행위자는 정책 네트워크에서 가장 역동적인 요소로서(Döhler, 1991: 244), 행위자의 하위범주로는 수와 유형을 고려할 수 있다(Waarden, 1992: 33). 행위자 수는 정책 네트워크에 참여하는 집단의 수가 어느 정도인가를 말하며 정책 네트워크의 크기를 결정해준다. 행위자의 유형은 행위자가 소속된 범주를 말하는 것으로 크게 정부 부문과 비(非)정부 부문으로 나눌 수 있다. 행위자의 수와 유형은 내용의 측면에서는 다양한 행위자의 요구와 의견이 어떻게 반영되고 조정되는가

〈표 7-1〉 정책 네트워크의 분석요소: 선행 연구

요소 / 연구자	행위자		상호작용		구조				
	수	유형	유형	영역	의존성	배타성	안정성	자원 배분	통치·권력
Döhler(1991)	○	○	○						○
Waarden(1992)	○	○	○						○
Rhodes and Marsh(1992)	○	○	○					○	○
Jordan and Schubert(1992)	○			○			○		
김순양(1995)	○		○		○	○	○		
이장재(1999)	○	○	○		○	○			○

와 관련되며 과정의 측면에서는 의사결정 과정이 어느 정도 민주적이고 개방적인가와 직결된다. 예를 들어 행위자의 수와 유형이 증가하면 정책과정은 더욱 복잡해지며, 이를 조정하기 위해 별도의 노력이 요구되는 것이다.

정책 네트워크는 행위자들 사이의 상호작용을 통해 형성되고 변화한다. 행위자들 사이의 상호작용은 명확한 절차에 따르는 것이 아니라 매우 복잡하고 예측이 어려운 특징이 있다(Kenis and Schneider, 1991: 40~41). 정책 네트워크에서 상호작용의 유형은 협력적인 것과 갈등적인 것으로 구분할 수 있다. 즉, 행위자들이 동일한 목표를 추구하기 위해 정책자원을 공유하는 정도가 높을 경우에는 협력적 상호작용의 형태를 띠게 되고, 반면 행위자 간에 자원의 공유 정도가 낮을 경우에는 갈등적 상호작용으로 나타난다. 역으로 정책 네트워크에서 어떤 상호작용이 지배적이냐에 따라 행위자 사이에 교환되는 정책자원의 내용도 달라질 수 있다. 이와 함께 정책 네트워크의 상호작용이 전체적으로는 동일한 형태를 띤다고 하더라도 상대방 행위자에 따라 상이한 성격을 지닐 수 있으며

〈표 7-2〉 생명윤리 입법과정에 관한 정책 네트워크의 분석요소

분석요소	주요 내용
행위자	• 행위자의 수와 유형을 고려 • 행위자의 유형은 정부 부문과 비정부 부문으로 구분
상호작용	• 협력적 상호작용과 갈등적 상호작용으로 구분 • 상호작용의 대상과 정도를 고려
구조	• 중심 행위자의 유무를 고려 • 집중적 구조와 분산적 구조로 구분

그 정도도 달라질 수 있다.

정책 네트워크의 구조는 행위자들의 관계가 구성하는 패턴을 의미한다(Waarden, 1992: 34~35). 이에 대한 설명변수로는 의존성, 배타성, 안정성, 자원배분, 통치 혹은 권력 등이 제시되었다(<표 7-1> 참조). 정책 네트워크는 어떤 행위자들에게는 의존성을, 다른 행위자들에게는 배타성을 보이게 되며, 그러한 경향이 상당한 안정성을 띠기 때문에 특정한 구조로 형상화된다. 또한 정책 네트워크는 행위자들이 자원을 배분함으로써 성립되며 그 정도에는 상당한 차이가 있어 통치나 권력의 관계를 형성하게 된다. 여기서 가장 중요한 관건은 어떤 행위자가 가장 주된 역할을 담당하는가 혹은 누가 정책주도권을 행사하는가에 있다. 이러한 점을 고려할 때 정책 네트워크의 구조는 중심 행위자의 유무에 따라 '집중형'과 '분산형'으로 구분할 수 있다. 집중형이란 특정한 행위자가 중심이 되어 다른 행위자들에게 지배적인 영향을 미치거나 이해관계를 조정하는 형태를 말하며, 분산형은 중심 행위자가 없이 다수의 행위자들이 동시에 영향을 주고받는 형태를 의미한다.

이러한 논의를 바탕으로 이 글에서 사용할 분석요소를 정리하면 <표 7-2>와 같다.

3. 제1 국면: 정책의제의 형성

1) 전개과정

생명윤리에 관한 최근의 논쟁은 1997년 2월 복제양 돌리의 탄생 소식이 전해지면서 촉발되었다. 복제양 돌리는 생식세포가 아니라 어미 양의 체세포를 가지고 세포핵 이식기법을 이용해 새끼 양을 복제하는 방식으로 탄생했다. 그 사건은 한편으로는 생명복제기술의 무한한 가능성을 열어준 것으로 평가되었지만, 다른 한편으로는 인간복제에 대한 관심과 우려로 이어져 많은 논쟁을 야기했다.

우리나라에서 생명윤리에 관한 사항을 법률로 규정하기 위한 시도는 1997년 7월에 장영달 의원이 인간복제 금지 조항을 포함시킨 「생명공학육성법」 개정안을 제출하면서 시작되었다.[2] 그 법안은 인간복제 실험, 인간과 동물의 배반포를 융합하는 행위, 동물에게 인간의 배반포를 이식하는 행위나 인간에게 동물의 태아를 이식하는 행위, 유전자요법을 통해 인간의 정자·난자·배반포를 변조하는 행위, 태아나 사자(死者)로부터 정자나 난자를 추출하여 배반포를 만드는 행위, 그 영향이 다음 세대로 전이가 될 여지가 있는 인간유전자 조작 행위, 기타 대통령령이 정하는 사항 등 7개 항목을 연구개발 금지 대상으로 명시하면서 이를 어길 경우에는 징역형과 벌금형, 연구비 지급 금지 등의 처벌을 가한다는 내용을 담고 있었다. 아울러 그 법안은 생명공학윤리위원회를 과학기술처

2 「생명공학육성법」은 1983년에 제정된 「유전공학육성법」이 1995년에 개정된 것으로 생명공학의 육성에 초점을 두고 있으며 생명공학과 관련된 윤리 및 안전의 문제는 다루지 않았다.

장관 산하에 설치하도록 명시했다(장영달 외, 1997).

장영달 의원 안을 전달받은 국회 통신과학기술위원회(1998년 3월에 과학기술정보통신위원회로 변경)는 전문위원회에 검토를 지시했다. 전문위원회는 생명공학계 전문가들의 의견을 수렴했는데, 그들은 금지 대상과 관련된 연구를 하고 있었으므로 장영달 의원 안에 강한 문제를 제기했다. 한편 당시 생명윤리에 대한 대책을 마련하고 있던 과학기술처(1998년 2월에 과학기술부로 변경)도 연구개발 금지조항 중의 일부를 삭제할 것을 요구했다. 결국 전문위원회는 생명윤리에 관한 법안의 필요성에는 공감하지만 생명공학 육성이 위축되지 않아야 한다는 내용의 검토보고서를 제출했고 법안심사소위원회는 법안의 계류를 결정했다(통신과학기술위원회, 1997).

1998년 11월에는 이상희 의원의 발의로 또 다른 「생명공학육성법」 개정안이 과학기술정보통신위원회에 회부되었다. 그 법안은 생명공학의 윤리적 문제뿐 아니라 안전성 문제도 포함했는데 이는 1998년에 유전자변형식품의 안전성에 대한 사회적 논의가 활발해졌다는 점을 반영하는 것이었다. 동시에 이상희 의원 안은 장영달 의원 안에 비해 규제의 정도를 완화한 특징을 가지고 있었다. 연구개발 금지 대상은 인간의 생식세포나 체세포를 이용하여 복제하는 행위, 인간과 동물의 수정란이나 체세포를 상호 융합하는 행위, 인간과 동물의 수정란이나 태아를 상호 이식하는 행위, 인간의 태아나 사자로부터 정자나 난자를 추출하여 수정란을 만드는 행위 등 4개 항목으로 국한되었고, 처벌규정의 경우에도 징역형이나 벌금형은 제외되었다. 이와 함께 이상희 의원 안은 생명공학의 안전 및 윤리에 관한 지침을 별도로 제정할 것과 과학기술부 장관 산하에 생명공학안전·윤리위원회를 설치할 것을 명시했다(이상희 외,

1998).

이상희 의원 안에는 생명공학계와 과학기술부의 의견이 많이 반영되어 있었다. 이상희 의원은 생명공학계의 의견을 수렴하여 연구개발 금지 대상과 처벌규정을 완화했다. 또한 그는 처음에는 생명공학안전·윤리위원회를 국무총리 산하에 설치할 계획이었지만 과학기술부의 권고를 수용해 과학기술부 장관 산하기구로 변경했다(김훈기, 2005: 64). 한편 1998년부터는 생명공학의 사회윤리적 이슈가 확산되면서 시민단체의 대응도 본격화되기 시작했다. 1998년 5월에는 참여연대 과학기술민주화를 위한 모임(1999년 12월에 시민과학센터로 개칭)을 비롯해 9개의 시민사회단체가 생명공학의 올바른 발전을 위한 시민사회단체 실무자모임(1998년 8월에 생명안전윤리연대모임으로 재편)을 결성했다. 그 모임은 1998년 11월에 「생명공학육성법」의 상위법으로 「생명윤리안전법」이 제정되어야 한다는 점을 촉구하는 의견서를 만들어 국회의 관련 위원회에 제출했다(이혜경, 1999: 326~335).

과학기술정보통신위원회는 이상희 의원 안에 대해 생명공학계, 정부부처, 시민단체를 대상으로 폭넓은 의견수렴을 시도했다. 당시 전문위원회와 과학기술부는 이상희 의원 안에 찬성하는 태도를 보였지만, 소위원회는 생명공학의 육성을 저해할 우려가 있다는 점을 들어 계류를 결정했다. 그러던 중 1998년 12월 14일에는 경희의료원 이보연 교수팀이 인간복제 관련 실험을 시도했다는 내용이 언론을 통해 알려졌다(≪동아일보≫, 1998.12.14). 이에 시민단체들과 종교단체들은 집회나 토론회를 잇달아 개최하면서 인간복제 금지를 위한 위한 규제장치 마련을 촉구했다. 이러한 분위기 속에서 과학기술정보통신위원회는 1998년 12월 23일부터 1999년 2월 17일까지 「생명공학육성법」 개정에 관한 전자공청회를 진행하여 59건의 의견을 접수했다. 그러나 전자공청회의 결과는 과학기술정보통신위원회가 생각하던 방향과 상당한 차이를 보였다.[3] 결국 과학기술정보통신위원회는 전자공청회에서의 의견수렴이 미흡하며 선진국의 동향을 지켜본 뒤에 입법을 해도 늦지 않다는 이유를 들어 이상희 의원 안을 계류하기로 결정했다.

1999년 2월에는 서울대학교 수의학과 황우석 교수팀이 체세포 핵 이식 기술을 활용해 '영롱이'라는 복제송아지를 만들어냈다는 소식이 알려졌다(≪동아일보≫, 1999.02.19). 그것은 국내에서 가능성의 차원에 머물렀던 생명복제가 현실화된 사건으로, 생명복제에 대한 사회윤리적 논쟁을 더욱 촉발하는 계기가 되었다. 생명공학계는 영롱이의 탄생을 우리나라 생명공학을 세계적인 수준으로 한 단계 높인 것이라고 평가했던 반면, 한국생명윤리학회는 1999년 3월 28일에 '생명복제에 관한 1999년 생명윤리 선언'을 채택하면서 "인간개체를 복제하기 위한 모든 연구와 시술에 반대한다"는 점을 공포했다(한국생명윤리학회, 1999). 같은 해 9월에는 유네스코한국위원회의 주최로 생명복제기술에 관한 합의회의가 개최되어 인간개체복제에는 만장일치로 반대하고 인간배아복제에는 16명 중 14명이 반대한다는 시민패널 보고서가 채택되었다(유네스코한국위원회, 1999).[4]

---

3 전자공청회의 결과는 생명윤리에 관한 법률을 독자적으로 제정하고 벌칙조항을 강화하며 모든 부처를 총괄하는 독립기구로서 위원회를 설치해야 한다는 의견이 지배적이었다. 반면 인간복제에는 모두 반대했지만 인간배아복제실험의 경우에는 의견이 엇갈렸다(이은영, 1999). 여기서 인간배아복제는 착상 이전(일반적으로 수정 후 14일)까지의 인간배아를 복제하는 것을 말하고, 인간(개체)복제는 배아를 여성의 자궁에 착상시켜 하나의 완전한 개체가 세상에 태어나게 하는 것을 의미한다. 인간(개체)복제에는 거의 모든 집단이 반대하고 있으며, 생명윤리 논쟁에서 핵심적인 문제가 되는 것은 인간배아복제를 어디까지 수용 혹은 규제하느냐에 있다.

1999년 11월에는 이성재 의원이 발의한 「인간복제금지법안」이 국회 보건복지위원회에 제출되었다. 기존 법안이 「생명공학육성법」을 개정하는 형태를 띠었던 반면, 이성재 의원 안은 생명윤리에 대한 독자적인 법안에 해당한다. 그 안은 연구개발 금지 대상에서는 이상희 의원 안과 동일한 내용을 담고 있지만 이에 대한 처벌규정은 장영달 의원 안보다 더욱 강화된 성격을 띠고 있었다. 이성재 의원 안이 기존의 법안과 가장 차별화되는 점은 생명윤리위원회에 대한 규정에서 찾을 수 있다. 생명윤리위원회를 국무총리 산하에 두었으며 시민단체의 대표자가 구성원으로 포함되어야 한다는 점을 명시했던 것이다. 이와 함께 생명윤리위원회에 심의·조정에 대한 권한은 물론 보고 및 자료제출 요구권과 검사·조사권을 부여했다(이성재 외, 1999).

이성재 의원 안은 장영달 의원 안과 이상희 의원 안이 계류 중이었던 과학기술정보통신위원회에서 비교·검토하도록 조치되었다. 과학기술정보통신위원회는 이성재 의원 안에 대해 전반적으로 부정적인 입장을 취하면서도 공청회 등의 폭넓은 여론수렴과 조정과정을 거칠 필요가 있다는 결론을 내렸다. 1999년 12월 14일에는 생명공학계와 시민단체를 대표하는 전문가 6명이 진술인 자격으로 참석하는 공청회가 개최되었지만, 두 집단의 의견 차는 좁혀지지 않았다. 인간(개체)복제에는 모든 참석자들이 반대했지만, 인간배아복제의 경우 생명공학계는 찬성한 반면 시민단체는 반대했다. 또한 생명공학계는 윤리위원회를 과학기술부 산하에 두고 처벌규정의 완화를 주장했지만, 시민단체는 윤리위원회를

4 합의회의에 대한 자세한 소개로는 김명진·이영희(2002)가 있으며, 1999년에 우리나라에서 시도된 합의회의의 경과 및 평가에 대해서는 김환석(2000)을 참조할 것.

범부처를 총괄하는 독립기구로 두고 처벌규정을 제도화하는 방안이 필요하다고 주장했다(과학기술정보통신위원회, 1999). 이처럼 상반된 주장이 제기된 상황에서 과학기술정보통신위원회가 의견을 수렴하고 조정하기는 역부족이었고 의회일정상에도 무리가 따랐다.

2) 정책 네트워크의 특징

(1) 행위자

제1 국면의 정책 네트워크에 참여한 주요 행위자는 점차적으로 확대되었다. 1997년의 장영달 의원 안에서는 국회 과학기술정보통신위원회, 생명공학계, 과학기술처를 중심으로 네트워크가 형성되기 시작했다. 1998년의 이상희 의원 안에서는 시민단체, 종교계, 생명윤리학계가 추가되었으며, 1999년의 이성재 의원 안에서는 국회 보건복지위원회가 추가되었다. 이처럼 제1 국면에서 행위자가 점차 확대된 것은 생명윤리 문제가 국내화되면서 본격적인 정책의제로 형성되었다는 점을 반영한다고 볼 수 있다.

이러한 행위자 중에서 국회 과학기술정보통신위원회, 국회 보건복지위원회, 과학기술부는 정부 부문에 해당하고 생명공학계, 시민단체, 종교계, 생명윤리학계는 비정부 부문에 해당한다. 그중에서 국회 과학기술정보통신위원회, 과학기술부, 생명공학계는 주로 생명공학의 진흥을 강조하는 견해를 보였고, 시민단체, 종교계, 생명윤리학계는 생명공학에 대한 규제에 초점을 두는 견해를 나타냈다.

(2) 상호작용

제1 국면의 정책 네트워크는 갈등적 상호작용이 잠재되어 있다가 점차적으로 표면화되는 방향으로 전개되었다.

1997년 장영달 의원 안에서는 국회 과학기술정보통신위원회가 생명공학계와 과학기술처의 의견을 수렴하는 방식의 상호작용이 있었으며 몇 가지 문제가 제기되는 수준에 그쳤다.

이에 반해 1998년 이상희 의원 안의 경우에는 이에 찬성하는 측과 반대하는 측 사이에서 갈등적 상호작용이 표면화되기 시작했다. 즉, 생명공학계와 과학기술부는 이상희 의원 안에 기본적으로 찬성하면서 자신의 요구를 사전에 반영한 반면, 시민단체와 종교계는 생명공학에 대한 규제를 더욱 강화할 것을 요구했다. 그것은 시민단체와 종교계가 많이 참여했던 전자공청회에서 제시된 의견이 이상희 의원 안과 상당한 차이를 보였다는 점에서 확인할 수 있다.

1999년의 이성재 의원 안에서는 행위자 간의 의견 불일치가 명시적으로 표출되었다. 1999년 12월 14일에 열린 공청회에서 생명공학계와 시민단체는 주요 쟁점별로 서로 상반된 의견을 제시했던 것이다.

(3) 구조

제1 국면의 정책 네트워크에서 중심 행위자는 국회라고 할 수 있다. 제1 국면에서 국회는 제출된 법안을 검토하는 소극적인 역할을 넘어 스스로 법안을 발의하고 관련 행위자들이 의견을 개진할 수 있는 기회를 제공함으로써 생명윤리 입법과정에서 중심적인 행위자로 기능했다. 이에 따라 과학기술부, 생명공학계, 시민단체 등 각기 다른 행위자들은 국회라는 중심 행위자를 통해 입법과정에 자신의 의견을 반영할 수 있었다.

특히 제1 국면에서 국회가 다른 행위자의 의견을 반영하는 통로를 점차 확대하고 발전시켰다는 점은 주목할 만하다. 1998년의 장영달 의원 안에서는 몇몇 행위자의 의견을 수렴하는 정도에 지나지 않았지만 1999년의 이상희 의원 안에서는 전자공청회가 실시되었고 1999년의 이성재 의원 안의 경우에는 더 공식적인 공청회가 개최되었던 것이다.

이처럼 국회는 다양한 방식을 통해 관련 행위자들의 의견을 수렴하려고 노력했지만, 합의를 도출하는 데에는 성공하지 못했다. 따라서 제1 국면의 정책 네트워크는 국회라는 중심 행위자가 존재하는 집중형의 구조를 띠고 있었지만, 집중의 정도가 이견을 조정하는 것으로 충분히 발달하지는 못했다.

4. 제2 국면: 정책갈등의 심화

1) 전개과정

2000년 5월 29일에 제15대 국회의 회기가 만료되면서 생명윤리와 관련해 계류 중이던 3개의 법안이 모두 폐기되었다. 이를 계기로 생명윤리 입법화에 대한 논의는 보건복지부나 과학기술부와 같은 행정부에서 주도하는 모습을 나타냈다.

보건복지부는 2000년 5월에 한국보건사회연구원에 연구용역을 주어 생명공학의 윤리 문제와 안전 문제를 포괄하는 법안 마련을 요구했다. 2000년 여름에 발생한 몇몇 사건은 생명공학의 사회윤리적 이슈를 더욱 확장하는 계기로 작용했다. 2000년 6월에는 인간유전체계획(Human Genome Project)의 초안이 완성되었다고 발표되면서 유전자 검사 및 치료가 중요한 의제로 부상했다(≪동아일보≫, 2002.06.26). 또한 같은 해 8월에는 서울대학교 황우석 교수팀이 인간배아복제에 성공했으며 마리아병원 생명공학연구소 박세필 박사팀이 냉동잉여배아에서 줄기세포를 배양했다는 소식이 전해졌다(≪동아일보≫, 2002.08.09; 2002.08.30).[5] 황우석 교수팀과 박세필 박사팀의 연구는 난치병 치료에 획기적인 방법이라는 소개와 함께 언론의 집중적인 관심을 받았으며, 시민단체들은 배아연구가 윤리적으로 신중하게 검토되지 않은 상태에서 실험이 이루어졌다는 점을 비판했다.

이러한 배경에서 한국보건사회연구원은 의약학계, 법·윤리학계, 종교·시민단체 등의 의견을 수렴했으며, 국민을 대상으로 인간복제 및 배아의 이용, 유전자 검사 및 치료에 관한 의견조사를 실시했다. 이를 바탕으로 마련된 「생명과학보건안전윤리기본법안」은 국가생명안전윤리위원회의 설치, 생명복제 및 인공수정, 유전자 검사, 세포 치료 및 유전자 치료, 생명공학 실험, 유전자 변형 생물체, 유전자 재조합 식품 및 의약품 등의 광범위한 내용을 포괄하고 있었다. 특히 국가생명안전윤리위원회는 국무총리 산하에 설치되는 심의·의결기관으로 규정되었고, 임신

5 두 가지 실험은 모두 줄기세포를 얻는 데 목적이 있다. 줄기세포는 인체의 모든 조직으로 자랄 수 있는 세포로서 환자의 손상된 부위에 이식하여 각종 난치병을 치료하는 데 사용될 수 있다. 줄기세포는 배아 혹은 성체에서 얻을 수 있는데, 두 가지 실험 모두 배아에서 줄기세포를 얻는 방법에 해당한다. 황우석 교수팀의 실험은 줄기세포를 만들 목적으로 배아를 인공적으로 만든 경우에 해당하며, 박세필 박사팀의 실험은 인공수정으로 생성된 배아 중에서 임신을 위해 사용하고 남은 것을 활용한 경우에 해당한다.

이외의 목적으로 생체 외에서 배아를 인위적으로 만드는 행위와 임신의 목적으로 만들어진 배아를 임신 이외의 목적으로 이용하는 행위를 금지하고 있었다. 다만 그 법안은 국가생명안전윤리위원회가 배아의 이용이 국민건강증진을 위해 필요하다고 인정하는 경우에 연구가 가능하다는 단서조항을 달았다(한국보건사회연구원, 2000).

「생명과학보건안전윤리기본법안」은 2000년 12월 6일에 개최된 공청회를 통해 공개되었다. 그 자리에서 생명공학계와 과학기술부는 반대 의사를 명확히 했던 반면, 시민단체는 비교적 수용할 만한 내용이라는 입장을 보였다. 생명공학계는 법안이 생명공학연구를 지나치게 위축시킬 것이며 지금까지 이루어놓은 연구와 시술이 모두 불법화될 수 있다는 우려를 표명했다. 과학기술부 역시 법안이 윤리적인 면에 너무 치중되어 있음을 지적했고 생명윤리에 대한 주도권을 다른 부처에 빼앗기지 않으려는 의도도 드러냈다. 이처럼 법안에 대한 반발이 거세지자 보건복지부는 "이 안은 일개 용역업체의 연구안에 불과하다"며 진화에 나섰다(≪국민일보≫, 2000.12.19). 이 안을 바탕으로 각계 전문가들의 의견을 충분히 수렴할 계획인 만큼 규제 내용이 당초보다 상당히 완화될 것이라는 설명이었다.

한편 과학기술부는 2000년 11월에 생명윤리자문위원회를 발족하면서 생명윤리에 대한 독자적인 법안을 마련하기 시작했다. 생명윤리자문위원회는 인문사회학계 5명, 시민·종교단체 5명, 생명공학계 5명, 의학계 5명 등 총 20명의 자문위원으로 구성되었다. 자문위원의 구성 과정에서는 위원회의 중립성과 공정성을 강화하기 위해 생명복제에 대한 연구를 실제로 수행하고 있었던 황우석 교수와 박세필 박사가 제외되기도 했다. 생명윤리자문위원회의 구성과 운영은 공개적이고 민주적이었다는 것이 중평이다. 특히 그 위원회는 2001년 8월까지 18차례의 회의를 개최하면서 전문가의 의견을 청취하고 홈페이지(www.kbac.or.kr)를 운영하는 등 매우 성실한 면을 보여주었다. 과학기술부도 생명윤리자문위원회의 운영에 필요한 예산을 조달하고 회의에 참관하는 정도로 역할을 한정했다. 생명윤리자문위원회의 논의 결과는 과학기술부의 입장이나 이해관계와는 무관했다고 볼 수 있다(홍욱희, 2001).

생명윤리자문위원회가 제시한 「생명윤리기본법안」은 생명과학 발전에 따르는 윤리와 안전 문제를 총괄하는 독립 상설기구로서 국가생명윤리위원회를 대통령 소속으로 구성해야 한다고 밝혔다. 연구의 허용 범위와 관련해 그 법안은 인간배아복제를 일절 금지하고, 이를 통해 인간배아 및 줄기세포를 연구하는 행위도 금지했다. 다만 불임치료를 목적으로 체외수정에 의해 얻은 냉동잉여배아나 일부 신체조직에서 뽑아낸 성체줄기세포를 이용한 인간배아연구는 허용하도록 했다. 그 밖에 「생명윤리기본법안」은 유전자 치료, 동물의 유전자 변형 연구와 활용, 인간유전체 정보의 연구와 활용, 생명특허 등에 대한 폭넓은 규정을 담고 있었다. 또한 각 항목이 규정한 내용을 위반할 경우 형사적·민사적·행정적으로 처벌한다는 소항목도 명시되었다(생명윤리자문위원회, 2001).

2001년 5월 22일에 개최된 공청회에서 「생명윤리기본법안」이 공개되자 생명공학과 관련된 연구계와 산업계는 이에 반대하는 성명서를 즉각적으로 발표하고 나섰다. 한국생명공학연구원은 「생명윤리기본법안」이 통과되었을 때 현재 진행 중인 연구에 상당한 타격을 받는다는 건의문을 발표했고, 전국경제인연합 생명과학산업위원회, 한국생물산업협회, 생명공학연구조합이 「생명윤리기본법안」을 전면적으로 재검토해야 한다는 공동건의문을 채택했다. 「생명윤리기본법안」에 대한 공청회 이후에는 시민단체들도 입장이 분화되는 양상을 보였다. 종교계, 여성계, 동물권보호단체 등은 냉동잉여배아를 활용한 연구도 허용되어서는 안 된다고 주장한 반면, 참여연대 시민과학센터, 환경운동연합, 인도주의실천의사협의회 등은 「생명윤리기본법안」의 골격을 수용하는 입장을 보였다(김동광, 2001). 이러한 분위기 속에서 과학기술부는 「생명윤리기본법안」이 생명윤리자문위원회의 의견이며 과학기술부의 공식 입장이 아니라는 점을 줄곧 강조하면서 인간배아복제의 허용 여부는 더 많은 논의를 통해 결정하겠다고 밝혔다(≪한겨레≫, 2001.08.27).

정부가 생명윤리 입법화에 소극적인 태도를 보이자 참여연대 시민과학센터를 비롯한 시민단체들은 조속한 입법을 촉구하기 위한 행동에 나섰다. 2001년 7월 19일에는 공동기자회견을 매개로 조속한 「생명윤리기본법」 제정 촉구 공동캠페인단(이하 공동캠페인단)이 출범했다. 공동캠페인단은 처음에는 33개의 시민단체로 출발했지만 나중에는 종교계·여성계 등이 포함된 66개의 단체로 확대되었다. 공동캠페인단은 8월 20일에 「생명윤리기본법」 제정을 촉구하는 집회의 개최를 시작으로 2003년까지 국내의 생명복제 시도와 관련된 공동성명서 발표, 「생명윤리법」 제정에 관한 정부의 입장을 요구하는 공개질의서 발송, 조속한 「생명윤리법」 제정을 위한 간담회 개최 및 서명운동 전개 등을 추진했다(참여연대 시민과학센터, 2002b).

한편 보건복지부는 2002년 1월 한국보건사회연구원에 2차 용역을 의뢰하여 또 한 차례의 입법화를 준비했다. 그러한 과정에서는 '이종 간(異種間) 핵 이식'이 중요한 쟁점으로 부상했다. 2002년 3월 8일에 마리아병원 박세필 박사팀은 30대 여성의 귀 세포에서 핵을 추출한 후 핵이 제거된 소의 난자에 이식해 복제된 배아를 만드는 데 여러 차례 성공했다고 언론에 밝혔다(≪동아일보≫, 2002.03.08). 이에 몇몇 생명공학자들은 인간 배아복제를 안전하게 수행하기 위한 사전 실험의 성격을 띤다는 점을 들어 이종 간 핵 이식에 찬성했지만, 시민단체들은 동물과 인간을 교잡하는 것은 비윤리적 행위라는 점을 들어 이종 간 핵 이식을 거부하는 입장을 견지했다.

2002년 7월 15일에 한국보건사회연구원은 「생명윤리및안전에관한법률」(가칭)에 대한 공청회를 개최했다. 이 법안은 인간배아복제와 이종 간 핵 이식을 전면 금지하면서도 한국이 생명공학 분야에서 뒤처질 가능성에 대비해 단서조항을 달았다. 즉, 부칙에 일몰(日沒) 규정을 명기하여 법 시행 3년 이내에 생명과학의 발전과 국내외 사회적 여건의 변화를 고려해 개정을 취해야 한다고 밝혔던 것이다(한국보건사회연구원, 2002). 그런데 공청회 4일 전에 보건복지부가 국무조정실에 제출한 시안은 이와 다른 내용을 담고 있었다. 거기에는 국가생명윤리자문위원회의 심의를 거쳐 인간배아복제와 이종 간 핵 이식 연구의 허용 '여부'를 결정한다고 되어 있었던 것이다(≪국민일보≫, 2002.07.19). 이와 비슷한 시기에 과학기술부도 국무조정실에 「인간복제금지및줄기세포연구등에관한법률(안)」이라는 독자적인 법안을 제출했다. 당시 보도된 기사에 따르면 그 법안은 인간배아복제와 이종 간 핵 이식을 허용하며, 생명과학윤리안전위원회가 그 허용 '범위'를 결정하게 했다(≪경향신문≫, 2002.07.19). 이처럼 2002년 7월에는 행정부 사이의 정책갈등이 공식적으로 표출되고 제안된 법안의 내용이 일관성을 상실하는 현상도 나타났다.

2) 정책 네트워크의 특징

(1) 행위자

제2 국면에서는 정책 네트워크에 참여한 행위자가 충분히 열거하기 어려울 만큼 크게 확대되었다. 2000년에 마련된 「생명과학보건안전윤리기본법안」의 경우에는 보건복지부와 한국보건사회연구원이 중요한 행위자의 역할을 담당했으며, 한국보건사회연구원이 법안을 준비하는 과정에는 의약학계, 법·윤리학계, 종교·시민단체 등이 참여했다. 2001년에 마련된 「생명윤리기본법안」의 경우에는 과학기술부가 생명윤리자문위원회를 통해 준비했으며, 그러한 과정에는 인문사회학계, 시민·종교단체, 생명공학계, 의학계 등이 참여했다.

여기서 보건복지부, 과학기술부, 한국보건사회연구원, 생명윤리자문위원회는 기본적으로 정부 부문에 해당한다. 물론 한국보건사회연구원과 생명윤리자문위원회는 형식적으로는 민간기구의 성격을 띠지만, 보건복지부와 과학기술부의 역할을 대신한다는 측면에서 사실상 정부 부문이라고 볼 수 있다. 제2 국면에서 정부 부문의 행위자들은 특정 입장을 지지한다기보다는 생명윤리 입법과정에서 발생하는 의견을 수렴하는 역할을 했다.

비정부 부문의 행위자들은 매우 다양해졌지만 기본적으로 생명공학계와 시민단체로 대표된다고 볼 수 있다. 생명공학계는 규제 범위의 완화를 주문한 반면, 시민단체는 배아연구의 엄격한 규제를 강조했다. 생명공학계나 시민단체가 대응하는 양상은 제출된 법안이 담고 있는 내용에 따라 달라졌다. 즉, 제1 국면에서는 시민단체가 법안에 문제를 제기하는 형태를 보였으나 제2 국면에서는 생명공학계가 법안에 반대하는 양상을 보였던 것이다.

(2) 상호작용

제2 국면의 정책 네트워크에서는 갈등적 상호작용이 지배적이었으며 점차 그 정도가 심화되었다. 여기에는 생명공학의 육성과 규제 중에 어떤 것을 강조하느냐에 대한 기본적인 입장이 깔려 있었지만, 핵심적인 이슈가 되는 연구를 실제로 수행하는 생명공학자 집단이 존재했기 때문이라고 풀이할 수 있다.

또한 제2 국면의 정책 네트워크에서는 제안된 법안에 대한 즉각적인 반대가 표현되는 경향이 나타났다. 2000년 12월의 「생명과학보건안전윤리기본법안」에 대한 공청회에서 생명공학계와 과학기술부가 반대 의사를 명확히 한 것이나 2001년 5월의 「생명윤리기본법안」에 대한 공청회 직후에 생명공학계와 산업계가 반대성명서를 채택한 것이 그 대표적인 예다.

특히 제2 국면에서는 비정부 부문은 물론 정부 부문에서도 갈등적 상호작용이 본격화되었다. 비정부 부문에서 생명공학계와 시민단체의 갈등은 제1 국면부터 지속적으로 있어왔지만, 제2 국면에서는 성명서 발표나 공동 캠페인과 같은 더욱 적극적인 방식으로 표출되었다. 정부 부문의 경우는 제1 국면에서는 갈등이 표면화되지 않았지만, 제2 국면에서는 보건복지부와 과학기술부가 생명윤리 입법과정에 대한 주도권을 장악하기 위해 계속해서 대립하는 양상을 보였다.

(3) 구조

제2 국면의 정책 네트워크는 하나의 행위자가 중심적 역할을 하기보다는 여러 행위자가 동시에 영향을 주고받는 분산형의 구조를 가지고 있었다. 특히 제2 국면에서는 동일한 부문이나 진영 내에서도 정책 네트워크가 분화되는 경향을 보였다.

물론 제2 국면에서는 생명윤리에 관한 법안의 준비 과정에서 정부 부문이 주요 행위자로 활동했다. 즉, 「생명과학보건안전윤리기본법안」은 보건복지부와 한국보건사회연구원의 주도로, 「생명윤리기본법안」은 과학기술부와 생명윤리자문위원회의 주도로 마련되었다. 그러나 보건복지부와 과학기술부 자체가 생명윤리 입법화에 대해 일관된 입장을 갖고 있지 않았고, 한국보건사회연구원과 생명윤리자문위원회는 다양한 행위자들의 의견을 종합하는 성격을 띠고 있었다. 더구나 보건복지부와 과학기술부는 공청회를 매개로 생명공학계의 반발이 거세지자 해당 법안이 자신들의 공식적인 입장이 아니라는 식으로 물러서는 모습을 보였다. 이러한 점에 비추어볼 때, 제2 국면에서는 정부 부문 내에서도 집중적 성격의 정책 네트워크가 형성되지 못했다고 할 수 있다.

이와 함께 제2 국면의 후반부에서는 이전에 동일한 입장이었던 시민·종교단체에서도 분화가 시작되었다. 이는 2001년 5월의 공청회 이후에 시민·종교단체가 「생명윤리기본법안」에 대해 보였던 반응에서 확인할 수 있다. 다수의 시민단체들은 인간배아복제를 금지하는 대신 냉동잉여배아를 활용한 연구를 허용하는 「생명윤리기본법안」의 골격에 수용하는 입장을 보였지만, 배아를 인간과 동등한 생명체로 간주하는 종교계와 배아의 과도한 생산으로 여성의 인권 침해를 우려한 여성계는 모든 형태의 인간배아연구에 반대했던 것이다.

5. 제3 국면: 정책조정의 모색

1) 전개과정

생명윤리 입법과정에서 보건복지부와 과학기술부의 갈등이 심화된 것을 배경으로 정부 내에서는 업무중복 및 정책혼선의 문제점 해결이 주요 과제로 부상했다. 정부는 이미 2002년 초부터 유사 정책에 대한 조정을 강화하기 위해 정책조정의 범위, 대상, 운영절차 등의 내용을 담은 방안을 검토해왔으며(≪대한매일신문≫, 2002.02.01), 2002년 7월에는 생명윤리에 대한 보건복지부와 과학기술부의 주도권 경쟁을 조정할 수 있는 해결책을 모색하기 시작했다(≪한겨레≫, 2002.07.17). 그러던 중 2002년 7월 23일에는 복제인간의 탄생이 임박했다는 충격적인 소식이 전해졌다. 유사종교단체인 라엘리안이 만든 콜로네이드사의 한국 지부 측이 복제배아를 착상한 임산부 1명이 한국에 들어와 있으며 6개월 이내에 복제인간을 출산할 예정이라고 밝힌 것이다(≪국민일보≫, 2002.07.24). 이를 배경으로 국내의 각계각층에서는 복제인간의 탄생을 저지해야 하며 정부가 「생명윤리법안」의 제정에 늑장을 부리고 있다는 비판이 강하게 제기되었다.

2002년 7월 25일에는 국무조정실장 주재의 관계 차관회의가 긴급히 소집되어 보건복지부 주관으로 생명윤리에 관한 단일법률안을 추진하도록 결정했다. 과학기술부는 생명과학 연구와 관련된 안건의 상정을 맡고 그 밖의 분야와 전체적인 법률안은 과학기술부의 협조를 받아 보건복지부가 공청회 등을 통해 의견을 수렴하여 마련하도록 했던 것이다(≪한국경제신문≫, 2002.07.25). 이러한 결정은 보건복지부의 법안이 인간복제를 방지할 수 있는 포괄입법의 형식을 갖추었다는 판단에서 비롯되었다. 과학기술부의 법안이 인간배아복제와 이종 간 핵 이식 문제에만 한정되어 있었던 반면, 보건복지부의 법안은 난자 채취, 배아 생산, 유전자 검사, 유전자 치료 등과 같은 포괄적인 내용을 담고 있었던 것이다.

2002년 9월 23일 보건복지부는 「생명윤리및안전에관한법률」을 입법예고했다. 그 법안은 원칙적으로는 인간배아복제와 이종 간 핵 이식을 금지하면서도 실질적으로는 그 가능성을 열어주었다. 이전의 법안과 같이 잉여배아에 대한 연구를 허용하고 일몰 규정을 명시하는 것은 물론 인간배아연구의 경우에도 국가생명윤리자문위원회의 자문을 거쳐 대통령이 허용을 결정한 경우는 예외로 했다. 아울러 현재 진행 중인 인간배아연구도 보건복지부 장관의 승인을 얻어 계속할 수 있도록 했다. 국가생명윤리자문위원회는 대통령 직속기구로서 생명과학 또는 의과학 연구계를 대표하는 9인 이내, 종교계·철학계·윤리학계·법조계·시민단체·여성계를 대표하는 9인 이내, 그리고 보건복지부와 과학기술부 소속 공무원 각 1인으로 구성되도록 했다. 이와 함께 배아연구기관, 유전자은행, 유전자 치료기관에 기관생명윤리위원회를 설치하는 것이 명시되었다(보건복지부 외, 2002).[6]

그러나 2002년 10월 9일에 개최된 공청회에서도 이견은 쉽게 좁혀지지 않았다. 시민단체의 연대조직인 공동캠페인단은 「생명윤리및안전에관한법률」이 지나치게 생명윤리를 무시한다고 주장하면서 올바른 「생

6 기관생명윤리위원회(institutional review board: IRB, 이후 기관생명윤리심의위원회로 변경됨)는 해당 기관에서 행해지는 생명과학기술의 연구·개발 또는 이용에 관한 제반 사항을 심의하는 기구로서 심의 사항에는 연구계획서의 과학적·윤리적 타당성, 환자 또는 정자·난자·검사 대상물의 제공자로부터 적법한 절차에 따라 동의를 받았는지의 여부, 각종 유전정보 및 개인정보에 대한 보호대책 등이 포함된다.

명윤리법」의 제정이 시급하다고 강조했다. 이에 반해 생명공학계는 난치병 치료를 위한 실질적인 연구를 위해서는 동종 간 혹은 이종 간 핵이식을 통한 체세포 복제연구가 불가피하다고 주장했다(≪연합신문≫, 2001.10.09). 이처럼 시민단체와 생명공학계가 모두 불만족스러운 반응을 보인 가운데 과학기술부는 처음부터 인간배아복제와 이종 간 핵 이식을 허용하자는 자기의 의견이 무시되었다는 점에 대한 항의의 표시로 공청회에 참석하지도 않았다. 10월 16일 정부 관계자는 "부처 간 협의가 마무리되지 않아 사실상 올해 내 법률 제정이 불가능해진 상태"라는 의견을 개진하기도 했다(≪국민일보≫, 2002.10.16).

행정부에서 「생명윤리법안」에 대한 합의가 좀처럼 이루어지지 않자 논의의 무대는 다시 국회로 옮겨졌다. 공동캠페인단은 11월 6일 김홍신 의원을 통해 입법청원안을 제출했고 김홍신 의원 자신도 11월 12일 보건복지부의 안을 바탕으로 「생명윤리및안전에관한법률안」을 제출했다. 이어 12월 31일에는 이상희 의원이 과학기술부의 시안을 근간으로 한 「인간복제금지및줄기세포연구등에관한법률안」을 제출했고, 2003년 1월 3일에는 이원형 의원의 발의로 같은 제명의 법률안이 제출되었다. 이처럼 국회의원을 통해 다양한 법안이 발의되었지만 그것은 기본적으로 대리전의 양상을 띠고 있었다. 특히 김홍신 의원 안과 이상희 의원 안은 각각 보건복지부와 과학기술부의 입장을 재현한 내용을 담고 있었으며, 국회 내에서 소관 상임위원회의 배정을 놓고 상당한 신경전을 벌이기도 했다(송성수 외, 2003: 60~61).

2003년에 들어서는 참여정부의 출범을 배경으로 「생명윤리법안」에 관한 정책갈등이 본격적으로 조정되기 시작했다. 2003년 1월 29일에 대통령직 인수위원회와 국무조정실은 보건복지부와 과학기술부의 입장을 조율해 보건복지부의 안을 정부단일안으로 결정한다고 밝혔다(≪문화일보≫, 2003.01.30). 다만 보건복지부의 안이 인간배아복제와 이종 간 핵 이식을 소극적으로 허용하고 있다는 과학기술부의 불만을 받아들여 "난치병 치료를 목적으로 하는 연구의 경우에만 선별 허용한다"는 표현을 명시하기로 했다. 2003년 2월 6일에는 보건복지부 장관이 "과학기술부와의 협의를 통해 「생명윤리법」 정부안을 확정했다"고 발표했다(≪조선일보≫, 2003.02.07). 향후 주요 일정으로는 규제개혁위원회와 법제처 심사, 차관회의와 국무회의 심의, 대통령 재가, 국회 제출 등이 있었다.

그러나 과학기술부가 또 다른 이견을 제기했다. 연구의 허용 범위가 정해진 만큼 보건복지부 장관의 사전 승인은 필요가 없으며, 허용 범위를 벗어나는 경우에만 과학기술부 장관과 협의하라는 것이었다. 그동안 일관되게 인간배아복제와 이종 간 핵 이식을 금지해야 한다고 주장해온 시민단체들도 정부단일안을 수용하기 어렵다는 입장을 보였다. 시민단체 외에 과학기술계의 일각에서도 반대 의견이 개진되었다. 2003년 2월 7일 35개 국공립 대학교수 280명이 "배아복제와 이종 간 교잡, 냉동잉여배아실험을 허용하지 말라"는 내용의 성명서를 채택하여 보건복지부와 국회에 제출했던 것이다(≪국민일보≫, 2003.02.07). 종교계도 이와 비슷한 견해를 표명하면서 국회의원을 통해 법안을 발의하는 모습을 보였다. 2003년 3월 28일에는 김덕규 의원의 발의로 「생명윤리기본법안」이, 4월 21일에는 정세균 의원을 통해 인간배아보호법 제정을 위한 입법청원안이 제출되었던 것이다.

2003년 4월 18일에 개최된 규제개혁위원회의 본심사에서는 과학기술부의 문제제기가 타당하지 않다는 결론이 내려졌다. 인간배아복제가 인간복제로 이어질 수 있는 등 윤리적 문제가 발생할 소지가 있으므로 배아연구에 대한 관리를 체계적으로 할 필요가 있다는 것이었다. 동시에 규제개혁위원회는 권고사항으로 국가생명윤리자문위원회가 실질적인 기능을 발휘할 수 있도록 자문기구가 아닌 심의기구로 강화할 필요가 있다는 문구를 명시했다(규제개혁위원회, 2003).

2003년 4월 30일에 있었던 법제처 심사에서는 규제개혁위원회의 권고를 받아들여 국가생명윤리자문위원회는 국가생명윤리심의위원회로, 기관생명윤리위원회는 기관생명윤리심의위원회로 명칭이 바뀌었다. 이와 함께 부칙에 마련된 일몰 규정이 삭제되었다. 그동안 어렵게 마련된 법안이 일몰 규정 때문에 추후 무산될 위험부담을 가질 필요가 없었던 것이다. 이보다 더욱 중요한 점은 국가생명윤리심의위원회의 구성이 바뀌었다는 데서 찾을 수 있다. 즉, 생명과학 또는 의과학 연구계를 대표하는 7인 이내, 종교계·철학계·윤리학계·사회과학계·법조계·시민단체·여성계를 대표하는 7인 이내, 그리고 교육인적자원부 장관, 법무부 장관, 과학기술부 장관, 산업자원부 장관, 보건복지부 장관, 여성부 장관, 법제처장 등 정부 관료 인사 7인이 명시되었다. 각 안건마다 부처별로 다양한 이견이 제시되고 있어서 그러한 이견을 책임감 있게 반영하기 위해 정부부처의 관료들을 구성원으로 대거 포함시켰던 것이다(김훈기, 2005: 163~165).[7]

이러한 정부의 법안은 차관회의 심의, 국무회의 심의, 대통령 재가를 거쳐 국회에 회부되었다. 당시 국회에는 정부법안 외에도 앞서 언급한

7 이처럼 국가생명윤리심의위원회는 정부의 입장이 훨씬 많이 반영될 수 있는 구조를 하고 있다. 그동안 정부의 입장이 생명공학에 대한 규제를 완화하는 방향으로 전개되었다는 점을 고려한다면, 국가생명윤리심의위원회의 전체적인 결정도 이와 유사하게 이루어질 가능성이 클 것으로 판단된다.

의원법안 3개와 청원법안 2개가 접수되어 있었다. 국회 보건복지위원회는 정부법안을 최종적으로 선택하여 2003년 12월 29일에 본회의에서 통과시켰다. 이로써 한국은 영국에 이어 인간배아복제를 공식적으로 허용한 두 번째 국가이자 이종 간 핵 이식의 허용을 명시한 세계 최초의 국가가 되었다.

2) 정책 네트워크의 특징

(1) 행위자

제3 국면의 정책 네트워크에서는 보건복지부, 과학기술부, 생명공학계, 시민단체 등과 같은 기존의 행위자들이 지속적으로 참여하는 가운데 정부 부문의 행위자 구성에서 상당한 변화가 있었다.

우선 보건복지부와 과학기술부의 정책갈등을 조정하기 위해 국무조정실이 새로운 행위자로 등장했다. 이와 함께 정부단일안을 심사하는 과정에서는 규제개혁위원회와 법제처가 중요한 행위자로 참여했다. 또한 제1 국면에서 핵심행위자의 역할을 담당한 후 제2 국면에서 소강상태에 있었던 국회가 다시 중요한 행위자로 등장했다.

이에 반해 제2 국면에서 생명윤리에 관한 법안을 마련하는 데 중요한 역할을 담당했던 한국보건사회연구원과 생명윤리자문위원회가 제3 국면에서는 공식적인 활동을 전개하지 않았다. 생명공학계와 시민단체의 입장이 이미 명확하게 표출되었기 때문에 이를 중재하는 기관이나 기구가 불필요하게 되었던 것이다.

(2) 상호작용

제3 국면의 상호작용도 이전의 국면과 마찬가지로 갈등적 성격을 띠고 있었다. 그것은 계속해서 법안 제정이 지연되었다는 사실에서 확인할 수 있다. 여러 국면을 거치는 과정에서 이견에 대한 조정이 반복적으로 시도되면서도 실질적인 쟁점에 대해서는 행위자들 사이의 견해 차이가 계속해서 유지되었던 것이다.

제3 국면에서도 보건복지부와 과학기술부 사이에는 갈등적 상호작용이 지속되었다. 보건복지부가 「생명윤리법안」을 주관하도록 하는 의사결정이 이루어졌는데도 과학기술부는 계속해서 이견을 제기했다. 행정부 사이의 갈등은 국회에서도 그대로 재현되었다. 김홍신 의원 안과 이상희 의원 안이 각각 보건복지부와 과학기술부의 입장을 대변하는 성격을 띠고 있었기 때문이다.

이처럼 제3 국면에서는 행정부 내부와 국회 내부가 서로 갈등적 상호작용을 보였지만 행정부와 국회 사이에는 부처와 상임위원회별로 협력적 상호작용이 나타났다. 즉, 보건복지부와 국회 보건복지위원회, 과학기술부와 국회 과학기술정보통신위원회가 서로 협력적 관계를 형성한 가운데 두 진영 사이에는 갈등적 상호작용이 지배적이었다.

비정부 부문에서는 생명공학계와 시민단체가 갈등적 관계를 유지했지만 후반부로 갈수록 직접적인 대립을 자제하는 양상이 나타났다. 생명공학계와 시민단체는 이미 여러 차례에 걸쳐 자신들의 입장을 표출했으며 더 이상 새롭게 의사를 표현할 통로를 제공받지 못했다. 여기에는 "올해만은 넘기지 말자"는 분위기 속에서 비정부 부문이 알지 못하는 사이에 정부 부문이 법안을 준비했다는 점도 중요한 배경으로 작용했던 것으로 판단된다.

(3) 구조

제3 국면의 정책 네트워크는 일관되게 집중적 혹은 분산적 구조를 형성하지는 못했고 집중형과 분산형이 교대로 나타나는 특징을 보였다. 2002년 7월에 국무조정실이 개입하여 보건복지부가 생명윤리에 관한 입법과정을 주도하기로 조정되면서 정책 네트워크의 구조는 한동안 집중적인 형태를 띠었지만, 2002년 9월 이후에는 과학기술부, 생명공학계, 시민단체 등의 다양한 행위자들이 산발적으로 영향력을 행사하는 분산형으로 변경되었다. 이어 2003년 초반에 보건복지부의 법안이 정부단일안으로 결정되면서 정책 네트워크의 구조가 집중형으로 전환되는 듯했으나 과학기술부, 시민단체, 국회 등이 이견을 제기하면서 다시 분산적인 성격을 띠게 되었다. 2003년 4월 이후에는 「생명윤리및안전에관한법률안」이 본격적인 심사 단계에 진입함으로써 규제개혁위원회와 법제처를 중심으로 정책 네트워크의 구조가 집중되는 경향을 보였다.

이러한 점에서 제3 국면에서는 하나의 핵심행위자가 존재했다고 보기는 어렵고 정부 부문의 몇몇 행위자들이 일종의 정책연합을 형성하여 핵심행위자의 역할을 담당했다고 볼 수 있다. 즉, 보건복지부 단독으로는 주도권을 행사하지 못했고 국무조정실이나 규제개혁위원회가 보건복지부를 지지하는 형태를 통해 핵심행위자의 역할을 담당하는 연합체가 형성되었던 것이다.

한편 제3 국면의 후반부에서는 그동안 동일 집단으로 간주되었던 과학기술계의 입장도 분화되는 모습이 나타났다. 제2 국면에서 시민·종교단체의 분화가 시작되었다면, 제3 국면에서는 과학기술계에서도 다른 입장을 가진 집단이 등장했던 것이다. 2003년 2월 7일 국공립 대학의 교수들이 배아연구에 반대하는 성명서를 채택했던 것이 그 대표적인 예다. 또한 생명윤리 입법과정에서 명확한 의견을 표방하지는 않았지만 생명공학계에는 배아줄기세포가 아닌 성체줄기세포를 연구하는 집단도 있기 때문에 과학기술계의 분화가 더욱 심화될 가능성도 있다.

6. 결론적 고찰

1) 요약

이 글에서는 정책 네트워크 이론을 바탕으로 1997~2003년에 전개된 생명윤리 입법과정에 대한 논쟁을 분석했다.

생명윤리 입법과정은 세 가지 국면으로 구분할 수 있다. 제1 국면에서는 국회의원들이 생명윤리에 관한 법안을 발의하면서 정책의제가 형성되었고, 제2 국면에서는 보건복지부와 과학기술부가 독립적인 법안을 제출하는 가운데 정책갈등이 심화되었으며, 제3 국면에서는 정책조정이 모색되면서 보건복지부의 법안을 바탕으로 정부단일안이 추진되었다. 제1 국면은 1997년 7월~2000년 5월, 제2 국면은 2000년 5월~2002년 7월, 제3 국면은 2002년 7월~2003년 12월에 해당한다.

제1 국면에서는 장영달, 이상희, 이성재 의원 등이 주로 기존의 「생명공학육성법」을 개정하는 형태의 입법안을 제출했다. 제1 국면에서 정책 네트워크에 참여한 행위자로는 국회, 과학기술부, 생명공학계, 시민단체 등을 들 수 있다. 이 시기의 정책 네트워크는 갈등적 상호작용이 잠재되어 있다가 점차 표면화되는 방향으로 전개되었다. 제1 국면에서는 국회가 중심 행위자의 역할을 하는 집중형의 구조를 보였다.

제2 국면에서는 보건복지부가 한국보건사회연구원을 활용해 「생명과학보건안전윤리기본법안」을 마련했고, 과학기술부가 생명윤리자문위원회를 구성해 「생명윤리기본법안」을 준비했다. 제2 국면에서는 보건복지부, 과학기술부, 한국보건사회연구원, 생명윤리자문위원회, 생명공학계, 시민단체, 종교계, 산업계 등 매우 다양한 행위자들이 참여했다. 또한 제2 국면에서는 관련 법안에 대한 공청회가 개최되면서 찬반논쟁이 가시화되는 등 갈등적 상호작용이 지배적이었다. 제2 국면의 정책 네트워크는 하나의 행위자가 중심적 역할을 담당하기보다는 여러 행위자가 동시에 영향을 주고받는 분산형의 구조를 나타냈다. 보건복지부와 과학기술부는 일관된 태도를 보이지 않았고, 한국보건사회연구원과 생명윤리자문위원회는 다양한 행위자들의 의견을 종합하는 성격을 띠고 있었다.

제3 국면에서는 보건복지부 주도의 법률안이 준비되었으나 다양한 이견이 제기되었으며, 다시 국회의원을 매개로 생명윤리와 관련된 법안이 제출되는 양상을 보인 후 보건복지부의 법안을 바탕으로 정부단일안이 마련되어 통과되는 과정을 거쳤다. 제3 국면에서는 보건복지부, 과학기술부, 생명공학계, 시민단체 등과 같은 기존의 행위자들이 지속적으로 참여하는 가운데 국무조정실, 국회, 규제개혁위원회, 법제처 등이 새로운 행위자로 등장했다. 제3 국면에서는 정책갈등에 대한 조정이 반복적으로 시도되면서도 실질적인 쟁점에 대해서는 견해 차이가 표출되는 등 갈등적 상호작용이 계속해서 유지되었다. 제3 국면의 정책 네트워크는 집중형과 분산형이 교대로 나타났으며 몇몇 행위자들이 연합하여 핵심행위자의 역할을 담당하는 특징을 보였다.

이처럼 생명윤리 입법과정에서 정책 네트워크는 행위자가 점차적으로 확대되는 가운데 갈등적 상호작용이 지배적이었으며 집중형과 분산형이 교대되는 구조를 보였다.

2) 토론 및 제언

우리 사회에서는 아직까지 사회적 합의에 의해 정책결정이 이루어진 사례를 찾아보기 어려우며, 특히 신기술의 사회윤리적 이슈를 둘러싼 논쟁은 그 역사 자체가 일천하다. 신기술의 사회윤리적 논쟁과 관련 정책결정이 합리적으로 이루어지려면 오랜 시간을 두고 성공적인 경험과 사례를 쌓아가야 할 것이다.

1997년부터 2003년까지 7년여의 논쟁을 통해 제정된 「생명윤리및안전에관한법률」은 2005년 1월 1일부터 발효되었다. 그 법률은 결과적으로 생명공학계의 의견이 많이 반영되어 인간복제는 금지되어 있지만 배아의 생성과 활용에 관한 연구범위에는 사실상 제한이 없다. 반면 생명복제에 대한 연구를 수행하는 데 기관생명윤리심의위원회의 심의를 거쳐야 하는 등 연구과정에 대한 관리와 감독은 강화되었다. 그동안 다른 선진국과는 달리 우리나라에서는 적절한 절차를 밟지 않고 생명복제에 대한 연구가 이루어졌다는 점에 비추어볼 때 「생명윤리및안전에관한법률」의 제정과 시행은 기존의 연구관행을 선진화할 수 있는 중요한 계기로 작용할 것이다.

그러나 생명윤리에 관한 입법이 성사되었다고 해서 모든 논쟁이 끝난 것은 아니다. 이와 관련해 2005년 3월 31일에 기독교 계통의 생명윤리운동협의회는 배아줄기세포 연구를 허용한 「생명윤리및안전에관한법률」에 대해 인간존엄성 침해와 배아의 생명권 박탈 등을 이유로 헌법소원을 제기하기도 했다. 이와 함께 기술혁신의 측면에서도 배아줄기세포를 추출·배양하는 데 성공했다 하더라도 그것을 치료용 의약품으로 개발해 상업화하려면 수많은 과제를 해결해야 한다. 아울러 그러한 의약품이 적절히 개발될 경우에도 얼마나 많은 환자들이 그 혜택을 누릴 수 있을 것인가의 문제도 남아 있다. 입법과정상의 논쟁은 일단락되었지만 생명윤리에 관한 논쟁은 아직도 현재진행형인 것이다. 생명윤리 논쟁과 같이 정치적 쟁점은 물론 도덕적 쟁점을 포괄하는 논쟁은 장기간 지속되며 완전한 합의에 도달하기 어려운 특징이 있다(Nelkin, 1995).

이러한 문제인식을 바탕으로 생명윤리 논쟁이 좀 더 생산적으로 진행되기 위한 몇 가지 조건을 생각해보면 다음과 같다.

첫째, 생명윤리에 관한 논쟁을 '과학 대 윤리의 충돌'이라는 이분법적 구도로 파악해서는 곤란하다. 본문에서 살펴본 생명윤리 입법과정에 대한 논쟁에서도 줄기세포연구 자체를 반대한 집단은 아무도 없었다. 문제는 성체줄기세포를 연구할 것인지, 배아줄기세포를 연구할 것인지, 배아줄기세포를 연구하는 데 잉여배아를 이용할 것인지, 인공적으로 새로운 배아를 창출할 것인지와 같은 다양한 스펙트럼 중에서 연구의 범위를 어디까지 허용할 것인가에 있었다. 이와 함께 연구의 범위를 어떻게 설정할 것인가 하는 문제의 이면에는 해당 집단의 가치관이나 이해관계가 내재되어 있다. 즉, 과학연구에 반대하는 집단은 없으며 모든 집단이 윤리적 가치에서 자유롭지도 않은 것이다. 이를 무시하고 과학과 윤리를 이분법적으로 대비하는 것은 논쟁의 핵심을 파악하고 생산적으로 발전시키는 데 전혀 도움이 되지 않는다.

둘째, 생명복제기술의 불확실성과 위험성에 관련된 문제이다. 생명복제기술이 수많은 불확실성과 잠재적 위험성을 가지고 있다는 것은 주지의 사실이며, 이러한 불확실성과 위험성을 어느 정도 수용할 수 있는지가 진정한 쟁점이다. 생명복제기술의 장밋빛 미래를 지나치게 강조하거나 위험성을 들어 무조건 반대하는 태도는 지양되는 것이 바람직하다. 그러한 태도를 계속 견지할 경우에는 사회적 합의가 어려워질 뿐 아니라 자신의 입지를 좁히는 결과를 불러올 가능성이 크다.

셋째, 무엇보다도 관련 행위자들이 토론과 논쟁의 규칙을 준수하는 것이 필요하다. 본문에서 살펴본 생명윤리 입법과정에서는 그렇지 못한 사례가 종종 발생했다. 제2 국면에서 보건복지부는 한국보건사회연구원을 통해, 과학기술부는 생명윤리자문위원회를 통해 생명윤리에 관한 법안을 준비했으면서도 이에 대한 반발이 거세지자 공식적인 입장이 아니라는 식으로 뒤로 한 발 물러섰다. 또한 2002년 7월 한국보건사회연구원이 공청회에서 밝힌 법안과 보건복지부가 국무조정실에 제출한 법안은 다른 내용을 담고 있었고, 보건복지부가 「생명윤리및안전에관한법률」을 입법 예고한 후 2002년 10월에 공청회가 개최되었을 때 과학기술부가 참석하지 않는 사태도 발생했다. 이러한 식의 의사결정 과정이 계속된다면 정부에 대한 신뢰도의 하락은 물론 관련 사안을 해결하는 것도 매우 어려워진다. 사실상 위원회나 공청회는 정부가 사회적 갈등을 중재하는 장치로 계속해서 활용될 수밖에 없다는 점에서 더욱 합리적으로 운영될 필요가 있다.

신기술의 사회윤리적 논쟁은 기본적으로 정확한 답이 없으며 관련 행위자들의 입장이 절충되는 성격을 띨 수밖에 없다. 행위자들이 자신의 입장을 명료하게 표현하는 것도 중요하지만, 논쟁이 생산적으로 발전하기 위해 더욱 중요한 것은 자신의 입장을 다른 행위자의 입장과 절충하려는 자세와 노력에 있다. 신기술의 사회윤리적 논쟁은 모든 행위자가 명확하게 동의하기 때문에 종결되는 것이 아니라 다소 부족하더라도 수용할 만한 결과가 산출되고 이에 대해 대부분의 행위자들이 묵시적 동의(implicit approval)를 보일 때 종결되는 것이다.

제8장

대학의 새로운 패러다임과 그 의미

1. 머리말

대학의 기능과 역할은 시대에 따라 변한다. 중세에 처음으로 자리를 잡은 대학은 근대 이후 지속적으로 성장해왔다. 처음에 대학은 상류층을 위한 교육기관이었지만 점차 모든 국민에게 교육의 기회를 확대해왔다. 이와 함께 19세기 중엽 이후에는 대학이 교육과 함께 연구를 중시하게 되었고, 1980년대 이후에는 연구와 교육의 방향이 경제사회의 발전에 기여하는 것으로 변모했다. 전자는 '제1차 대학혁명'으로, 후자는 '제2차 대학혁명'으로 불린다.

이 글에서는 두 차례의 대학혁명(academic revolution)을 화두로 다음과 같은 주제를 다루어보고자 한다. 제1차 대학혁명의 내용과 그 배경은 무엇이며 선진국의 대학에서는 어떤 과정을 통해 연구가 정착되었는가? 제2차 대학혁명은 어떤 맥락에서 발생했고 그와 관련해 어떤 논의들이 있는가? 제2차 대학혁명의 결과로 탄생한 '기업가적 대학(entrepreneurial university)'은 전통적인 대학과 어떻게 다르며 선진국의 기업가적 대학에서 나타나고 있는 특징은 무엇인가? 그리고 이러한 변화가 우리에게 의미하는 것은 무엇인가?

2. 제1차 대학혁명: 연구의 정착

1) 제1차 대학혁명과 그 배경

대학은 오랜 기간 교육에 중점을 두어왔다. 대학에서 교육이 아닌 연구가 조직적이고 체계적인 활동으로 자리 잡은 것은 19세기 중엽 독일에서였다. 이를 통해 교수는 '교육자이자 연구자'라는 이중적 역할을 담당하게 되었고 '연구를 통한 교육'이라는 새로운 개념이 출현했다 (Ben-David, 1971: 108~127; Turner, 1971).

19세기 초 훔볼트(W. Humboldt)를 비롯한 독일 지식인들은 '문화국가'를 주창하면서 새로운 대학의 설립을 포함한 대대적인 대학개혁 운동을 전개했다. 나폴레옹 전쟁에서 패배한 이후 독일에서는 국가의 진정한 힘이 문화의 영역에 있다는 분위기가 형성되었다. 특히 대학 교육은 지적으로 활력 있는 독일을 만들고 독일 문화의 단일성을 확보하는 가장 중요한 수단으로 인식되었다. 독일 지식인들은 대학의 의무를 단순한 지식의 전수가 아니라 적극적인 지식의 추구에서 찾아야 한다고 생각했으며 이에 따라 독일 대학에서는 자유로운 연구와 상호 비판을 중시하는 전통이 생기게 되었다. 이를 배경으로 독일에서는 학문의 전문화가 촉진되었고 1850년대가 되면서 대학이 전문적인 학문 연구의 전당으로 자리 잡게 되었다.

독일 대학에서 연구가 정착된 데에는 독일의 분권적 구조와 경쟁체제도 중요한 배경으로 작용했다. 프랑스의 대학은 파리를 중심으로 하는 중앙집권적인 구조를 이루고 있었고, 영국에서는 케임브리지와 옥스퍼드로 대표되는 소수의 대학에 지적 역량이 집중되어 있었다. 이에 반해 독일에서는 대학이 지역적으로 고르게 분산되어 있었으며, 각 대학의 수준도 평준화되어 있었다. 더구나 독일에서는 대학 간에 교수의 이동이 자유로웠기 때문에 각 대학은 유능한 교수를 유치하기 위해 활발한 선의의 경쟁을 벌였다. 독일 대학의 교수들은 좀 더 좋은 보수와 여건을 획득하기 위해서 대학이나 학생으로부터 인정을 받아야 했으며, 그들은 수준 높은 지식을 적극적으로 탐구하면서 학생을 훌륭한 연구자로 양성하는 데 많은 노력을 기울였다.

특히 당시 교수에 대한 임용기준이 변경되면서 독일 대학에서 연구가 정착되는 것을 가속화했다. 18세기만 해도 교수는 해당 지역사회의 위신과 권위를 상징하는 존재였으며, 각 대학이 교수의 임용을 전적으로 담당했다. 전통적인 교수의 기능은 학생들이 사회에 나가서 자신의 임무를 충실히 수행할 수 있도록 학생들에게 훌륭한 강의를 하는 데 있었다. 그러나 19세기에 들어와 중앙정부가 교수의 임용권을 장악하면서 강의를 중시하는 교육적 기준(pedagogical criteria)에서 독창적인 연구를 중시하는 학문적 기준(disciplinary criteria)으로 기준을 바꾸었다. 이러한 배경을 바탕으로 독일 대학에서는 연구성과에 대한 압력이 형성되었고 '출판 아니면 퇴출(publish or perish)'이라는 용어가 유행하기도 했다.

독일에서 연구가 정착하는 과정을 잘 보여주는 사례로 기센(Gissen) 대학의 리비히(J. Liebig) 실험실을 들 수 있다. 리비히는 1822~1824년에 프랑스에서 유학하면서 정량적인 화학을 배웠으며 1824년 기센 대학의 교수로 임용되었다. 그는 1825년 유기화학 실험실을 열어 자신이 배운 것처럼 분석적인 연구기법을 중심으로 실험 위주의 교육을 실시했다. 초기에는 약제학(藥劑學)에 필요한 기초지식을 공부하려는 학생들이 대부분이었지만 1835년경에는 화학을 본격적으로 연구하려는 학생들로 대체되었다. 그들은 리비히의 지도로 정량적인 실험과정을 체계적으로 익힐 수 있었으며 스스로 논문을 발표할 수 있는 연구자로 성장했다. 대학 당국도 리비히 실험실에 대한 지원을 아끼지 않았고 그 실험실은 유기화학에 대한 전문과학자 집단을 배출하는 기관으로 자리 잡았다. 리비히 실험실의 성공은 19세기 후반 모든 독일 대학이 화학실험실을 설립하는 계기를 제공했으며, 독일 대학의 모든 분야에서 연구를 통한 교육을 정착시키는 데 크게 기여했다.

2) 제1차 대학혁명의 국가별 전개

독일에서 시작된 제1차 대학혁명은 영국과 미국을 비롯한 다른 선진국에도 많은 영향을 미쳤다(클라크, 1999; 홍성욱 외, 2002: 59~79). 영국에서는 19세기 중반 중산층의 지지하에 세속적인 철학과 과학에 관심을 갖는 대학이 출현하기 시작했다. 실생활에 유용한 지식을 교육하기 위한 목적으로 설립된 런던 대학이 그 대표적인 예다. 이후에 런던 대학의 실용적인 경향을 이어받은 많은 대학들이 각 지역에 설립되었고, 이러한 대학에 지원하는 학생 수도 눈에 띄게 증가했다. 이에 자극을 받은 옥스퍼드 대학과 케임브리지 대학은 1870년대 이후에 독일 대학의 연구이념을 도입해 개혁을 단행했다. 이제 교수들은 전문적인 지식을 연구하고 가르치는 것이 자신들의 임무라고 생각하게 되었고, 자신들의 정체성 또한 교사가 아닌 학자로 새롭게 인식하게 되었다. 이를 통해 옥스퍼드 대학과 케임브리지 대학은 과학을 비롯한 여러 학문 영역에서 세계적인 수준을 유지할 수 있었다.

그러나 이러한 변화에도 영국에서는 옥스퍼드 대학과 케임브리지 대학 중심의 집중적 시스템을 벗어나지 못하면서 연구중심 대학의 이상이 충분히 실현되지 못했다. 즉, 새로운 학문 분야에서도 옥스퍼드와 케임브리지 출신을 중심으로 특권적인 지위를 인정받는 집단이 형성되었고, 그들이 각 지역 대학들의 교수직을 독점했던 것이다. 이에 따라 두 대학에 관련 학과가 있는 생리학, 물리학, 경제학, 사회인류학 등의 학문은 눈에 띄게 발전했지만, 그 외의 학과들은 상대적으로 발전이 저해되었다. 또한 옥스퍼드 대학과 케임브리지 대학을 제외한 나머지 대학들은 연구에의 열정만 있을 뿐, 연구를 수행할 만한 재정과 기회를 보장받지 못했다.

미국에서는 19세기 중엽 이후에 산업화가 본격적으로 전개되면서 가치관의 변화에 부합하는 새로운 교육이 강조되기 시작했다. 당시 미국인들은 과학교육을 새로운 교육의 모델로 간주했으며 하버드, 프린스턴, 예일, 미시간 대학 등에서 과학교육을 강조하는 움직임이 일어났다. 특히 1876년에 설립된 존스 홉킨스 대학은 대학원 중심 대학을 표방하면서 독일의 대학 시스템을 도입하여 빠른 속도로 성장했다. 존스 홉킨스 대학에서는 1920년까지 약 1,400명의 박사가 배출되었으며 그들이 다른 대학으로 진출하면서 20세기 초반에는 미국의 대학에서도 과학연구가 제도적으로 정착하게 되었다.

미국은 다른 국가와 달리 독점적인 지위를 점하는 대학도 없었고 연방 정부가 대학을 통제하지도 않았다. 이를 배경으로 미국에서는 전통적인 대학뿐 아니라 새로 설립된 대학들도 비교적 평등한 지위에서 경쟁할 수 있었다. 이러한 환경에서 미국의 각 대학들은 자신의 자원을 이용하여 최고의 성과를 가져올 수 있는 분야에 집중했다. 어떤 대학은 기초과학이나 인문학만을 포함하고 있었고, 어떤 대학은 학부 과정을 아예 없애기도 했던 것이다. 또한 미국 대학에서는 학과가 학부와 대학원을 연결시켜주는 중요한 단위로 발전했으며, 이를 통해 연구와 교육을 효과적으로 통합시킬 수 있었다. 미국 대학의 학과는 새로운 주제를 포함할 만큼 유연하고, 교육과정의 구성과 교수의 임용을 자유롭게 할 만큼 독립적이며, 다양한 전문적 연구를 수행할 만큼 규모가 크다는 특징을 지니고 있었다.

한편 독일은 19세기 말에 접어들면서 대학 시스템의 한계를 보이기 시작했다. 독일 대학의 교수 임용은 '한 분야에 단 한 사람의 교수'라는 하르나크(Harnarck) 원칙에 따라 이루어졌다. 초기에는 이러한 원칙이 학자들 사이의 경쟁을 촉발하는 효과가 있었지만, 학문 영역이 점차 확장되면서 필요한 교수를 확충하는 데 걸림돌로 작용했다. 이에 독일의 대학들은 연구소(institute)와 교수직(chair)을 분리시켜 하르나크 원칙을 준수하면서도 한 분야에 여러 명의 교수를 확보하는 정책을 시도하기도 했다. 그러나 여전히 교수직 임용은 크게 늘어날 수 없었기 때문에 젊은 연구자들의 독립적인 연구가 어려워지는 결과가 나타났다.

여기에 정부의 간섭도 대학을 위축시키는 데 한몫을 담당했다. 독일 정부는 전문자격을 위한 시험을 주재하여 대학의 연구에 간섭했고, 이러한 시험은 독자적으로 학위수여와 교육방법을 결정하려는 대학의 자유를 억압했다. 또한 독일 정부는 대학교수를 공무원으로 임용함으로써 대학교수들이 정부의 일원이라는 의식을 갖게 했고, 이러한 제도는 학문의 영역을 국가권력에 봉사하도록 유인했다. 심지어 교육과정의 변화 역시 정부의 영향하에 있었고, 대학 내 새로운 교수직의 설치도 정부에 의존했다. 이와 같은 독일 정부의 과도한 간섭과 대학의 관료화는 연구를 저해하는 환경을 조성하는 것으로 이어졌다.

3. 제2차 대학혁명: 경제사회발전에의 기여

1) 제2차 대학혁명과 그 배경

국가별로 차이는 있지만, 1980년대를 전후로 대학은 '제2차 대학혁명'이라는 또 한 번의 급격한 변화를 맞이했다. 제1차 대학혁명이 대학에서 연구가 정착된 현상을 지칭한다면, 제2차 대학혁명에 관한 논의들은 대학이 경제사회의 발전에 기여해야 한다고 강조한다. 제2차 대학혁명과 관련해서는 '기업가적 대학'이나 '학문적 자본주의(academic capitalism)'라는 용어가 등장하고 있다. 전자가 기업처럼 조직되고 움직이는 대학의 전체적인 특징을 표현하는 용어에 해당한다면, 후자는 기업가적 대학으로 변화되는 원동력을 개념화한 것으로 풀이할 수 있다.[1]

제2차 대학혁명이 발생한 주요 배경으로는 다음 세 가지를 들 수 있다

1 학문적 자본주의라는 개념은 대학 종사자들을 자본주의자로 매도한다는 비판을 낳을 수 있다. 그러나 학문적 자본주의를 주창하는 사람들은 자본주의를 생산수단의 사유화를 의미하는 것으로 해석하지 않으며, 시장의 힘에 의해 자원재분의 결정이 이루어지는 경제 시스템을 의미하는 것으로 파악하고 있다. 학문적 자본주의에 대해서는 슬로터와 레슬리(Slaughter and Leslie, 1997)를 참조할 것.

(송충환, 2003: 141~143).

첫째는 경쟁의 심화이다. 1970년대와 1980년대에 일본을 비롯한 태평양 연안국가들의 산업경쟁력이 강화되면서 기존 선진국들의 세계시장 점유율이 하락했다. 선진국의 다국적 기업들은 새로운 첨단기술에 적극적으로 투자해 경쟁력을 강화하는 방향으로 대응했고, 그 일환으로 대학에 많은 연구비를 투자하기 시작했다. 이를 배경으로 대학이 기업체의 연구를 더 많이 수행하게 되면서 대학의 연구활동에서 응용연구가 차지하는 비중이 증가했다.

둘째는 공공지출의 제약이다. 선진국들의 시장점유율 하락은 경제불황으로 이어졌고 이에 따라 사회복지에 대한 수요가 증가했다. 그 결과 선진국들은 사회복지 부문에 대한 공공지출을 증가시켰으며, 이에 대한 반작용으로 대학 부문에 대한 지출의 증가율을 낮추거나 규모를 감소시키게 되었다. 대학은 기존의 조직과 연구활동을 유지하기 위해 정부 외의 외부적 자원을 찾게 되었으며, 기업으로부터 연구과제를 수주하기 위해 적극적인 노력을 기울이기 시작했다.

셋째는 과학기술의 중요성 증대이다. 과학기술의 경쟁력이 국가경쟁력을 결정하는 중요한 요소로 대두되면서 국가 차원에서 과학기술 분야에 대한 연구개발을 확대하기 시작했고, 이러한 정부의 정책은 대학의 연구활동에 많은 영향을 끼쳤다. 이와 함께 기업에서도 과학기술이 전략적인 자원으로 간주되면서 과학기술에 대한 투자가 더욱 강화되었다. 특히 핵심 부서만 남기고 나머지 기술혁신의 원천을 외부에 의존하는 기업이 증가하면서 대학과 기업의 협력이 중요한 과제로 부상했다.

이러한 배경에서 주요 선진국들은 1980년대 이후에 고등교육 시스템을 개혁하기 위한 작업에 착수했다. 영국은 고등교육 시스템이 가장 크게 변한 국가에 해당한다. 영국은 오랫동안 소수의 엘리트를 양성하는 종합대학(university)과 다수의 기술자를 양성하는 폴리테크닉(polytechnic)으로 이원화된 체제를 가지고 있었다. 1979년 대처가 집권한 이후에 영국 정부는 대학운영비에 대한 지원을 삭감하면서 고등교육에 기업문화를 주입하기 시작했다. 1987년에는 고등교육 개편을 위한 백서가 마련되었는데, 그것은 고등교육이 경제에 더욱 효과적으로 기여해야 하고 연구가 상업적인 목표를 추구해야 한다는 점을 강조했다. 이를 바탕으로 1988년에는 교육법이 제정되었으며, 그 법은 대학과 폴리테크닉의 차이를 감소시키고 대학지원을 담당했던 대학보조금위원회(University Grants Committee: UGC)를 폐지하는 것을 골자로 삼고 있었다. 1992년에 교육과학성은 영국 고등교육의 이원체제를 단일체제로 통합하면서 대중적인 고등교육 추구와 산업경쟁력에의 기여를 강조했다. 이와 함께 교육과학성은 교육과 연구에 대한 지원을 분리하여 각각 다른 기관이 담당하게 했다. 교육에 대한 지원은 고등교육재정위원회(Higher Education Funding Councils: HFCs)를 통해 학부생의 숫자와 교육수준을 평가함으로써 이루어졌으며, 연구에 대한 지원금은 연구회(Research Councils)가 공개 경쟁 시스템을 통해 배분하게 되었다.

미국은 이미 1970년대 초반부터 고등교육에 시장기능을 도입하기 시작했다. 당시 미국의 많은 주 정부는 학생 수와 등록금이 많을수록 지원을 강화하는 정책(high tuition-high aid policy)을 실시했다. 이를 배경으로 대학은 많은 학생들을 유치하기 위해 적극적으로 노력했으며, 학생들은 고등교육 시장에서 소비자로서의 주권을 행사할 수 있었다. 1980년대에 들어 미국은 대학과 기업의 과학기술에 대한 연구개발을 장려하기 위한 일련의 법률을 제정했다. 1980년에 제정된 「베이-돌 법(Bayh-Dole Act)」은 대학이 이윤추구 활동에 참여하는 시발점이 되었고,[2] 1983년에 제정된 「희소약품 개발법(Orphan Drug Act)」은 생명공학을 매개로 대학과 기업의 연계를 촉진했으며, 1984년 제정된 「국가공동연구법(National Cooperative Research Act)」은 산업, 대학, 정부가 참여하는 합자회사의 설립을 유도했다. 이러한 배경에서 미국의 대학들은 특허 취득, 공동연구, 기술 이전, 기업의 스핀오프(spin-off) 등을 적극적으로 추진했다. 이처럼 미국의 경우에는 영국과 달리 연방 정부가 고등교육에 거의 개입하지 않았고 과학기술정책을 매개로 고등교육의 개편이 이루어졌다. 그러나 전반적으로는 영국과 마찬가지로 고등교육에 시장의 기능을 도입하면서 대학이 경제발전에 기여할 것을 강조했다.

2) 제2차 대학혁명에 관한 논의

제2차 대학혁명을 통해 대학의 역할과 기능에 어떤 변화가 나타나고 있는지에 대해서는 다양한 논의가 이루어져 왔다. 그 대표적인 예로 기번스(M. Gibbons) 등은 미국의 사례를 중심으로 지식생산(production of knowledge)의 방식이 어떻게 변화하고 있는지에 대해 논의한 바 있다. 그들은 1980년대부터 서구 사회의 지식생산 방식이 '제1 양식(mode 1)'에서 '제2 양식(mode 2)'으로 바뀌었다고 주장하면서 두 양식을 다음과 같은 다섯 가지 항목을 통해 비교하고 있다(Gibbons et al., 1994).

---

2 홍미롭게도 1980년은 미국 특허청이 제너럴일렉트릭사의 차크라바티(A. Chakrabarty)가 DNA 재조합을 통해 만들어낸 기름 먹는 박테리아에 특허를 허용했던 해이기도 하다. 그것은 역사상 최초로 생명체에 특허가 부여된 사건이었는데, 이후 생명체에 대한 연구는 특허를 얻기 위한 치열한 경쟁과 산업화의 길로 접어들게 되었다.

첫째는 지식생산에 대한 맥락의 변화이다. 제1 양식에서는 학문적 호기심에 입각하여 순수연구를 수행하는 것이 지식생산의 기본적인 맥락이었고, 그것은 연구결과의 실제적 활용에는 별로 관심이 없는 학문공동체(academic community)에 의해 수행되었다. 이에 반해 제2 양식에서는 지식생산이 산업, 정부 혹은 사회 전체에 유용한 것을 지향하는 가운데 특정 이슈나 문제를 중심으로 이루어지고 있다. 이와 함께 제2 양식에서는 지식이 다양한 이해당사자들과의 협력 속에서 생산되며 그러한 과정에서 이해당사자들의 관심과 의견이 반영되고 있다.

둘째는 학제적 기반의 변화이다. 제1 양식에서 지식은 특정한 학과나 단일 분야를 중심으로 발달해왔으며, 이론과 응용의 구분이 비교적 분명했다. 이에 반해 제2 양식에서는 다양한 이해당사자들의 관심사가 반영되면서 다학제적(mutidisciplinary) 혹은 초학제적(transdisciplinary) 영역이 등장하며, 이론과 응용 사이에 역동적인 흐름이 생겨났다.

셋째는 지식생산을 담당하는 조직의 변화이다. 제1 양식에서는 지식생산이 대학이라는 단일 주체에 입각하고 있었지만, 제2 양식에서는 대학, 연구기관, 정부기관, 비영리기관, 산업, 컨설팅 회사 등의 다양한 주체로 확대되었다. 제1 양식에서는 대학과 다른 조직과의 협동은 상당히 제한적이었고 연구팀은 특정한 학문 분야를 중심으로 형성되었던 반면, 제2 양식에서는 지식생산의 주체가 다양화되면서 이러한 주체들 사이의 네트워크가 중요시되었고, 연구팀은 다양한 기술과 숙련을 결합하는 가운데 끊임없는 진화를 경험하게 된다.

넷째는 책임성(accountability)의 문제이다. 제1 양식에서 연구내용에 대한 평가는 동료에 의해 이루어졌으며, 연구자는 성실하게 연구를 수행하면 그 책임을 다한 것으로 간주되었다. 이에 반해 제2 양식에서는 국가나 지역의 경제발전에 기여해야 한다는 사회적 책임성(social accountability)이 지식생산을 지배하고 있다. 이와 함께 제1 양식에서는 연구자가 전문지식을 무지한 대중에게 전파하는 사람으로 간주되었지만, 제2 양식에서는 연구과정 자체에 다양한 이해당사자들의 관심사를 반영하는 것이 강조되고 있다.

다섯째는 지식의 질에 대한 통제의 문제이다. 제1 양식에서 연구의 질적 수준을 평가하는 중요한 기준은 그 연구가 해당 전문 분야에 기여하는지 여부에 있었다. 제2 양식에서는 연구의 질적 수준이 더욱 다양한 기준에 의해 평가되는데, 지적 우수성 외에도 비용효과성(cost-effectiveness)이나 경제적·사회적 함의가 중요해지고 있다.

이러한 주장에 대해 캐나다의 사례를 분석한 고딘(B. Godin)과 긴그라스(Y. Gingras)는 대학과 정부, 대학과 산업 간의 연계가 더욱 강화되고 있는 것은 사실이지만, 이와 함께 정부와 산업이 지식생산을 위해 대학에 의존하는 부분이 점차 증대되었다는 점에도 주목해야 한다고 지적한다(Godin and Gingras, 2000). 또한 에츠코위츠(H. Etzkowitz)와 레이데스도르프(L. Leydesdorff)는 제2 양식이 이미 오래전부터 존재해왔으며 제1 양식을 보완하는 것이지 대체하는 것은 아니라고 비판하고 있다. 그들은 '삼중나선(triple helix)' 모델을 통해 지식생산체제에서 대학, 산업, 정부 간의 관계를 살펴보면서 개별적인 나선 자체가 계속 변화되었고 세 나선이 지속적으로 접점을 형성하는 가운데 그러한 접점에서 새로운 기관과 제도가 만들어진다는 점에 주목한다(Etzkowitz and Leydesdorff, 2000).[3] 이러

3 여기서 대학, 산업, 정부 외에 시민사회를 추가한다면, 사중나선(quadruplex) 모델도 생각할 수 있다. 시민사회의 참여는 과학의 지나친 상업화를 경계하고 과학의 공공성을 회복하는 매개물이 될 수 있을 것이다.

한 논의를 고려한다면, 지식생산 방식이 제1 양식에서 제2 양식으로 전환되었다고 주장하는 것보다는 제1 양식과 제2 양식이 이미 존재하고 있었고, 다만 그 중점이 제1 양식에서 제2 양식으로 이동하는 것으로 해석하는 것이 더욱 타당할 것이다.

이러한 연구들이 공통적으로 주장하는 것은 대학이 과거의 역할과 기능에 한정되어서는 새로운 변화에 적응할 수 없다는 점이다. 지식생산에서 대학이 차지하는 비중이 증대되었는지 아니면 축소되었는지, 그리고 제2 양식이 제1 양식과 근본적으로 다른 것인지 아니면 연장선상에 있는 것인지에 대해서는 논쟁의 여지가 있지만, 대학이 정부와 산업을 비롯한 다양한 사회적 주체들과 연계를 강화하고 있다는 점에 대해서는 의견을 같이하는 것이다. 대학의 역할과 기능은 사회의 다양한 주체들과의 상호작용을 통해 끊임없이 변화되어야 하며, 이를 위해서는 대학의 역할과 기능을 다양하게 발전시키기 위한 내부적 노력과 외부적 지원이 필수적이다.

4. 기업가적 대학의 패러다임과 특징

1) 기업가적 대학의 패러다임

기업가적 대학의 의미는 제2차 대학혁명 이전의 대학이 가진 특성과 비교해볼 때 더욱 분명해질 수 있다. 여기서는 스밀러(R. W. Smilor) 등의 논의를 바탕으로 전통적인 대학에 대한 패러다임과 기업가적 대학에 대한 패러다임을 비교해보고자 한다(Smilor et al., 1993).

〈그림 8-1〉 전통적인 대학의 패러다임

자료: Smilor et al.(1993: 3).

전통적인 대학의 패러다임에서 대학의 추동력(drivers)은 ① 학문적인 명성, ② 정부로부터의 지원, ③ 기초연구의 강조에 있었다. 이러한 추동력의 결과 대학은 연구, 강의, 서비스라는 세 가지 임무를 갖는데, 그중에서도 연구가 가장 중요한 것으로 간주되었다. 이러한 패러다임의 결과물(outcomes)은 ① 기초지식에 대한 이해를 증진하고, ② 사회활동을 담당하게 될 학생을 교육하며, ③ 대학의 전문직업적이고 제도적인 인정을 높이는 것으로 나타났다.

'기업가적 대학'으로 불리는 새로운 패러다임의 경우에는 전통적인 패러다임과는 달리 외부 환경이 훨씬 복잡해졌을 뿐 아니라 대학의 기능에도 상당한 변화를 수반하고 있다. 범지구적 경쟁의 환경 속에서 대학은 이전에 비해 기업들과 훨씬 더 다양한 연결을 형성하고 있으며 그것이 정부의 대학 평가와 연구비 지급에서도 더욱 중요한 요소가 되었다. 대학 외부의 추동력은 ① 전략적 제휴, 재원의 유인, 기술의 상업화 등을 부추기는 연방 정부와 주 정부의 정책, ② 대학에 투입된 연구비의 경제적 효과에 대한 대학의 책임성 증가, ③ 초학문적인 접근과 긴밀한 산학협동을 요구하는 첨단기술의 등장, ④ 범지구적 경쟁에 직면한 산업의 요구, ⑤ 대학기금을 위한 새로운 재원의 확보에 대한 요구 등을 들 수 있다. 이러한 외적 추동력은 대학의 내적 추동력에 영향을 미치는데, 여기에는 ① 새로 부상하는 기술을 위한 복잡하고 다학제적인 기초연구, ② 연구를 통해 경제적 이득을 얻고자 하는 교수들, ③ 이러한 경제적 이득을 고무하는 대학의 보직교수들, ④ 기업가정신, 기술경영, 환경영향평가 등 새로운 교육과정 창설, ⑤ 다학제적인 과목에 대한 학생들의 긍정적 인식, ⑥ 평생교육 및 재교육의 중요성 부상 등이 포함된다.

기업가적 대학의 패러다임에서는 이와 같은 대학 내외부의 추동력이 대학의 연구, 강의, 서비스에 영향을 미쳐 그 성격을 변화시킨다는 점에 주목한다. 대학은 점차 응용연구에 더 많은 관심을 기울이며, 혁신적인 강의나 새로운 교육과정을 개발하고, 지역사회는 물론 국가와 산업에 기여하는 방향으로 나아간다. 이러한 변화는 다시 대학과 산업이 연계되는 메커니즘을 바꾼다. 연계 메커니즘(linkage mechanisms)으로 작동하는 요소에는 조인트 벤처(joint venture), 창업보육기관, 연구단지, 우수연구거점(centers of excellence), 연구개발컨소시엄, 산학협동연구조직, 기술이전센터, 기업-대학-정부의 연계조직, 평생교육원을 포함한 새로운 유형의 교육과정 등이 있다.

이러한 기업과 대학의 새로운 연관들은 과거에는 없었던 지원 시스템(support system)에 의해 활성화되는데, 그것은 ① 사업계획 개발, 시장 가능성 측정, 지적재산권 확보 등을 포함한 기업에 대한 지원, ② 교수들의 자문, 기술과 제품에 대한 테스트, 실험실에의 접근을 포함한 기술적 지원, ③ 창업 기업에 대한 지분의 출자나 공간 제공과 같은 재정적 지원, ④ 기술교육·전문교육·원거리교육 등의 교육적 지원으로 구성된다.

이러한 연계 메커니즘과 지원 시스템을 통해 기업가적 대학은 다양한 결과물을 산출한다. 그중에서 대학 외적인 것으로는 ① 지식의 응용과

〈그림 8-2〉 기업가적 대학의 패러다임

자료: Smilor et al.(1993: 4).

문제 해결을 지향하는 연구, ② 스핀오프 기업들과 새로운 기술, ③ 지역 및 국가 경제에의 기여, ④ 새로운 고용의 창출, ⑤ 대학으로부터 기업으로의 기술 이전, ⑥ 국제적 경쟁력의 향상 등이 있으며, 이는 다시 대학 내적인 결과물에 영향을 준다. 대학 내적인 결과물로는 ① 교수진의 기업가적 마인드 제고, ② 새로운 연구비의 확보, ③ 실제적 유용성을 가진 프로그램의 개발, ④ 새로운 유형의 교육과정 개발, ⑤ 교수의 임용과 승진에 대한 새로운 기준 마련 등이 있다.

2) 기업가적 대학의 특징

제2차 대학혁명으로 출현한 기업가적 대학에서 나타나는 특징을 선진국 대학의 추세를 중심으로 정리하면 다음과 같다(민철구 외, 2003:

39~57).

우선 대학교수의 사고경향이 변화되고 있다. 기업가적 대학의 출현을 배경으로 교수들이 기업가들처럼 행동하려는 경향이 나타나고 있는 것이다. 교수들은 새로운 지식이나 제품을 개발하면서 이를 상업화할 수 있는 상대를 찾으려고 노력한다. 이제 교수들은 한편으로는 그들의 연구가 인류에 공헌하기를 바라지만 다른 한편으로는 그들의 연구가 내는 수익에 대해 관심을 갖는 양면적인 성향을 보이고 있다. 이와 함께 교수들은 여전히 기초연구를 학문의 기반이라고 간주하면서도 이제는 상업적 목적을 가진 응용연구가 더해져 학문의 새로운 기반이 형성된다고 여긴다. 연구실적도 더 이상 출판을 통해서만 발현되는 것이 아니라 적어도 부분적으로는 경제적 행위에서의 성공으로도 나타난다.

둘째, 대학교수에 대한 보상체계가 변화하고 있다. 대학의 역할은 교육, 연구, 사회봉사로 나눌 수 있는데, 교육에 대한 투자는 상대적으로 감소하는 반면 연구와 사회봉사에 투입되는 자원은 증가하는 경향을 보인다. 이러한 대학의 역할 변화는 대학교수에 대한 보상체계에도 반영되고 있다. 업적 평가, 승진, 정년보장 등에서 연구를 가장 중요한 요소로 삼고 있으며 사회봉사도 중요한 영역으로 간주되고 있다. 오늘날의 연구에는 많은 인적·물적 자원이 요구되기 때문에 이러한 자원을 확보한 교수가 좋은 평가를 받을 가능성이 크다. 또한 대학에서 연구비를 지급하거나 인센티브를 제공하는 경우에도 시장에 가까운 분야의 교수들에게 유리하게 작용한다. 이에 따라 교수 연봉에서도 분야별로 상당한 차이가 발생하는데, 법학·공학·의학·경영학 등이 다른 분야보다 많은 연봉을 받고 있다.

셋째, 대학의 재원구조가 다변화되고 있다. 국가재정에서 고등교육에 대한 비중은 그 증가세가 둔화되고 있으며, 특히 시설의 운영 및 유지와 같이 재량권이 있는 부분은 크게 줄어들고 있다. 이처럼 대학에 대한 정부지원이 감소하면서 대학은 등록금 인상, 연구과제의 수주, 새로운 프로그램의 개발, 각종 기증의 유인 등을 통해 재원구조를 다변화한다. 이에 따라 대학의 경영진이나 중간조직은 외부로부터 자금을 유치하는 데 상당한 노력을 기울이며, 그것이 리더십의 가장 중요한 부분 중의 하나로 간주된다. 새로운 프로그램을 통해 재원을 확보하기 위해 대학 본부와 해당 기관이 수강료를 분배하는 경우도 많아졌다. 대학 재정에서 등록금이 차지하는 비중은 점차 증가하는 추세를 보이며, 이를 배경으로 학생들이 대학 내부의 자원배분 절차에 개입하는 경우도 종종 발생한다.

넷째, 대학 내에서 분권화 추세가 강화되고 있다. 기업가적 대학에서는 외부와의 교류를 원활히 하고 자원을 효과적으로 조달하기 위해 전문화된 내부 조직이 생겨나게 된다. 이러한 조직은 상당한 권한과 자율성을 부여받으면서 대학과 독립적으로 활동할 수 있게 되고 따라서 대학 내에서 상당한 권한을 획득한다. 그 결과 총장을 비롯한 대학 중앙의 경영자들이 가진 권한은 상대적으로 축소되어 하부조직에 대해 실질적인 영향력을 발휘하기 어렵게 된다. 하지만 다른 한편으로는 중앙의 경영자들이 대학의 하부조직 중에서 외부 자금을 많이 유치하는 조직을 포상하거나 새로운 조직을 설립하는 데 지원금을 제공하는 등의 방식으로 권한을 강화할 수도 있다. 이와 함께 재정구조가 전반적으로 어려워지는 상황에서는 대학의 각 주체들이 외부 기관에 대한 권한을 중앙 경영진에게 부여하려는 경향을 보이기도 한다.

그 밖에 학문 분야의 차원에서는 과학기술 분야가 확대되고 있다는 점도 지적되어야 할 것이다. 많은 대학에서 인문사회 분야와 예체능 분야를 축소하는 대신 과학기술 분야를 확대하는 경향을 보이고 있다. 과학기술 분야에 대해서는 학생과 교수의 수를 늘리는 것은 물론 연구와 교육에 대한 각종 지원을 강화하는 것이다. 인문사회 분야는 점차 축소되고 있지만, 과학기술과 가까운 경영학이나 지적재산권 등의 분야는 더욱 확대되는 경향을 보이고 있다. 게다가 과학기술 및 관련 분야는 정부의 과학기술정책이나 기업의 기술혁신전략과 연결되어 상당한 자원을 확보할 수 있는 기회도 많다. 이에 따라 대학 내에서 학문 분야별로 빈익빈 부익부 현상이 나타나고 있으며, 이러한 경향은 더욱 심화될 것으로 전망된다.

5. 맺음말

제2차 대학혁명을 매개로 출현한 기업가적 대학은 점점 세력을 확장하고 있다. 한국에서도 1990년대 말에 이른바 'IMF 위기'를 겪으면서 대학의 개혁과 연구의 상업화가 중요한 사회적 쟁점으로 부상했다. 예를 들어 2000년에 제정된 「기술이전촉진법」은 공공연구기관이 개발한 기술을 민간에 이전하여 산업화하는 것을 적극적으로 지원하는 내용을 담고 있으며, 2003년에 제정된 「산업교육진흥및산학협력촉진에관한법률」은 대학의 산학협력사업을 전담하는 기구로 산학협력단을 설치할 것을 주문하면서 대학이 운영하는 학교기업의 설립을 가능하게 하고 있다.

그러나 기업가적 대학에는 불확실하고 안정적이지 못한 요소도 적지 않다. 장기적인 기초연구를 어디서 수행하고 누가 지원해야 하는지, 대학의 연구가 기업에 의해 점점 더 좌우된다면 대학의 독립성과 학문의 자유는 어떻게 지켜야 하는지, 대학 간 또는 대학 내부의 부익부와 빈익빈의 심화는 어떻게 해결해야 하는지 등은 심각하게 논의해야 할 문제이다. 학문의 상업화가 단기적으로는 대학이나 기업에 이윤을 안겨줄 수 있겠지만, 장기적으로는 모두에게 장애가 될 수 있다는 주장도 신중하게 검토되어야 할 것이다(cf. Krimsky, 2003; Frickel and Moore, 2006).

이와 함께 한국적 특수성도 중요하게 고려되어야 한다. 19세기부터 지금까지 200여 년에 걸쳐서 두 차례의 대학혁명을 겪은 선진국의 대학과는 달리, 한국의 대학은 몇십 년이라는 짧은 시간 동안 두 혁명을 압축해서 경험하고 있다. 역사적 경험이 다르다는 이유 외에도 대학의 역할이 사회와 문화라는 넓은 맥락 속에서 결정되고 그 의미가 부여되기 때문에, 선진국 대학의 경험을 그대로 한국에 이식하는 데에는 성급한 일반화의 오류가 수반되기 쉽다. 그런데도 선진국의 사례가 제공하는 교훈이 있다면, 대학은 경제사회적 환경에 따라 지속적으로 변해야 한다는 점과 대학의 역동적인 발전을 위해서는 선의의 경쟁이 필수라는 점을 들 수 있겠다.

마지막으로 새로운 연구환경의 변화가 연구윤리와 관련된 문제점을 유발할 가능성을 가진다는 점을 지적하고자 한다. 물론 연구환경은 분야, 국가, 지역 등에 따라 달라지지만 적어도 다음과 같은 몇 가지 사항은 대부분의 연구자들이 피부로 느끼는 변화라고 할 수 있다(홍성욱, 2008b: 183~186). 첫째, 경쟁의 가속화를 배경으로 연구자들이 계속적으로 논문을 출판해야 하는 압력에 시달리면서 연구부정행위의 유혹에서 완전히 자유로울 수 없게 된다. 둘째, 연구의 상업화는 연구자들에게 내적 보상에 비해 외적 보상을 지나치게 기대하게 하여 윤리의식을 떨어뜨릴 수 있다. 셋째, 연구비 수주 경쟁이 치열해지고 연구비의 공정한 배분에 문제가 제기되는 것을 배경으로 연구자들의 윤리의식이 희박해질 수 있다. 넷째, 연구결과의 불확실성이 높아지면서 연구자들이 자신의 연구를 둘러싼 여러 논점들을 공론화하는 것이 중요해지는데, 연구비의 지속적인 수혜를 위해 이러한 공론화를 회피하는 경우에는 심각한 사회적 문제를 미연에 방지하기 어렵게 된다. 이처럼 새로운 연구환경의 변화는 연구자에게 새로운 규범을 요구하므로 우리 사회에서도 연구윤리에 대한 논의와 실천이 더 심도 있게 이루어져야 할 것이다.

제 4 부 과학기술과 윤리

제9장

과학윤리의 범위와 한국 사회에서의 논의

1. 머리말

이른바 '황우석 사건'을 계기로 한국 사회에서도 과학기술의 윤리적 측면에 대한 관심이 높아졌다. 그러나 한국에서는 아직까지 과학기술의 윤리적 차원에 관한 논의가 체계적으로 이루어지지 않아 과학기술의 발전에 비해 과학윤리는 상당히 뒤처져 있는 상황이다. 향후에는 우리나라에서도 과학윤리와 관련된 문제가 더욱 증가할 것으로 전망되며 이에 대한 제도적 장치를 마련하는 일이 매우 중요해지고 있다.[1]

상당 기간 우리나라에서는 과학과 윤리가 대립된 것으로 간주되었지만, 그것은 생산적인 논의를 진전시키는 데 도움이 되지 않는다. 과학연

1 과학기술의 윤리적 측면에 관한 논의를 지칭하는 용어에는 연구윤리(research ethics), 과학윤리(science ethics), 과학 및 공학윤리(science and engineering ethics), 공학윤리(engineering ethics) 등이 있으며, 이 글에서는 포괄성과 간결성을 갖춘 용어에 해당하는 과학윤리를 사용하고자 한다.

구의 범위와 방법에 대한 의견에는 차이가 있지만 과학연구 자체를 반대하는 집단은 거의 없기 때문이다. 아울러 특정한 과학연구를 수행하는 사람이나 집단도 나름대로의 윤리적 가치를 명시적 혹은 묵시적으로 상정하고 있다.

또한 황우석 사건이 진전되면서 논쟁의 쟁점이 '윤리에서 진위로' 변경된 것으로 평가되는 등 과학윤리의 범위가 협소하게 이해되고 있다. 과학윤리는 절차상의 윤리는 물론 내용상의 윤리를 포함하는 것이며, 사실상 내용과 절차는 매우 밀접한 관계에 놓여 있다. 이와 함께 과학윤리에 대한 논의와 처방은 해당 사회의 맥락을 충분히 고려하는 가운데 이루어져야 한다. 과학윤리가 논의되는 맥락과 이에 대한 대응은 국가에 따라 차이를 보이며 실제적인 효과를 발휘할 수 있는 제도의 구성이 관건으로 작용한다.

이 글에서는 과학윤리의 범위와 한국적 맥락에 대해 논의함으로써 과학윤리에 대한 이해를 제고하고 적절한 제도적 장치를 마련하기 위한 계기로 삼고자 한다. 이하의 구성은 다음과 같다. 2절에서는 과학윤리가 포괄하는 범위는 무엇이며 해당 범주에 따라 어떤 문제가 쟁점이 되고 있는지에 대해 정리한다. 3절에서는 1980년대부터 현재까지 한국 사회에서 과학윤리에 관한 논의가 전개된 과정을 세 단계로 구분하여 검토한다. 이어 4절에서는 이상의 논의를 정리하면서 한국 사회에서 과학윤리를 정착시키기 위한 몇 가지 조건에 대해 살펴본다.

2. 과학윤리의 범위와 쟁점

과학윤리의 키워드는 '진실성(integrity)'에 있으며,[2] 진실성을 확보하기 위한 논의와 실천이 과학윤리에 해당한다. 진실성은 바람직한 연구가 무엇인지를 압축해서 표현한 단어로 절차적 투명성과 내용적 객관성을 포괄하는 개념이다. 이와 유사한 의미를 가진 용어로는 '책임 있는 연구수행(responsible conduct of research: RCR)'과 '바람직한 연구실천(good research practice: GRP)'이 있다. 전자는 미국에서 후자는 유럽에서 널리 사용되고 있는데, 전자는 무책임한 과학연구에 대한 처벌에 초점을 두는 반면 후자는 훌륭한 과학윤리의 관행을 진작시키는 데 초점을 둔다. 이에 따라 진실성에 반대되는 개념의 경우에도 미국에서는 '부정행위(misconduct)'가, 유럽에서는 '부정직성(dishonesty)'이 널리 사용된다.

과학윤리가 포괄하는 범주는 ① 과학연구의 과정, ② 연구결과의 출판, ③ 실험실 운영, ④ 특정한 과학분야의 윤리, ⑤ 과학자의 사회적 책임 등 다섯 가지로 종합할 수 있다(Friedman, 1996; Resnik, 1998; 송성수, 2001a; 김명진, 2002; Shamoo and Resnik, 2003).

여기서 ①, ②, ③은 주로 과학계 내부의 윤리적 쟁점에 해당하며 모든 과학분야에 해당하는 통상적인 의미의 과학윤리라 할 수 있다. ④는 동물이나 사람을 대상으로 하는 생물학·의학·심리학 등의 특정한 과학분야에 적용되는 문제이다. ⑤는 전문직업인으로서의 과학자 혹은 과학계가 적절한 사회적 역할을 수행하고 있는지에 대한 쟁점일 것이다. 물론

---

2 'Integrity'는 우리말로 진실성(眞實性), 정직성(正直性), 충실성(充實性), 충전성(充全性), 건실성(健實全), 건전성(健全性) 등으로 번역될 수 있는데, 여기서는 2007년에 제정된 '연구윤리 확보를 위한 지침'을 존중하여 '진실성'이라는 번역어를 사용하기로 한다.

과학윤리가 포괄하는 범주는 논자에 따라 차이가 있겠지만, 이와 같은 다섯 가지의 범주는 서로 밀접히 연관되어 있다. 그것은 과학윤리상의 문제점이 발생한 원인을 진단하거나 이를 예방하기 위한 대책을 마련하는 과정에서 더욱 뚜렷하게 드러난다.

1) 과학연구의 과정

과학연구의 과정에 대한 윤리는 정직하게 충분한 주의를 기울여 충실한 연구를 수행했는지, 아니면 의도적인 속임수, 부주의, 자기기만(self-deception) 등으로 부적절한 연구결과를 산출했는지에 대한 문제에 해당한다. 특히 과학연구의 과정에서 데이터나 이론을 위조, 변조, 표절(fabrication, falsification and plagiarism: FFP)한 부정행위(misconduct) 혹은 기만행위(fraud)가 가장 큰 문제가 되고 있다.[3] 이와 함께 과학연구의 과정에서는 데이터의 관리가 중요한 쟁점이 되는데, 데이터를 분석할 때 통계기법을 오용하지 않는 것과 실험에서 도출된 원 데이터(raw data)를 일정 기간 이상 충실히 보관해두는 것이 중요한 구성요소로 간주된다.

여기서 실제적인 문제 중의 하나는 FFP를 어떻게 정의할 것인가이다. 이와 관련해 미국 백악관의 과학기술정책실(Office of Science and Technology

---

3 이러한 점에 주목한 최초의 인물은 찰스 배비지(Charles Babbage)로 알려져 있다. 그는 1830년에 발표한 「영국 과학의 쇠퇴에 관한 반성(Reflections on the Decline of Science in England)」에서 한 꼭지를 할애하여 기만행위에 대해 다루었는데, 거기에는 날조(forging), 요리(cooking), 손질(trimming)이 포함된다. 날조는 실험이나 관찰의 결과를 임의로 만들거나 완전히 바꿔치기 하는 일이고, 요리는 가설에 들어맞지 않는 데이터를 제외하여 실험이나 계산의 결과를 조작하는 일이며, 손질은 측정한 데이터를 미리 기대했던 범위에 맞도록 다듬는 일이다(창클, 2006: 7~9). 오늘날의 FFP에 대한 정의와 비교해보면 날조는 위조에, 요리와 손질은 변조에 해당한다.

Policy: OSTP)은 1999년 FFP를 다음과 같이 정의한 바 있다.[4] 위조는 존재하지 않는 데이터나 연구결과를 인위적으로 만들어내 그것을 기록하거나 보고하는 행위에 해당한다. 변조는 연구와 관련된 재료, 장비, 공정 등을 허위로 조작하는 것, 또는 데이터나 연구결과를 바꾸거나 삭제하는 것을 통해 연구의 내용이 정확하게 발표되지 않도록 하는 행위이다. 표절은 다른 사람의 아이디어, 연구과정, 결과, 말 등을 적절한 인용 없이 도용하는 행위에 해당한다. 물론 정직한 실수나 의견의 차이는 FFP에 포함되지 않는다.[5]

2) 연구결과의 출판

학술지에 연구결과를 발표하는 것은 모든 분야의 연구에서 매우 중요한 부분을 차지한다. 논문의 출판이 연구자로서 인정을 받고 성장하는 데 필수적인 잣대로 작용하기 때문이다. 학술지에 논문을 발표하는 경우에는 일정한 자격을 갖춘 사람에게만 저자 표시(authorship)를 허용하고 실질적으로 기여한 정도에 따라 저자의 순서를 정함으로써 공로(credit)를 합당하게 배분해야 한다.

---

4 http://www.ostp.gov/html/001207_3.html.

5 부정행위의 범위 자체가 가변적이라는 점에도 주목할 필요가 있다. 부정행위의 범위를 FFP에 국한할 것인가 아니면 FFP는 물론 '연구의 제안, 수행, 보고의 측면에서 과학자사회 내에서 통상적으로 받아들여지는 데서 심각하게 벗어난 여타의 실행들(other practices that seriously deviate from those that are commonly accepted within the scientific community for proposing, conducting, or reporting research)'로 확장할 것인지의 문제가 그것이다. 미국의 경우에는 1986년에 부정행위가 넓은 의미로 규정된 후 과학자들의 반대로 1992년부터 앞서 언급한 문구가 사라졌고, 1999년에는 부정행위가 FFP에 국한한 것으로 공식화되었다(Steneck, 1999).

무엇보다도 연구에 실질적으로 기여하지 않은 사람을 논문의 저자로 이름을 올리는 행위, 즉 '명예저자 표시(honorary authorship)'가 근절되어야 한다. 또한 대학원생이나 박사후연구원과 같은 소장 연구자들의 정당한 공로를 인정해야 하며, 동일한 내용의 연구결과를 중복해서 발표하여 연구업적을 부풀리는 중복게재(duplicate publication)를 피해야 한다. 이와 함께 과학자가 동료심사(peer review)를 거치지 않은 연구성과를 기자회견 등을 통해 발표해 대중적 명성이나 금전적 이익을 추구하는 것도 중요한 문제로 대두되고 있다.

3) 실험실 운영: 실험실에서의 권위와 차별

오늘날의 과학연구활동은 대부분 실험실이나 연구소에서 이루어진다. 실험실에서는 많은 사람들이 오랜 시간 함께 생활하며, 그러한 관계 속에서 다양한 차원의 윤리적 문제들이 발생하게 된다. 그중에는 특정 국가의 사회적 관행이 과학계에 투영된 것도 있고, 과학계에서 특별히 부각되는 것도 있다.

실험실에서는 멘토(mentor)와 멘티(mentee)의 관계가 가장 중요한 문제가 된다. 지도교수나 연구책임자와 같은 멘토는 멘티에 해당하는 대학원생이나 연구원을 활용 가능한 노동력으로만 보지 말고 적절한 지도를 해주어야 한다. 또한 여성을 비롯한 사회적 소수자 집단(social minorities)에 대한 차별(discrimination)이나 괴롭힘(harrassment)이 없어야 한다. 연구원의 채용과 인정의 측면에서도 충분한 기회를 제공하며, 연구비 및 실험재료 등과 같은 자원을 공평하게 배분하고 적절히 활용하는 것도 필수적이다. 부정행위에 대한 내부고발자(whistleblower)를 보호하고 실험실의 안전을 보장할 수 있는 조치를 강구하는 것도 중요한 쟁점에 해당한다.

4) 특정한 과학분야의 윤리

과학이 발전하면서 동물이나 인간과 같은 생명체도 과학연구의 대상이 되었고 이로 인해 다양한 윤리적 쟁점들이 제기되고 있다. 특히 어떤 연구와 실험이 윤리적으로 용인될 수 있는가에 대한 사회적 합의를 도출하는 것이 중요한 과제로 부상하고 있다. 이처럼 생명체를 다루는 경우에는 더욱 세심한 윤리가 요구되기 때문에 일찍부터 생명윤리 혹은 의료윤리에 대한 논의가 발달되었다. 사실상 과학윤리에 대한 논의와 실천도 생물학과 의학을 중심으로 이루어진 후 다른 과학분야로 확대되는 경향을 보인다.

생명체를 다루는 과학분야의 윤리에서는 피실험자와 '정보에 입각한 동의(informed consent)'가 적절히 이루어졌는지, 실험동물에 대한 주의와 배려가 충분히 기울여졌는지가 중요한 쟁점이 되고 있다. 정보에 입각한 동의는 피실험자에게 충분한 정보를 제공하고 피실험자에게서 실험에 대한 자발적인 동의를 얻는 것을 의미하는데, 이러한 과정에서는 적절한 절차와 자료를 확보하는 것이 반드시 필요하다. 최근에는 인간유전 정보 및 프라이버시와 관련된 인권 문제, 인간유전자 특허의 허용 여부, 유전자 치료와 관련된 우생학적 쟁점 등이 생명윤리에 관한 새로운 문제로 부각되고 있다.

5) 과학자의 사회적 책임

과학자의 사회적 책임은 통상적인 의미의 과학윤리보다는 전문직 윤리(professional ethics)에 가깝다고 할 수 있다. 그러나 전문직 윤리의 내용 중에는 과학윤리와 겹치는 부분도 많다. 특히 공공자금을 이용한 연구의 내용과 과정이 공공성을 담보하는가가 중요한 쟁점이 된다. 지나치게 상업적이거나 군사적 목적을 지닌 연구를 지양하고 연구비를 적절한 방식으로 관리하고 집행하며, 연구의 데이터와 결과를 적절히 공유하는 것이 이에 해당한다.

과학자의 사회적 책임과 관련된 윤리적 쟁점은 이해충돌(conflicts of interest)과 전문가 증언(expert witness) 등으로 확장될 수 있다. 이해충돌이란 진리 탐구를 통해 인류 복지에 기여한다는 연구의 일차적인 목적이 경제적 이익을 비롯한 부수적인 목적에 영향을 받는 상황을 뜻한다. 이해충돌의 경우에는 해당 과학자가 스스로 공표하여 의견을 구하는 것이 바람직한 방법으로 간주되고 있다. 전문가 증언은 과학자가 자신의 연구나 사회가 직면한 중요한 문제에 관해 책임 있게 발언하고 독립적인 조언을 제공하는 것을 의미한다. 전문가 증언의 경우에는 관련 연구의 동향과 한계에 대해 정직하면서도 현실적으로 발언하는 것이 중요시되고 있다.

3. 한국 사회의 과학윤리 논의의 전개과정

우리나라에서 과학윤리에 대한 논의가 황우석 사건을 매개로 갑자기 등장한 것은 아니다. 비록 전면적으로 가시화되지는 못했지만 과학윤리의 쟁점과 관련된 논의는 1980년대부터 지속적으로 이루어져 왔다. 여기에서는 앞서 논의한 과학윤리의 범위를 염두에 두고 한국 사회에서 과학윤리에 관한 논의가 전개된 과정을 1980년대부터 1990년대 전반, 1990년대 후반부터 2000년대 전반, 황우석 사건으로 구분해 살펴본다.

1) 과학윤리에 관한 문제제기: 1980년대부터 1990년대 전반

과학윤리와 관련해 한국 사회에서 가장 먼저 논의된 영역은 과학자의 사회적 책임이라 할 수 있다. 그것은 과학기술운동 혹은 과학기술자운동을 모색하기 위한 시도의 일환으로 주로 과학비판과 관련된 선진국의 사례를 소개하는 방식으로 이루어졌다. 예를 들어 조홍섭이 1984년에 편역한 『현대의 과학기술과 인간해방』은 환경오염과 군비경쟁을 비롯한 현대의 과학기술이 가진 부작용을 지적하는 가운데 '민중을 위한 과학기술론'을 거론하면서 과학기술의 건전한 발전을 위한 과학기술자의 역할을 강조한다. 특히 그 책은 1948년에 세계과학자연맹이 제정한 과학자헌장을 소개함으로써 과학기술자의 사회적 책임에 대한 논의를 더욱 풍부히 한다(조홍섭 편역, 1984: 279~288).

과학자헌장은 "과학자라는 직업에는, 시민이 일반적인 의무에 대해 지는 책임 외에 특수한 책임이 따른다"는 점을 강조하면서 과학자가 이러한 책임을 다하기 위해서는 과학, 사회, 세계라는 세 가지 측면에서 노력을 기울여야 한다고 권고한다. 과학에 대해 과학자는 과학연구의 건전성을 유지하고, 과학적 지식의 억압과 왜곡에 저항하며, 과학적 성과를 완전히 공표해야 한다. 사회에 대해 과학자는 당면한 경제적·사회적·정치적 문제들에 자신의 분야가 갖는 의미를 연구하고 모든 지역의 생활여건과 노동조건을 평등하게 개선하기 위한 연구를 진척시켜야 하며, 그러한 지식이 실행에 옮겨질 수 있도록 노력해야 한다. 세계에 대해 과학자는 자신의 노력이 전쟁준비의 방향으로 전환되는 것에 반대해야 하며, 평화를 위해 안정된 기반을 구축하려는 세력을 지원해야 한다.

1980년대에는 우리나라 학계의 몇몇 선구자들이 과학과 윤리에 관한 논의를 촉발하기도 했다. 예를 들어 1983년 12월에는 대우재단의 지원으로 '현대과학과 윤리'라는 워크숍이 개최되었으며, 그것은 이후에 보완되어 같은 제목의 책으로 발간된 바 있다(김용준 외, 1988). 거기서 김용준은 역사성과 윤리성을 과학의 중요한 속성으로 간주했고, 하두봉은 생명과학의 발달로 인한 새로운 윤리적 문제를 제기했으며, 장회익은 인류의 기술적 행위능력과 문화적 가치이념 사이의 역동적 관계를 고찰했고, 정재식은 인간화된 과학기술의 가능성을 타진했다. 그 밖에 송상용(1990)은 과학과 윤리가 별개라는 견해의 바탕이 되는 과학의 중립성이 신화에 불과하다고 역설했다.

1980년대 말과 1990년대 전반은 한국 사회의 민주화 열풍을 배경으로 과학기술운동 혹은 과학기술자운동이 본격화된 시기라고 할 수 있다. 당시의 과학기술운동은 정치적 노선이나 지향을 깔고 있었지만 한국의 과학기술과 과학기술자의 현실에 대해 본격적으로 논의할 수 있는 공간을 제공했다(과학과 인간 편집위원회, 1988; 청년과학기술자협의회, 1990; 정광철, 1993). 그 운동은 청년과학기술자협의회와 한국과학기술청년회를 비롯한 과학기술대중운동단체, 정부출연 연구기관을 중심으로 조직된 전국과학기술노동조합, 대학 및 대학원의 이공계 부문 등을 매개로 전개되었다. 특히 여러 대학에 대학원 학생회나 대학원 자치협의회가 속속 결성되면서 이공계 대학원생의 존재론적 위치에 대한 논의의 일환으로 실험실 운영 문제가 지속적으로 제기되었다.

1980년대 이후에는 기술주도정책이 천명되면서 연구개발에 대한 관심과 투자가 크게 증가했고, 대학에서는 대학원생의 숫자가 크게 늘어난 가운데 연구과제를 수주하는 것이 보편화되는 경향을 보였다. 이러한 배경에서 주요 대학에서는 실험실이나 연구소가 본격적으로 조직되기 시작했고, 실험실에서 지도교수와 대학원생의 관계가 중요한 윤리적 문제로 부상했다. 대학원생은 학위제도라는 질곡 속에서 교수에게 무조건 복종해야 하기 때문에 과도한 잡무와 낮은 인건비를 감수하는 처지에 놓이게 된 것이다. 특히 당시 대학원생의 인건비가 연구계획서에는 매월 30만 원으로 책정되어 있었지만, 실제로 지급되는 금액은 매월 10만 원 정도로 나머지 차액은 지도교수가 재량껏 활용한다는 점이 지적되기도 했다(청년과학기술자협의회, 1990: 290~299).

실험실 운영에 관한 문제는 1993년 소위 '우 조교 사건'이 발생하면서 성희롱의 영역으로 확대되었다. 우 조교는 1992년에 서울대학교 화학과에서 근무하는 동안 지도교수로부터 업무상 불필요한 신체접촉을 지속적으로 당했고 이에 대한 거부의사를 단호히 표시했는데, 그것은 지도교수가 다음 해에 우 조교를 재임용에서 탈락시키는 것으로 이어졌다. 이러한 문제를 해결하기 위해 총학생회, 대학원 자치협의회, 여성문제동아리협회가 진상조사위원회를 결성했지만 지도교수는 우 조교를 명예훼손 혐의로 고소하는 것으로 대응했다. 우 조교 사건은 이후에 항소와 상고를 거듭한 끝에 1998년에야 지도교수의 유죄가 일부 인정되는 것으로 마무리되었다. 그 사건을 매개로 1996년에는 「남녀고용평등법」이 개정되어 직장 내 성희롱에 대한 사업주의 책임이 명문화되었다(서울대 우조교 성희롱 사건 공동대책위원회, 1994; 심영희, 1998: 169~171).

1980년대부터 1990년대 전반까지는 과학윤리에 관한 문제가 다양한 각도에서 제기되긴 했지만 초보적인 수준에 머물렀다고 평가할 수 있다. 과학윤리의 모든 범주가 고려되지도 않았고 해당 쟁점이 구체성을 결여하거나 자생적이지 못한 한계를 가지고 있었던 것이다. 과학자의 사회적 책임에 대한 논의는 선진국의 사례를 소개하는 데 그쳤으며, 이를 한국 사회의 현실과 접목시키려는 노력은 충분하지 않았다. 과학과 윤리에 관한 학술적인 논의는 다분히 원론적인 성격을 띠고 있었고, 과학윤리에 대한 구체적인 쟁점을 다루는 것으로 나아가지 못했다. 실험실 운영의 문제는 더 구체적인 현실이나 사건에 입각하고 있었지만 과학윤리의 차원에서 제기되었다기보다는 과학기술운동이나 여성운동과 같은 사회운동에 포섭되는 경향을 보였다.

2) 과학윤리에 관한 논의의 확대: 1990년대 후반부터 2000년대 전반

1990년대 후반 이후에는 다양한 계기를 통해 과학윤리에 관한 논의가 더욱 확대되었다. 당시에 과학윤리와 관련해 가장 본격적으로 논의된 영역은 생명윤리라 할 수 있다. 1997~2003년에 전개된 생명윤리에 관한 입법과정을 통해 배아의 존재론적 지위, 연구의 허용 범위, 생명윤리심의위원회의 구성 등을 포함한 생명윤리에 관한 수많은 쟁점이 속속 제기되면서 상당한 논쟁이 벌어졌던 것이다. 이는 우리 사회에서 과학과 윤리에 관한 주제를 놓고 7년여 동안 지속적으로 논쟁이 벌어진 독특한 사례로 평가되고 있다. 생명윤리에 관한 논쟁은 보건복지부의 주도로 2003년 12월에 「생명윤리및안전에관한법률」이 제정되고 2005년 1월부터 발효되는 것으로 일단락되었다(김훈기, 2005; 송성수, 2005a).

「생명윤리및안전에관한법률」은 결과적으로 생명공학계의 의견이 많이 반영되어 인간복제는 금지되어 있지만, 인간배아의 생성과 활용에 관한 연구에는 사실상 제한이 없다. 반면 생명복제에 대한 연구를 수행하는 데 기관생명윤리심의위원회의 심의를 거쳐야 하고 국가생명윤리심위원회가 이를 감독하는 등 연구과정에 대한 관리와 감독은 강화되었다. 그동안 우리나라에서는 다른 선진국과 달리 적절한 절차를 거치지 않고 생명복제에 대한 연구가 이루어져 왔다는 점에 비추어볼 때 「생명윤리및안전에관한법률」의 제정과 시행은 기존의 연구관행을 선진화할 수 있는 중요한 계기가 될 것이다.

또한 2001년에는 유네스코한국위원회와 과학기술정책연구원을 중심으로 우리나라 과학기술활동의 공과에 대한 모니터링이 추진되었다(장회익 외, 2001). 이는 1999년 유네스코와 국제과학협의회(International Council for Science: ICSU)가 공동으로 개최했던 세계과학회의(World Conference on Science)에 기반을 두었다. 세계과학회의는 '과학과 과학지식의 이용에 관한 선언'과 '과학의제: 행동강령'을 채택하여 21세기 과학기술이 지향해야 할 방향을 제안했고,[6] 이러한 권고문에 입각하여 우리나라의 과학기술활동을 점검하는 작업이 이루어졌던 것이다. 그 작업의 일환으로 우리나라에서는 처음으로 과학윤리에 관한 모니터링도 전개되었는데, 의료윤리를 제외하면 과학윤리에 관한 교육이 거의 이루어지지 않고 있으며 과학기술자단체의 윤리강령도 찾아보기 어려운 것으로 나타났다(김명진, 2002).[7]

6 두 문건은 유네스코한국위원회 엮음(2001a: 246~292)에 번역·수록되어 있다.

세계과학회의의 권고문에 따라 과학기술활동을 점검하는 작업은 과학기술의 윤리적 측면에 관한 논의가 필수라는 점을 절감하게 된 계기로 작용했다. 이에 과학윤리에 관한 사회적 논의를 촉발하기 위해 유네스코한국위원회의 기획으로 관련 전문가들이 참여해 『과학연구윤리』라는 단행본이 발간되었다(유네스코한국위원회 편, 2001b). 이는 과학윤리에 관한 구체적인 쟁점을 다룬 우리나라 최초의 서적에 해당한다. 특히 이 책은 과학연구의 자유와 한계, 생명공학과 연구윤리, 동물이용 연구윤리, 엔지니어의 윤리와 책임, 과학연구에서 여성의 배제, 과학연구의 부정행위, 선진국의 연구윤리 제도화 등으로 구성되어 제2절에서 언급한 과학연구의 주요 쟁점을 대부분 포괄하고 있다.

이와 함께 2001년에는 과학기술기본계획의 일환으로 과학기술문화 부문계획이 수립되면서 과학윤리에 관한 과제가 포함되기도 했다(신이섭 외, 2001; 송성수, 2001b). 그 계획은 이전과 달리 과학기술에 대한 대중의 이해를 제고하는 것은 물론 과학기술의 책임성을 제고하고 과학기술에 대한 시민참여를 확대하는 것에도 주목하고 있다. 특히 그 계획은 한국과학기술단체총연합회를 중심으로 과학기술자 헌장을 제정하고 과학기술단체별로 윤리규범을 확립하는 것을 중요한 과제로 포함시켰다. 이러한 계획을 바탕으로 2002년에는 과학기술인 헌장 제정에 관한 기초연구가 수행되었으며(송상용 외, 2002), 2004년 11월에는 한국과학기술단체총연합회가 '과학기술인 헌장'을 채택하는 것으로 이어졌다. 분야별 과학기술단체로는 2004년 10월에 대한기계학회가 윤리헌장을 마

7 이와 관련해 국제과학협의회는 2002년에 전 세계에서 수집한 과학기술의 책임과 윤리에 관한 문건을 분석했는데, 115개의 문건 중에서 한국의 것은 하나도 없었다(구영모, 2003).

련했고, 2005년 10월에는 한국분자·세포생물학회가 '생명과학 연구자 윤리헌장'을 제정했다.[8]

「생명윤리및안전에관한법률」과 과학기술인 헌장 제정은 과학윤리에 관한 논의가 사회적 쟁점을 넘어 정책의제로 발전되었다는 점을 의미한다. 그러나 이와 동시에 정부가 과학윤리의 문제에 섣불리 개입함으로써 그 내용이 충분하지 않게 되는 현상도 나타났다. 앞서 언급했듯이 「생명윤리및안전에관한법률」은 거의 모든 방식의 인간배아연구를 허용하고 있어 생명공학을 육성하기 위한 법률인지, 아니면 생명윤리를 확립하기 위한 법률인지에 대한 논란이 계속되었다. 과학기술인 헌장의 경우에도 과학윤리에 관한 구체적인 내용을 담고 있지 않은 선언적 차원에 그쳐 향후에 더 세부적인 지침을 마련하는 작업이 추가적으로 요청되고 있다.

그 밖에 1990년대 후반 이후에는 과학윤리에 관한 다른 쟁점도 가시화되었다. 1998년을 전후로 한국의 연구계에서 논문이나 보고서의 표절에 관한 사례가 속출하면서 언론의 주목을 받기 시작했다. 선도기술개발사업의 지원을 받았던 연구보고서가 다른 기관에서 이미 발표되었던 논문을 전재한 것으로 밝혀진 사례, ≪네이처≫에 실린 어떤 교수의 논문이 다른 교수의 논문과 거의 유사한 것으로 고발된 사례, ≪커뮤니케이션스 매거진(Communications Magazine)≫에 실린 국내 저자들의 논문이 외국 학자들의 논문을 표절한 혐의로 취소된 사례 등이 그 대표적인 예다. 심지어 2003년에는 서울지방검찰청이 인터넷을 이용해 장사를 한

---

8 우리나라 과학기술단체의 윤리강령에 대한 분석으로는 최경희·김은철·송성수(2009)를 참조할 것.

논문대필업자들과 그들에게서 논문을 구매한 것이 확인된 학위취득자들을 기소하는 일도 있었다(이준석·김옥주, 2006: 113~114).

그동안 무방비로 방치되어 있었던 실험실 안전 문제도 가시화되었다. 1999년 9월 서울대학교 원자핵공학과에서 실험실 사고가 발생해 3명의 대학원생이 목숨을 잃었고, 2003년 5월에는 한국과학기술원 항공우주 연구실험실 사고로 1명의 대학원생이 목숨을 잃었다. 2003년 9월에 실시된 한 설문조사에 의하면 실험실에서 학생들이 인지하는 위험수준은 매우 높게 나타난 반면, 실험실 안전교육은 형식적으로 이루어지고 있었고 참여도도 높지 않았다(이종걸, 2003). 이러한 배경에서 2005년 3월에는 「연구실안전환경조성에관한법률」이 제정되어 실험실의 안전관리체계를 확립하고 재해 발생 시 보상 근거를 마련하는 조치가 이루어졌다. 그러나 2007년 2월에도 서울대학교 생물학 실험실에서 폐기된 화학물질을 옮기던 중에 폭발사고가 발생하는 등 실험실 안전이 제대로 지켜지는지에 대해 많은 의구심이 제기되고 있다(≪한겨레≫, 2007.02.02).

이와 함께 2005년을 전후로 몇몇 대학교수의 연구비 횡령 사건이 발생하면서 학계에 대한 신뢰도가 크게 저하되기도 했다. 그동안 우리나라의 연구비가 크게 증가하면서 이를 체계적으로 관리할 필요성이 제기되었고, 이에 부패방지위원회는 2005년에 서울대학교를 대상으로 시범조사를 실시했다. 그러나 기대와 달리 공과대학의 몇몇 교수가 연구비를 전용한 혐의를 받은 후 검찰 조사를 통해 그것이 사실로 확인되기도 했다. 대학원생의 인건비를 착복하는 것은 물론 기자재를 구입하지 않았으면서도 허위 영수증을 받거나 기증받은 기자재를 구입한 것처럼 꾸민 사례가 적발되었던 것이다. 심지어 어떤 교수는 자신의 혐의가 드러나자 제자들에게 허위 진술을 요청하고 연구비 자료를 폐기하도록 지시하기도 했다(≪한겨레≫, 2005.04.26; 2005.07.07).

이와 같이 1990년대 후반 이후에는 과학윤리에 관한 논의가 확대되면서 그와 관련된 주요 쟁점이 잇달아 제기되었다. 특히 1990년대 후반부터 2000년대 전반에는 이전의 시기와 달리 과학윤리 문제가 과학기술정책의 중요한 의제가 되면서 이를 해결하기 위한 제도적 장치가 구축되기도 했다. 「생명윤리및안전에관한법률」, 과학기술인 헌장, 「연구실안전환경조성에관한법률」 등이 그 대표적인 예다. 이처럼 과학윤리에 관한 논의가 확대되면서 이에 대한 대책이 마련되기도 했지만, 대부분 당사자 내부에 국한되는 경향을 보였고 과학윤리에 대한 사회적 관심과 이해는 충분하지 못했다. 또한 2005년의 시점에서도 과학연구의 객관성을 유지하고 기여도를 합리적으로 배분하는 문제는 충분히 거론되지 않았다. 이러한 한계는 2005년 말, 황우석 사건이 발생하면서 돌파되기 시작했다.

3) 과학윤리 문제의 총체적 발현으로서의 황우석 사건

황우석 사건은 2절에서 언급한 과학윤리의 문제가 총체적으로 드러난 경우라고 할 수 있다.[9] 첫째, 과학연구의 과정과 관련해 서울대학교 조사위원회의 발표에 따르면, ≪사이언스(Science)≫에 게재된 2004년의 논문과 2005년의 논문 모두 조작의 과정을 거쳤다(서울대학교 조사위원회,

9 아래에서 언급하는 황우석 사건에 관한 사실적 정보는 별다른 언급이 없는 경우에는 강양구·김병수·한재각(2006)를 참조했다. 그 책은 적어도 1999년으로 거슬러 올라가야 황우석 사건을 충분히 이해할 수 있다는 시각을 바탕으로 2006년까지 발생했던 사실을 착실히 기록하고 있다. 황우석의 활동에 대한 자세한 역사적 연구로는 김근배(2007)가 있다.

2006). 처음에 2004년 논문은 체세포복제를 통해 배아줄기세포를 수립한 공로를, 2005년 논문은 환자맞춤형 배아줄기세포를 수립한 공로를 인정받았다. 또한 2004년의 경우에는 242개의 난자에서 1개의 배아줄기세포를 수립했던 반면 2005년의 경우에는 185개의 난자에서 11개의 배아줄기세포를 수립함으로써 효율성이 크게 향상된 것으로 평가받았다. 그러나 DNA 지문분석 결과 체세포 공여자의 유전자와 2004년 논문에 실린 줄기세포가 일치하지 않는 것으로 나타났다. 2005년 논문의 경우에도 체세포복제 줄기세포가 아니라 잔여배아에서 분리한 줄기세포를 활용했던 것으로 드러났다. 또한 생물학연구정보센터와 과학갤러리의 인터넷 사이트를 통해 폭로되었듯이, 2005년 논문의 경우에는 포토샵을 이용해 고의로 2개의 줄기세포를 11개로 늘렸던 것으로 나타났다. 결국 다른 사람의 것이든 환자 본인의 것이든 체세포복제를 통해 배아줄기세포를 수립했다고 주장한 것은 위조에 해당하며, 소수의 데이터를 부풀려 발표한 것은 변조에 해당한다.

둘째, 연구결과의 출판에 적어도 2004년 논문의 공동저자 15명 중 1명이, 2005년 논문의 공동저자 25명 중 5명이 실제로 기여한 바가 없었던 것으로 조사되었다(서울대학교 조사위원회, 2006). 황우석 연구팀의 활동을 지원했다는 명목으로 논문 작성에 기여하지 않은 사람들을 이른바 명예저자로 표기했던 것이다. 특히 2004년 논문의 13번째 저자로서 청와대 정보과학기술보좌관을 역임했던 박기영은 최고과학자 연구지원사업 등을 매개로 정부가 황우석과 그의 연구를 파격적으로 지원하는 데 핵심적인 역할을 했던 것으로 알려져 있다.

셋째, 실험실에서는 연구원과 대학원생의 노동력이 착취되었으며 민주적이지 못한 운영이 이루어졌다. 연구원과 대학원생은 '월화수목금금금'으로 상징되는 과도한 근무시간에 비해 충분한 인건비를 받지 못했고, 정치인과 기자에게 쇠고기를 배달하는 등 수많은 잡무에 동원되었으며, 심지어 황우석의 기자회견 때 '인간 병풍' 역할을 맡기도 했다(김종영, 2006: 89~93). 또한 황우석 연구팀은 매우 위계적인 구조를 가지고 있었는데, 이에 대해 당시 ≪워싱턴포스트(Washington Post)≫는 "연구원들 간 의사소통이 왕성하게 이뤄지는 꿀벌통 같은 미국의 실험실과 달리 황 교수의 실험실은 고도로 칸막이화된, 공장 조립 라인을 닮았다"고 평가하기도 했다(≪중앙일보≫, 2005.12.26). 게다가 황우석의 논문조작을 <PD수첩>에 제보했던 내부고발자들은 강제적으로 실직을 당한 후 아직까지 복직하지 못한 상태이다.

넷째, 특정한 과학분야의 윤리에서는 실험에 사용된 난자의 수급 과정, 연구원의 난자 제공, 기관생명윤리심의위원회의 역할 등에서 수많은 문제점이 지적되었다(국가생명윤리심의위원회, 2006). 국가생명윤리심의위원회의 발표에 따르면, 적어도 119명의 여성에게서 138회에 걸쳐 총 2,221개의 난자가 채취되어 황우석 실험실에 제공되었으며, 전체 제공자 중 66명에게 금전적 보상이 이루어졌다.[10] 또한 황우석은 여성 연구원들에게 충분한 설명 없이 난자 기증 의향서를 나눠주고 서명을 받는 등 거의 강제적인 동의를 얻기도 했다.[11] 서울대학교 수의과대학과

---

10 결국 황우석은 2,221개 이상의 난자를 활용하고서도 단 1개의 배아줄기세포도 수립하지 못한 셈이 되며, 그것은 배아줄기세포에 대한 연구가 기술적 차원에서도 매우 어렵다는 점을 시사한다.

11 이에 대해 세계의사협회가 1964년에 채택한 헬싱키선언 제23조는 다음과 같이 규정하고 있다. 시험 수행에 대한 동의를 얻을 때 의사는 피험자가 자기에게 어떤 기대를 거는 관계가 아닌지 또는 강제된 상황에서 이루어진 것은 아닌지 특별한 주의를 기울여야 한다. 만일 그런 경우라면 연구에 참여하지 않고 피험자와 아무런 관계가 없으며 연구에 대한 모든 정보를 알고 있는 의사가 (피험자의) 동의를 얻도록 해야 한다.

한양대학교 병원에 설치된 기관생명윤리심의위원회는 황우석 실험의 윤리적 문제를 감독하는 역할을 거의 수행하지 못했다. 황우석과 이해관계를 가진 인사들이 위원으로 임명되었을 뿐 아니라 해당 문서가 제대로 작성되지도 않았고 심지어 공문서가 위조되기도 했다. 국가생명윤리심의위원회의 위원장을 맡았던 사람이 피심의자인 황우석의 변호에 관여하는 촌극도 빚어졌다.

다섯째, 과학자의 사회적 책임과 관련해 황우석 사건은 막대한 연구비를 개인적 용도에 사용하고 전문가로서 무책임한 발언을 한 사례에 해당한다. 검찰 조사에 따르면, 정부와 민간으로부터 막대한 연구비를 지원받았던 황우석은 가짜 세금계산서 등을 이용해 그중 일부를 횡령한 후 난자를 제공한 병원에 불임시술비를 지원하거나 자신을 후원하는 정치인과 기업 임원에게 제공한 것으로 나타났다(≪한겨레≫, 2006.05.12). 이와 함께 황우석은 과학자로서 책임 있는 발언을 하기는커녕 연구의 기대효과를 과장해서 발표했으며 제기된 의혹에 대해 정직하게 대응하지 않았다. 황우석은 자신의 연구가 아직 초보적인 단계인데도 조만간 상업화될 것처럼 선전했고,[12] 각종 조사가 진행되는 과정에서도 "인위적 실수", "바꿔치기", "원천기술" 등과 같은 발언을 통해 혼란을 가중했던 것이다.

황우석 사건이 전개되면서 학계, 시민단체, 언론계 등은 토론회나 공

12 이와 관련해 서울대학교 의과대학교수들은 2005년 12월 20일에 그동안의 방관자적 자세를 반성하면서 다음과 같은 요지의 성명서를 발표했다. "환자맞춤형 배아줄기세포주가 비교적 쉽게 확립된다고 할지라도 이 배아줄기세포를 치료 목적으로 사용하기 위해서는 해결해야 할 문제점들이 매우 많으며, 적용 대상도 극히 제한적이 되리라는 것과 또한 이러한 연구의 응용 가능성 여부의 판단에도 많은 시일이 필요하다는 사실이 제대로 알려지지 않았습니다"(≪동아일보≫, 2005.12.12).

청회를 개최하여 생명공학, 과학기술정책, 정치, 여성, 언론 등의 측면에서 과학윤리에 관한 다양한 논점을 제기했다(한국생명윤리학회, 2006; 시민과학센터, 2006; 김세균·최갑수·홍성태 엮음, 2006; 원용진·전규찬, 2006). 이와 함께 한국 사회에서 과학윤리를 제도화하기 위한 방향을 모색하기 위해 미국의 연구진실성위원회(Office of Research Integrity: ORI)와 독일의 헤르만-브라흐 사건을 포함한 선진국의 사례가 본격적으로 소개되었으며(김명진, 2006; 송성수, 2006; 이준석·김옥주, 2006), 과학연구의 부정행위에 관한 역사적 사례를 다룬 주요 서적도 번역되었다(창클, 2006; 브로드·웨이드, 2007).

과학윤리를 제도화하기 위한 대책도 본격적으로 강구되기 시작했다. 과학기술부는 과학기술정책연구원을 통해 연구윤리·진실성 확보를 위한 가이드라인을 마련하는 작업을 추진했으며(조황희 외, 2006), 2007년 2월 8일에는 과학기술부 훈령 제236호로 '연구윤리 확보를 위한 지침'을 공포했다(과학기술부, 2007). 그 지침에서는 연구부정행위로 위조, 변조, 표절 이외에도 부당한 논문저자 표시, 부정행위 조사를 방해하거나 제보자에게 위해를 가하는 행위, 과학기술계에서 통상적으로 용인되는 범위를 심각하게 벗어난 행위를 포함시키고 있다.[13] 이와 함께 그 지침은 연구부정행위를 처리하는 방법에 대해서도 다루고 있는데, 연구진실성을 검증하는 주체는 해당 연구가 수행될 당시 연구자의 소속 연구기관으로 했고, 연구부정행위에 대한 검증 절차는 예비조사(inquiry), 본조

13 이러한 점은 연구부정행위의 범위 자체가 가변적이라는 점을 의미하며, 사실상 연구부정행위와 바람직한 연구실천 사이에는 수많은 연구부적절행위(questionable research practice: QRP)가 존재한다. 연구부정행위의 범위는 해당 국가나 분야의 문화적 차이와 연구윤리가 정착된 정도에 따라 달라질 수 있는 것이다. 이에 대한 자세한 논의는 이상욱(2008)을 참조할 것.

사(investigation), 판정(adjudication)의 단계로 구분했다.

교육인적자원부는 2006년 2월에 미국 ORI의 자료를 바탕으로 『연구윤리소개』라는 책자를 발간했고(스테넥, 2006), 2007년 5월부터 대학 및 학술단체의 연구윤리 활동을 지원하는 사업을 추진해왔으며, 2007년 12월에는 교육인적자원부의 지원을 바탕으로 연구윤리정보센터가 설치되어 '좋은 연구'라는 웹사이트가 운영되고 있다.[14] 또한 서울대학교가 2006년 3월에 연구진실성위원회를 설치하는 등 많은 대학과 연구기관에서 연구부정행위에 관한 감독을 강화하고 있는데, 2007년 9월을 기준으로 연구부정행위에 대한 자체검증 시스템을 구축한 기관은 111개로 집계되었다.[15]

이처럼 황우석 사건은 과학윤리의 문제가 모든 범위에 걸쳐 동시다발적으로 제기된 사건으로서 한국 사회가 과학윤리에 대해 집중적으로 논의하고 학습하는 기회를 제공했다. 특히 이전에는 특별히 거론되지 않았던 과학연구의 과정이나 연구결과의 출판에 관한 문제가 제기되었고, 당사자를 넘어 사회 전체의 차원에서 과학윤리에 대해 논의하고 대책을 강구하는 작업이 본격적으로 이루어지기 시작했다. 이로써 한국 사회는 과학기술의 윤리적 측면을 고려하지 않고서는 과학연구 자체가 불가능한 국면을 맞이하게 되었다.

---

14 http://www.grp.or.kr.

15 2008년도 국내 연구윤리 활동 실태조사에 따르면, 설문에 응답한 136개 대학 중 103개(75.7%), 학회는 616개 중 390개(63.3%), 정부출연 연구기관은 29개 중 26개(89.7%)가 연구윤리 관련 위원회를 설치했으며, 대학은 97개(71.3%)가, 학회는 526개(85.4%)가, 정부출연 연구기관은 26개(89.7%)가 연구윤리에 관한 규정이나 지침을 제정했다. 연구윤리에 대한 교육의 경우에는 대학은 59개(43.4%)가, 학회는 135개(21.9%)가, 정부출연 연구기관은 25개(86.2%)가 실시하고 있으며, 대부분 포럼이나 워크숍과 같은 임시적인 형태로 이루어지는 것으로 나타났다(이인재 외, 2008).

4. 결론적 고찰

지금까지 과학윤리의 범위와 쟁점을 정리하고 한국 사회에서 과학윤리에 대한 논의가 전개된 과정을 살펴보았다. 우선 과학윤리는 과학연구의 과정, 연구결과의 출판, 실험실 운영, 특정한 과학분야의 윤리, 과학자의 사회적 책임 등을 포괄하는 것으로 규정했다. 한국 사회의 과학윤리에 관한 논의는 1980년대부터 1990년대 전반, 1990년대 후반부터 2000년대 전반, 황우석 사건으로 나누어 검토했다. 1980년대부터 1990년대 전반까지는 과학윤리에 관한 문제가 다양한 각도에서 제기되었지만 초보적인 수준에 머물렀고, 1990년대 후반부터 2000년대 전반에는 과학윤리에 관한 논의가 확대되면서 부분적인 대책이 마련되기도 했지만 대부분 과학자사회 내부에 국한되는 경향을 보였으며, 황우석 사건을 매개로 과학윤리의 문제가 모든 범위에 걸쳐 동시다발적으로 제기됨으로써 사회 전체의 차원에서 과학윤리에 대해 집중적으로 학습하면서 본격적인 대책이 강구되기 시작했다.

앞으로도 한국 사회에서는 과학윤리와 관련된 문제가 더욱 증가할 것으로 전망된다. 이에 대한 배경으로는 과학연구에 본격적인 경쟁체제가 도입되면서 성과주의가 크게 강조되고 있다는 점, 연구비 규모는 크게 증대했지만 이를 체계적으로 관리하기 위한 제도적 장치가 결여되어 있다는 점, 우리나라의 과학연구가 몇몇 분야에서 세계적 프런티어에 다가가고 있지만 연구수행의 관행이 이에 미치지 못하고 있다는 점 등을 생각할 수 있다.[16] 실제로 황우석 사건 이후에도 교육인적자원부 부

16 이와 관련해 랙커(Racker, 1997)는 부정행위를 범하는 과학자들이 매우 우수하고 부지

총리와 고려대 총장의 사례와 같이 논문을 표절하거나 중복으로 게재하는 문제가 계속해서 제기된 바 있다.

황우석 사건을 매개로 한국 사회에서 과학윤리를 제도화하기 위한 대책이 강구되고 있지만, 그것이 실질적으로 정착되려면 다음과 같은 조건이 마련되어야 한다.

첫째는 과학윤리에 관한 기구를 설치·운영하는 문제이다. 최근에 공포된 과학기술부의 지침이 이에 관한 내용을 적절히 규정하고 있지만, 일부 보강해야 할 부분도 있다. 우선 대학 및 연구기관을 넘어 국가 차원의 기구를 설립하는 방안은 충분히 고려되지 않고 있다. 한국의 현실에서는 미국의 ORI와 같은 국가 차원의 기구가 없으면 과학윤리에 대한 대책이 실효성을 거두기 어려울 것으로 판단된다. 또한 연구자들의 부정행위에 대한 고발을 도와줄 수 있는 조사관인 옴부즈맨을 설치하는 방안도 필요하다. 부정행위는 해당 연구와 밀접하게 연결된 사람에 의해 제보될 수밖에 없는 성격을 지니며, 이로 인한 불이익 때문에 제보를 꺼린다는 점이 충분히 고려되어야 하는 것이다. 이와 함께 대학 및 연구기관이 기구 운영을 제대로 하고 있는지, 조사 절차가 적절한지에 대한 정기적인 실사도 필요하다.

둘째는 과학윤리에 관한 교육의 문제이다. 과학, 기술, 의료와 관련된 전공자의 경우에는 해당 전공에 따라 연구윤리, 생명윤리, 의료윤리, 공학윤리 등으로 다양화하여 교육을 실시하고, 비전공자의 경우에는 과학기술학 관련 과목에서 과학윤리에 관한 내용을 보강하여 실시하는 것이

련하며 성취에 대한 압력을 스스로 느끼는 사람이라는 점, 그리고 해당 분야의 지식을 잘 알고 있어서 어떤 결과를 내놓아야 학계의 주목을 받는지를 잘 아는 사람이라고 지적하고 있다.

가장 현실적이고도 바람직한 방향으로 판단된다. 또한 과학윤리에 대한 실질적인 교육을 위해서는 교수진 확보와 교재 개발이 시급한 실정이며 이에 대한 정부의 지원도 요망된다. 처음에는 기존 교수진이나 외부 강사에 의존하는 것이 불가피하겠지만, 점차적으로 과학윤리나 과학기술학을 전공한 연구자를 전임교수로 확보하는 방안이 강구되어야 한다. 과학윤리에 관한 교재는 구체적인 사례를 중심으로 과학윤리의 범위와 쟁점을 충분히 숙고할 수 있도록 개발되어 대학과 연구기관에서 훌륭한 과학윤리의 관행을 진작할 수 있는 방향으로 활용되어야 할 것이다.

마지막으로 과학자사회의 역할을 지적하고자 한다. 그동안 한국 사회에서 과학윤리의 문제가 지속적으로 제기되었지만 과학자사회의 대응은 충분하지 않았던 것으로 판단된다. 연구의 자율성은 과학자들의 바람직한 실천을 통해 확보되는 것이지 공짜로 주어지거나 외부적 규제로 만들어지지는 않는다. 무엇보다도 과학자사회는 자체적인 연구윤리규정을 정비하는 작업을 본격적으로 추진해야 한다. 정부의 권고에 따라 연구윤리규정을 급하게 제정하는 것을 넘어 그것이 실질적으로 작동할 수 있도록 보완하거나 현실화하는 작업이 필요한 것이다. 더 나아가 연구윤리규정만 보유하고 있는 단체들은 포괄적인 윤리강령(code of ethics)을 마련해 윤리강령과 연구윤리규정의 상호 관계를 정립해야 할 필요가 있다. 이와 함께 쟁점 사안에 대해 공정한 평가를 담당할 수 있는 윤리위원회를 상설기구로 조직하고 해당 위원의 전문성을 확보해 윤리강령이나 연구윤리규정의 실효성을 제고하는 조치도 병행되어야 할 것이다.

제10장

공학윤리의 흐름과 쟁점*

1. 머리말

공학(engineering)은 오늘날 기술활동의 가장 대표적인 형태로서 매우 중요한 사회적 영역으로 정착했다. 그것은 대학생의 4분의 1 정도가 공과대학 소속이라는 점에서도 단적으로 드러난다. 공학은 산업발전의 역사적 과정을 따라 토목공학, 기계공학, 금속공학, 화학공학, 전기공학 등의 순서로 출현했으며, 20세기 후반에는 이를 바탕으로 수많은 공학 분야가 생겨났다. 오늘날에는 공과대학에 10~20개의 학과(學科)가 있을 정도로 공학이 세분화·전문화되는 추세를 보인다.

공학이 정착하는 과정은 기술활동이 체계화되는 과정이자 동시에 기술과 사회의 관계가 긴밀해지는 과정이다. 과거에는 기술활동이 주로 장인(artisans)이나 발명가(inventors)에 의해 경험적인 차원에서 이루어졌지

* 이 글은 렌슬러 공과대학에서 과학기술학으로 박사학위를 받은 김병윤의 초고를 바탕으로 필자가 작성했다. 훌륭한 초고를 만들어준 김병윤 박사께 감사의 뜻을 전한다.

만, 19~20세기에 공학이 제도화되면서 기술활동은 공식적인 교육훈련을 받은 엔지니어(engineers)를 중심으로 좀 더 과학적으로 수행되었다. 또한 기술이 사회에 미치는 영향이 점차 증대하면서 엔지니어는 기술을 효과적으로 개발하는 것뿐만 아니라 기술과 관련된 사회적 문제에 적절히 대응해야 하는 상황을 맞이하고 있다.

후자와 관련해 사람들의 일상생활 중에서 기술과 관련되지 않는 것이 없을 정도로 현대사회는 기술에 크게 의존하고 있다. 20세기를 전후해 기술은 산업계에 머물지 않고 일상생활에 침투하기 시작했으며 그러한 경향은 점차 강화되는 추세이다. 이러한 과정에서 기술은 한편으로는 인류의 생활을 편리하게 하는 역할을 담당하지만, 다른 한편으로는 군사무기 및 환경오염 등을 매개로 인류의 생존을 위협하기도 한다.

우리가 공학윤리에 관심을 기울여야 하는 이유도 여기에 있다. 기술은 과연 우리 사회를 바람직한 방향으로 발전시키고 있는가? 기술의 긍정적 측면을 최대화하고 역기능을 최소화하기 위해 어떤 노력을 기울여야 할 것인가? 엔지니어는 기술에 대해 누구보다도 많은 지식과 정보를 가지고 있으므로 이러한 질문을 중요하게 고려하고 탐구해야 한다. 공학윤리에 관한 논의는 이러한 문제의 심각성을 이해하고 통찰력을 제공하는 데 중요한 매개체로 작용할 수 있다.

이 글은 공학윤리의 흐름과 쟁점을 검토하려는 목적으로 쓰였으며 구성은 다음과 같다. 제2절에서는 공학윤리와 관련된 개념과 논의를, 제3절에서는 전문직업으로서 공학의 일반성과 특수성을 살펴본다. 이어 제4절에서는 공학윤리의 핵심적인 쟁점인 엔지니어의 사회적 책임에 관한 문제를 제기한 후 이에 접근하는 시각을 고찰한다. 제5절에서는 공학윤리를 제도화할 수 있는 출발점에 해당하는 공학윤리교육의 위상

과 방법에 대해 논의할 것이다.[1]

2. 공학, 윤리, 공학윤리

1) 공학과 윤리

공학윤리는 공학과 관련된 윤리를 말한다. 공학과 윤리를 충분하게 규정하는 것은 거의 불가능하지만, 여기서는 공학과 윤리의 특성을 부각하는 차원에서 잠정적인 정의를 시도하고자 한다.

기술에는 인공물로서의 기술(technology as artifact), 지식으로서의 기술(technology as knowledge), 활동으로서의 기술(technology as activity)이라는 세 가지 측면이 있으며 공학은 주로 지식으로서의 기술을 부각시키기 위한 개념이라 할 수 있다. 그동안 암묵적인 차원에서만 존재해왔던 기술지식은 19~20세기 공학이 출현하면서 더 공식적인 형태로 변모했던 것이다. 공학이 성립되는 과정에서는 기존에 축적된 기술지식과 함께 17세기부터 발전해온 근대과학이 중요한 원천으로 기능했다. 공학은 과학을 모델로 삼았지만 과학과 달리 설계(design) 및 효율성(efficiency)을 강조하는 특징을 가지고 있다(홍성욱, 1999: 193~220).

이처럼 공학은 기술의 지식적 측면을 강조하는 맥락에서 등장한 용어이지만 사실상 그 범위가 매우 방대하다. 그것은 공학을 담당하는 주체

1 원래의 글은 공학단체의 윤리강령도 다루고 있지만, 이에 대해서는 이 책의 제11장에서 자세히 논의하고 있기 때문에 여기서는 생략하기로 한다.

인 엔지니어가 수행하는 활동을 살펴볼 때 더 분명해진다. 엔지니어의 활동은 연구·개발뿐 아니라 생산, 판매, 관리 등의 많은 영역에 걸쳐 있는 것이다. 이처럼 엔지니어는 경우에 따라 연구인력, 생산인력, 판매인력, 관리인력 등의 여러 형태로 나타나므로 엔지니어를 공학자로 번역하면 그 어감이 매우 축소된다. 동시에 그것은 엔지니어가 과학자에 비해 매우 이질적인 집단으로 구성되어 있다는 점을 보여준다.

사실상 공학은 기술의 세 가지 측면을 모두 포괄하는 용어이며 기술이 좀 더 체계화된 형태를 공학이라 할 수 있다. 여기서 체계성을 담보하기 위한 필수적인 요건은 전문적인 교육훈련 과정에서 찾을 수 있다. 엔지니어는 대학 이상의 전문교육을 받았거나 그에 상응하는 능력을 가진 기술자를 지칭한다. 그렇다면 공학은 이러한 자격을 갖춘 사람들이 수행하는 활동, 거기에 수반되는 지식, 그리고 그 결과인 인공물을 포괄하는 것으로 정의할 수 있다.

그렇다면 윤리는 무엇인가? 윤리는 어떤 행위의 도덕적 수용 여부를 판단하는 가치체계이다. 윤리는 흔히 법률과 대비된다. 법률은 제정, 개정, 폐지 등의 절차를 거치지만 윤리는 그렇지 않다. 윤리는 자의적으로 만들어지고 변경되거나 폐지되는 종류의 것이 아니다. 윤리는 공식적 권위에 의해 부여되는 것이 아니라 주장과 설득을 통해 형성되는 것이다. 또한 법률에서는 행위의 결과를 판단하는 데 초점을 두지만 윤리와 관련된 논의는 특정한 행위를 달성하기 위해 선택한 방식이나 수단도 매우 중시한다.

윤리이론에도 다양한 형태가 있다. 그 대표적인 예로 상대주의, 결과주의, 의무론을 들 수 있다. 상대주의는 보편적인 도덕규칙이란 존재하지 않으며 사람들은 자신의 문화와 사회가 가진 특수한 도덕에 의해 지배받는다고 주장한다. 이에 반해 결과주의와 의무론은 보편적인 도덕규범이 존재한다고 강조한다. 결과주의가 '최대 다수의 최대 행복'과 같은 유용성을 보편적인 도덕규범으로 제시한다면, 의무론은 '인간을 수단이 아닌 목적으로 대우하는 것'과 같이 행동 자체의 본래적인 특징에 주목한다. 결과주의와 의무론은 많은 경우에 같은 결론에 도달하기도 하지만, 각 이론이 제시하는 정당화의 근거는 서로 다르다(Johnson, 1991a: 19~45).

예를 들어 나치와 같은 독재체제를 생각해보자. 상대주의의 입장에서는 나치체제를 특정한 시공간에서 작용하는 도덕규범이라고 평가할 수도 있지만, 결과주의 및 의무론의 입장에서 볼 때 그것은 보편적인 도덕규범이 아니다. 다음의 예로 살인을 들어보자. 결과주의의 입장에서는 특정한 살인이 많은 사람에게 행복을 가져주었다면 정당화될 수 있지만 의무론의 입장에서는 살인이 결과에 관계없이 항상 그릇된 행동이다. 이처럼 다양한 윤리이론을 염두에 둠으로써 우리는 윤리에 대한 상상력을 고무할 수 있다. 한국의 특수한 사정상 윤리하면 '국민윤리'를 떠올리게 되지만 사실상 윤리는 그것보다 훨씬 근본적이고 다차원적인 개념이다.

2) 공학윤리에 대한 논의의 변천

공학윤리에 대한 논의의 기원은 공학 관련 단체가 제정한 윤리강령에서 찾을 수 있다. 영국토목공학회는 1910년에 역사상 최초의 공학윤리에 대한 강령을 채택했고 1911년에는 미국컨설팅엔지니어협회, 1912년에는 미국전기공학회가 이를 뒤따랐다. 이와 관련해 레이턴(Layton, 1971)

은 당시의 엔지니어들이 공학을 전문직업으로 인식했고 이에 대한 사회적 이미지를 제고하기 위해 윤리강령을 제정했다는 점을 지적했다. 그러나 당시의 윤리강령은 엔지니어들이 업무상 거래에서 관계를 맺는 방식에 대한 예의범절을 도덕적 가치와 섞어놓은 정도에 불과했다. 더구나 20세기 초반에 제정되었던 윤리강령은 후속조치에 의해 뒷받침되지 않았기 때문에 사실상 효과가 없었다. 예를 들어 미국전기공학회의 후신인 전기전자공학회가 1970년에 윤리강령을 제정할 때에는 1912년에 강령이 있었다는 사실조차 알려지지 않았다.

엔지니어를 포함한 과학기술자들이 대중 및 사회에 대한 책임을 본격적으로 자각하기 시작한 것은 제2차 세계대전 이후라고 할 수 있다. 원자폭탄 투하는 많은 과학기술자들로 하여금 사회적 책임에 대해 진지하게 생각하고 집단적으로 행동하게 하는 계기로 작용했던 것이다. 그것은 1946년에 결성되었던 세계과학자연맹이 1948년에 채택했던 과학자 헌장에서 잘 드러나는데 그 헌장의 주요 내용은 다음과 같다(조홍섭, 1984: 279~288). ① 과학에 대해: 과학자는 과학연구의 건전성을 유지하고, 과학적 지식의 억압과 왜곡에 대해 저항하며, 과학적 성과를 완전히 공포해야 한다. ② 사회에 대해: 과학자는 자신의 분야가 당면한 경제적·사회적·정치적 문제에 대해 그것이 지니는 의미를 연구하고, 모든 지역의 생활여건과 노동조건을 평등하게 개선하기 위한 연구를 진척시켜야 하며, 그러한 지식이 실행에 옮겨질 수 있도록 노력해야 한다. ③ 세계에 대해: 과학자는 자신의 노력이 전쟁준비의 방향으로 전환되는 것에 반대해야 하며, 평화를 위해 안정된 기반을 구축하려는 세력을 지원해야 한다.

더구나 1960년대와 1970년대에는 베트남전쟁 및 환경오염을 매개로 반전운동과 환경운동이 본격적으로 전개되면서 대중과 지식인 사이에 과학기술에 대한 강한 비판의식이 급속히 확산되었다. 학계에서도 과학기술과 사회의 관계에 대한 근본적인 재검토가 필요하다는 자각이 생겨났고 그것의 일환으로 공학윤리에 대한 관심이 고무되었다. 당시의 공학윤리에 대한 논의에는 공학계와 철학계가 공동으로 참여했고 몇몇 대학에 과학기술과 사회(science, technology and society)에 대한 프로그램이 생겨나면서 더욱 촉진되었다.

공학윤리에 대한 논의는 1970년대 말부터 미국을 중심으로 더욱 본격화되었다. 1978~1980년에는 미국 정부의 지원을 바탕으로 철학계와 공학계가 공동 팀을 구성하여 '철학과 공학윤리 국가 프로젝트'를 추진했는데, 그것은 1979년, 1982년, 1985년 세 차례에 걸쳐 전국적인 회의를 개최하는 것으로 이어졌다. 또한 미국과학진흥협회(American Association for the Advancement of Science: AAAS)는 1979년에 과학기술자단체의 윤리 활동에 대한 설문조사를 실시했으며, 이를 계기로 미국에서는 관련 조직들이 윤리강령을 제정하거나 개정하는 작업을 전개했다. 아울러 1981년부터는 공학윤리를 다루는 최초의 학술지인 ≪기업 및 전문직업 윤리 저널(Business and Professional Ethics Journal)≫이 발간되었고, 1980년대를 통해 미국의 주요 대학에서는 공학윤리에 대한 교과목이 개설되는 가운데 관련 단행본도 등장했다.

1980년대 중반에 이러한 작업이 일단락되면서 공학윤리에 대한 논의는 상대적인 침체기를 맞이했다. 더빈(Durbin, 1997)의 평가에 따르면, 공학윤리에 대한 논의가 깊어지면서 철학계와 공학계의 상호작용이 원만하지 않았고 다른 사회집단과의 대화가 충분히 진행되지 못했다. 아울러 공학윤리에 대한 논의가 실질적으로 강제될 수 있는 제도적 장치가 없었다는 점도 중요한 원인으로 작용했다. 이러한 한계는 1990년대 중반부터 극복되기 시작했다. 1996년부터 미국의 엔지니어 및 조사요원 국가인증위원회(National Council of Examinations for Engineers and Surveyors: NCEES)는 공학과 관련된 국가인증시험 내용 중에서 5%를 공학윤리에 할애했고, 2000년부터 공학기술인증위원회(Accreditation Board for Engineering and Technology: ABET)는 공학교육을 평가하는 기준에 공학윤리 수업의 여부와 수준을 포함시켰다. 이러한 배경에서 1995년에는 ≪과학 및 공학 윤리(Science and Engineering Ethics)≫라는 학술지가 창간되었고, 1990년대 중반 이후에는 미국의 많은 대학에서 공학윤리교육을 강화하는 가운데 공학윤리를 다룬 교재가 집중적으로 발간되었다(Martin and Schinzinger, 2004; Harris, Pritchard and Rabins, 2005; Fleddermann, 2008).

3. 공학과 전문직업

1) 공학의 전문직업적 특징

공학윤리가 강조되는 일차적인 이유는 공학이 전문직업의 일종이라는 점에서 찾을 수 있다. 전문가 사회에 속한 사람들은 일반인보다 능력이 뛰어나며 이에 따라 전문가에 대한 사회적 기대도 크기 마련이다. 즉, 전문가는 일반인보다 더 많은 보수와 존경을 받으며 이에 상응하는 의무와 책임을 가지는 것으로 여겨진다.

그렇다면 전문직업은 어떤 조건을 갖추어야 하는가? 우선 전문직업(profession)은 직업(occupation) 일반과 마찬가지로 그 직업으로 생계를 유지할 수 있어야 한다. 동시에 전문직업은 단순한 직업을 넘어 적어도 다음과 같은 세 가지 조건을 만족시켜야 한다(Martin and Schinzinger, 2004: 21~22). 전문직업이 되기 위한 첫 번째 요소로는 지식을 들 수 있다. 전문직업에 필요한 지식은 공식적인 교육훈련을 통해 획득될 수 있으며, 특정한 문제에 대해 신중하게 판단할 수 있는 능력을 포함한다. 둘째, 전문직업은 그 분야에 속한 사람들로 특정한 조직을 형성하며, 그것은 한 사회로부터 일정한 자율성을 가진다. 전문직업조직은 회원의 권리 및 의무에 대한 규정을 보유하고 있으며, 그러한 규정은 내부적으로는 회원들을 결속하고 외부적으로는 해당 전문직업을 대변하는 역할을 담당한다. 셋째, 전문가들은 개인적인 이익을 넘어 공공선(公共善)을 위해 행동할 것을 요구받는다. 한 사회가 특정한 조직에 전문직업이라는 지위를 허용하는 것은 그 조직과 구성원들이 공익을 증대하는 방향으로 행동할 것이라고 간주하기 때문이다.

그렇다면 공학은 전문직업으로 분류될 수 있는 조건을 만족시키는가? 우선 공학은 상당한 수준의 지식을 요구한다. 적어도 4년 동안의 대학교육은 엔지니어가 되기 위한 필수적인 조건으로 작용하고 있다. 또한 엔지니어는 전문적인 조직을 매개로 활동한다. 공학은 분야별로 학회나 협회를 구성하고 있으며, 그러한 조직은 회원의 권리 및 의무에 관한 규정을 보유하고 있다. 공공선을 추구한다는 특징은 전문직이 사회의 인정을 받기 위한 전제조건이다. 이를 위해 대부분의 엔지니어 단체들은 윤리강령을 제정하여 자신들의 활동이 공익을 증진하는 데 있다는 점을 명문화한다. 이상과 같은 점에 비추어볼 때 공학은 전문직업이 요구하는 조건을 대체로 만족시키고 있다고 평가할 만하다.

2) 공학의 특수성

공학은 앞서 살펴본 전문직업으로서의 일반성과 함께 다른 전문직업에서 찾아보기 어려운 특수한 성격도 지닌다. 여기에서는 대표적인 전문가로 간주되는 의사 및 변호사와 엔지니어를 비교하면서 공학의 특수성을 검토하기로 한다.

우선 공학에서는 자격증이 담당하는 역할이 상대적으로 미미하다. 의사와 변호사는 국가검정시험이나 국가고시를 통해 인증을 받아야 활동할 수 있지만, 엔지니어로 활동하는 데에는 인증제도보다는 교육수준이 중요한 기준으로 작용한다. 엔지니어의 경우에도 기사나 기술사 등과 같은 자격제도가 있지만, 그것이 결정적인 역할을 하지는 않는다. 몇몇 국가에서는 공학교육 혹은 엔지니어에 대한 인증제도가 중요한 기준으로 작용하기도 한다. 예를 들어 미국에서는 공학기술인증위원회를 중심으로 공학교육을 평가하고 인증하는 제도가 시행되고 있으며, 호주에서는 호주엔지니어협회가 '인증된 전문 엔지니어(Charted Professional Engineer: CPEng)'라는 자격을 부여하고 있다. 그러나 이러한 경우에도 인증 여부가 엔지니어로 활동하기 위한 필수조건은 아니다.

둘째, 공학 서비스는 의학이나 법률에 비해 공공성이 크다. 의학과 법률이 개별 고객의 필요에 맞추어 제공되는 반면 기계, 건물, 장비, 제품 등과 관련된 서비스인 공학의 경우에는 고객은 물론 일반 대중에게까지 영향을 미친다. 공학 서비스는 개인들 사이의 관계에 따라 구조화되지 않기 때문에 공학윤리에서는 의료윤리나 법조윤리와 달리 온정주의가 중요한 쟁점이 되지는 않는다. 동시에 공학 프로젝트는 많은 경우에 국민의 세금에 의존하여 추진되므로 직간접적인 형태로 국민의 동의를 받아 이루어지고 있다. 이처럼 공학은 한 사회에 많은 영향력을 미치고 대체로 국민의 세금에 의존한다는 점에서 다른 전문직업에 비해 상당한 공공성을 지닌다.

셋째, 엔지니어는 피고용인의 신분인 경우가 많다. 대다수의 의사와 변호사는 개인사업자로 활동하지만, 엔지니어는 대체로 기업을 비롯한 조직체에 고용되는 것이다. 이에 따라 엔지니어가 맺게 되는 사회적 관계에도 고객과의 관계, 동료 전문가와의 관계, 사회와의 관계 외에 고용주와의 관계가 추가된다. 공학윤리에 대한 핵심적인 쟁점은 이와 같은 다양한 대상에 대한 책임과 의무를 어떻게 조화시킬 것인가에 있다. 엔지니어가 이러한 책임을 동시에 조화시키면서 활동한다는 것은 쉬운 일이 아니며 몇몇 경우에는 갈등이 수반되기도 한다. 특히 고용주에 대한 의무와 사회에 대한 의무 사이에 갈등이 발생할 소지가 많고, 그것은 동료 전문가와의 관계가 매개되면서 더욱 복잡해진다.

4. 엔지니어의 윤리와 책임

1) 엔지니어의 윤리적 갈등

앞서 언급했듯이 엔지니어는 다양한 사회적 관계에 편입되어 있으며 그러한 관계 사이에는 종종 윤리적 갈등이 수반된다. 그것은 다음과 같은 일련의 질문들로 이어질 수 있다. 기업에 고용된 엔지니어가 과연 책임을 질 수 있는 존재인가? 만약 그렇다면 엔지니어에게는 어느 정도의 책임이 있으며, 엔지니어는 고용주에 대한 책임과 사회에 대한 책임

중에서 어떤 것에 더욱 충실해야 하는가? 엔지니어 단체는 구성원의 윤리적 갈등을 조정하는 데 어떤 역할을 할 수 있는가? 여기서는 이러한 문제의 성격을 네 가지 사례를 통해 살펴보고자 한다.

(1) 포드사의 핀토(Pinto) 소송 사건

핀토는 1970년대 미국의 포드사에서 생산했던 자동차의 이름이다. 1978년 8월 시속 50마일로 달리던 밴이 핀토를 들이받아 연료탱크에 화재가 나면서 탑승자 세 명이 사망한 사건이 발생했다. 담당 검사는 미필적 고의에 의한 살인(reckless homicide)이라는 혐의로 포드사를 기소했다. 그는 포드사가 핀토의 설계결함을 이미 알고 있었고 그것이 상당한 위험을 야기할 것으로 예상되는데도 핀토를 계속해서 판매했다고 주장했다. 실제로 포드사의 엔지니어들은 핀토가 20마일 정도의 후미충격으로도 화재가 발생할 수 있는 결함을 가지고 있고 6.65달러 정도의 추가 비용을 들여 안전장치를 설치하면 사고를 예방할 수 있다는 사실을 이미 알고 있었다. 그러나 당시 사고 차량의 연료탱크 뚜껑이 열려 있어 휘발유가 새어 나와 화재 위험이 컸다는 이유로 소송은 포드사의 승리로 끝났다(De George, 1981).

(2) 우주왕복선 챌린저호 사고

1986년 1월 28일 미국의 우주왕복선인 챌린저호가 발사 후 73초 만에 폭발함으로써 7명의 승무원이 사망하는 사고가 발생했다. 진상조사단의 발표에 따르면 사고의 원인은 주 엔진에 부착된 두 개의 로켓 부스터를 조립하기 위해 끼워 넣은 O링(O-ring)에 있었다. 챌린저호가 발사되었던 날의 아침 온도는 화씨 26도로 예상되었는데, 당시 O링의 온도가 화씨 53도가 되면 누출이 발생한다는 실험결과가 있었다. 미항공우주국(NASA)에 O링을 공급하는 임무를 맡았던 모턴티오콜(Morton Thiokol)사의 보이스졸리(Roger Boisjoly)를 비롯한 몇몇 과학기술자들은 온도가 낮으면 O링이 유연성을 잃는다는 점을 지적하면서 챌린저호의 발사를 연기할 것을 제안했다. 두 번에 걸쳐 관계자들이 원격전화회의를 통해 문제점을 논의했으나 결국 발사를 계획대로 진행하는 것으로 결론이 났다. 모턴티오콜의 경영진은 자사가 제작한 장비에 중대한 결함이 있다는 것을 드러내고 싶지 않았고, 발사일 저녁에는 미국의 레이건 대통령이 의회에서 시정연설을 하기로 계획되어 있었던 것이다(Boisjoly, 1991).[1]

(3) 시드니 하수 시스템 개발계획

1989년 호주에서는 시드니 북쪽에 하수 시스템을 개발하는 계획이 추진되고 있었다. 건설 예정지 인근에 있는 해변은 서핑으로 유명한 지역이었고 독특한 해양 생태계를 자랑하는 곳이었다. 당시 의회의 의뢰를 받았던 엔지니어들은 하수 배출구를 그 지역에 설치할 수밖에 없다는 입장을 보였다. 그런데 토저(John Tozer)라는 엔지니어는 의회 측 엔지니어들이 하수 배출구가 환경에 미치는 결과에 대해 왜곡된 견해를 퍼뜨렸으며 그 대안을 충분히 연구하지 않았다는 논평을 작성해 언론에 발표했다. 이에 의회 측 엔지니어들은 토저가 부적절한 지식으로 자신

---

1 이와 관련해 챌린저호 사고를 면밀히 분석한 보건(Vaughan, 1996)은 '일탈의 정상화(normalization of deviance)'라는 개념을 제안하고 있다. 그에 따르면, 챌린저호 사고를 비롯해 역사상 발생한 많은 사고들은 새롭게 야기된 문제점을 고치려 애쓰지 않고 그 문제점을 허용할 만한 것으로 간주했기 때문에 발생했다고 볼 수 있다. 즉, 일탈을 야기하는 설계나 조건을 수정하는 대신에 이를 허용할 만한 것으로 받아들이는 경향이 지속되면 일탈의 범위 자체가 확대되어 커다란 재앙을 초래할 수 있다는 것이다.

들을 비판했다는 이유를 들어 호주컨설팅엔지니어협회에 고발했다. 협회는 일련의 조사를 바탕으로 토저가 “과도하고 공개적으로 상대방을 비판했다”는 점에서 윤리강령을 위반했다고 결론지었고 이에 따라 토저는 회원 자격의 연장이 거부되었다(Beder, 1993).

(4) 샌프란스시코 만 지역 고속철도 시스템

1971년부터 미국 샌프란시스코 만에 지역 고속철도 시스템이 가동되었는데 자동제어 시스템에서 몇 가지 문제가 빈번히 발생했다. 1972년 그 사업에 참여했던 3명의 엔지니어들은 자동제어 시스템에 기술적 결함이 있다고 하면서 이에 대한 대책을 요청했다. 그들은 상급자로부터 만족스러운 대답을 듣지 못하자 이사회에 문제점에 대한 검토를 요청하면서 관련 사항을 언론에 발표했다. 그러나 그들은 피고용인으로서 부적절한 행동을 했다는 이유로 회사에서 해고되었고 새로운 일자리를 찾는 과정에서도 많은 고통을 받았다. 그들은 1974년 전기전자공학협회의 도움을 바탕으로 회사에 87만 5,000달러가 걸린 소송을 제기했다. 결국 그들은 재판이 열리기 며칠 전에 고용주를 속였기 때문에 재판에서 이기기 어렵다는 변호사의 조언을 받아들여 7만 5,000달러의 보상금을 받는 조건으로 회사와 합의했다. 1978년 전기전자공학협회는 “전기전자공학협회 윤리강령의 정신을 지키려는 용기를 가진” 세 명의 엔지니어에게 상을 수여했다(Beder, 1993).

2) 엔지니어의 사회적 책임

앞서 살펴본 사례들은 엔지니어의 책임에 관한 문제가 매우 복잡하다는 점을 보여준다. 핀토 사건은 엔지니어들이 공식적으로 문제점을 제기하지 않은 경우이며, 챌린저호 사고는 엔지니어들이 문제점을 제기했으나 그것이 수용되지 않은 사례이다. 하수 시스템의 사례는 문제점을 제기한 엔지니어가 불이익을 받은 경우를, 고속철도 시스템의 사례는 문제점을 폭로한 엔지니어들이 사후에 보호된 경우를 보여준다.

이러한 사례에서 엔지니어의 책임이 강조되는 이유는 엔지니어가 기술에 대한 문제에 특별한 근접성(proximity)을 가지고 있다는 점에서 비롯된다. 엔지니어는 일반 대중과 달리 기술적 지식을 보유하고 있거나 그것을 쉽게 확보할 수 있기 때문에 그러한 지식을 바람직한 방향으로 활용해야 하는 책임을 가진다. 이와 관련해 맥파랜드는 원자력발전 기술과 관련된 엔지니어의 사회적 책임을 검토하면서 엔지니어가 가진 근접성으로 다음 세 가지를 들고 있다(McFarland, 1991). 첫째, 엔지니어는 이미 전문적인 교육을 받았으므로 원자력발전 논쟁에 대한 기술적 쟁점을 명확히 할 수 있는 좋은 위치에 있다. 둘째, 원자력발전 기술이 지닌 현재적·잠재적 위험을 발견하고 평가하는 데 가장 먼저 참여하는 집단이 엔지니어다. 셋째, 엔지니어는 현재의 기술이 가진 문제를 회피할 수 있게 하는 대안을 제안하고 탐구할 수 있다.

엔지니어의 사회적 책임에 대한 문제는 엔지니어의 존재적 조건과 직결된다. 의사나 변호사에게는 고객에 대한 성실이 가장 중요한 덕목이며, 그것은 어떠한 조건 속에서도 고객이 치료나 변호를 받을 수 있음을 의미한다. 그러나 엔지니어에게 고객이 누구인지를 규정하는 것은 쉽지 않다. 의사나 변호사의 경우처럼 자신의 노동에 대해 대가를 지불하는 사람을 고객으로 간주한다면 엔지니어의 고객은 고용주가 된다. 이처럼 엔지니어의 고객을 고용주로 국한한다면 엔지니어는 고용주의 요구에 부합하는 행동을 해야 하며 그것이 사회적 이해관계와 상충한다 할지라도 그에 대한 문제를 적극적으로 제기할 수 없다.

이에 따라 엔지니어의 책임을 강조하는 대부분의 논의는 고용주에 대한 의무보다는 사회적 차원의 책임을 강조하는 경향을 보인다. 예를 들어 웅거(S. H. Unger)는 공학단체의 윤리강령에 대한 모델안을 제시하면서 엔지니어들이 사회에 대한 책임을 가장 우선에 두어야 할 것을 주문한 후 "양심적으로 선택된 목적을 위해 자신의 전문기술을 사용하도록 노력해야 하며 자신의 도덕적 가치와 충돌한다고 생각되는 목적에 사용될 경우에는 그 제안을 거부해야 한다"고 주장하고 있다(Unger, 1994: 111). 이처럼 웅거는 엔지니어의 사회적 차원의 책임을 강조하고 있지만 그것을 너무 개인적인 문제로 환원한다는 약점을 가지고 있다. 실제로 엔지니어들은 개인별로 상이한 가치를 가지며 이에 따라 동일한 사안에 대해서도 다르게 판단할 수 있다.

엔지니어가 자신의 양심에 벗어나는 부도덕한 행위에 대해서 문제를 제기할 줄 알아야 한다는 것은 전문가로서 가장 기본적인 의무라 할 것이다. 그러나 그것이 실제로 통용되기란 쉬운 일이 아니다. 예를 들어 포드사의 엔지니어들은 핀토의 설계상 결함에 대해 왜 공개적으로 의문을 제기하지 않았을까? 가장 큰 이유는 그러한 행동을 할 경우 관련 엔지니어들이 고용이나 승진 등에서 불이익을 받기 때문일 것이다. 어느 조직에서나 그 조직의 이익에 반하는 문제를 제기하는 사람을 달갑지 않은 사람으로 낙인찍는 일은 너무나 쉽게 일어난다. 이러한 문제를 해결하기 위해서는 내부고발자를 보호해줄 수 있는 법적·제도적 장치를 갖추는 것이 우선적으로 필요하다. 그러나 다시 생각해보면, 그러한 법적 장치가 모든 문제를 해결할 수 있는 수단은 아니다. 내부고발자가 아무리 공식적으로 보호를 받는다 하더라도 비공식적으로는 엄청난 고통을 감내해야 하기 때문이다. 내부고발은 다른 통로가 차단되었을 때 취해야 하는 마지막 조치의 성격을 띠고 있는 것이다(James, 1990).

내부고발과 같은 극단적인 사태를 예방하기 위해서는 특정한 이슈에 대해서 엔지니어가 자신의 의사를 충분히 개진할 수 있는 통로가 마련되어야 한다. 한 엔지니어 집단의 내부적 토론에서부터 과학기술정책에 관한 토론에 이르기까지 그 모든 과정이 공개적이고 합리적인 절차를 통해 전개되어야 한다. 이러한 공간에서 엔지니어가 담당해야 할 역할은 '전문가 증언(expert witness)'과 일맥상통한다. 제4장에서도 언급했듯이, 전문가 증언은 "어떤 것이 지금까지 알려져 있는 사실이고 어떤 것이 아직 알려지지 않은 것이며, 알려진 사실의 경우 그것에 따르는 불확실성은 무엇이며, 지금 연구가 진행되고 있는 것은 무엇이고 노력하면 알 수 있는 것은 무엇이며, 또 필요한 지식을 얻기 위해서는 어느 정도의 연구를 수행해야 하는가 등에 대해 자신의 능력을 나타내 보이는 것"을 지칭한다(해리슨, 1994: 58~59).[2]

그것은 '정보에 입각한 동의'라는 개념으로 확장될 수 있다. 이와 관련해 키프니스(Kipnis, 1981)에 따르면, 현재 엔지니어들이 위험수준을 증가시키는 프로젝트를 할 수밖에 없는 처지에 있다는 사실이 진정한 쟁점이며, 따라서 특정한 공학 프로젝트로 인해 증가하는 위험으로부터 영향을 받는 사람들이 사전에 충분한 정보를 받은 상태에서 동의를 하

2 이와 관련해 일반적인 의미의 책임(responsibility)에 대비하여 전문가에게 부과된 책임은 'accountability'로 표현되고 있다. 전문가로서 책임을 다한다는 것은 일상적인 의미에서 책임을 지는 것에 그치지 않고, 맡겨진 책무에 대해 정직하면서도 현실적인 설명을 제공하는 것도 포괄하는 것이다.

는 절차가 모색되어야 한다. 개인으로서의 엔지니어는 적절한 동의가 이루어졌는지의 여부를 판단할 권한을 가지고 있지 않으므로 엔지니어들은 동의가 얻어진 프로젝트만을 수행해야 한다는 것이다. 이러한 주장은 존슨(D. G. Johnson)에게도 계승되고 있다. 그에 따르면, 엔지니어들이 어떤 프로젝트를 수행할 것인가는 사회가 결정하도록 해야 하며, 대중이 해당 프로젝트에 대해 충분한 정보를 얻지 않았거나 동의할 수 있는 기회를 가지지 못했다면 엔지니어들은 위험성이 있는 프로젝트의 수행을 거부해야 한다(Johnson, 1991b). 정보에 입각한 동의는 공공선을 실체적인 정의가 아니라 절차적인 정의를 통해 설정하고 있으며, 특정한 사안에 대한 바람직한 결정이 순전히 기술적인 요인으로 결정될 수 없다는 함의를 갖는다.

5. 교과과정으로의 공학윤리

1) 공학윤리교육의 위상

공학윤리를 제도화하는 출발점은 공학윤리에 대한 교육을 강화하는 데 있다. 공학윤리교육의 필요성은 과학기술이 사회와 밀접해지고 점점 더 많은 영향을 미치고 있기 때문에 예비 엔지니어들이 이에 대처하는 능력을 갖추어야 한다는 문제의식에서 출발한다. 공학윤리교육을 실시하는 목적으로는 다음의 다섯 가지를 들 수 있다.

첫째, 엔지니어의 윤리적 상상력을 자극한다. 둘째, 엔지니어가 윤리적 쟁점을 인식할 수 있게 한다. 셋째, 엔지니어가 공학과 관련된 윤리학의 주요 개념과 원리를 분석할 수 있게 한다. 넷째, 엔지니어가 의견대립, 모호함, 막연함 등의 문제에 대처할 수 있게 한다. 다섯째, 엔지니어가 사회적·윤리적 책임에 대해 진지하게 생각할 수 있게 한다(Rabins, 1998; Varma, 2000).

앞서 살펴보았듯이 미국에서는 1980년대에 공학윤리에 관한 교과목이 개설되기 시작한 후 1990년대 중반 이후에는 공학윤리교육이 거의 모든 대학에 제도화되었다. 그러한 과정에서는 'ABET 2000'으로 불리는 공학기술인증위원회의 공학교육에 대한 평가기준이 중요한 역할을 담당하고 있다. ABET 2000은 공과대학 졸업생들이 확보해야 할 능력으로 다음의 열한 가지 사항을 제시한 바 있다. ① 수학, 과학, 공학의 지식을 응용하는 능력, ② 자료를 분석·해석할 뿐만 아니라 실험을 설계하고 수행할 수 있는 능력, ③ 시스템, 부품, 공정을 설계하는 능력, ④ 여러 분야의 사람들로 구성된 팀에서 일하는 능력, ⑤ 공학적 문제를 정의하고 정식화해서 풀 수 있는 능력, ⑥ 전문직업적 의무와 윤리적 책임을 이해하는 능력, ⑦ 효과적인 의사소통을 할 수 있는 능력, ⑧ 전 지구적 혹은 사회적 맥락에서 공학적 해결책의 영향을 이해하는 데 필요한 폭넓은 교육, ⑨ 일생 동안 학습할 필요가 있다는 것을 인지하고 참여할 수 있는 능력, ⑩ 당대의 사회적 쟁점에 대한 지식, ⑪ 현장에서 필요한 기술, 숙련, 도구를 이용할 수 있는 능력이 그것이다.

공학윤리에 관한 문제는 일반적인 공학적 문제와 달리 단일한 정답이 존재하지 않는다는 특성을 지닌다. 공학교육이 대부분 자연세계의 규칙과 인공물의 작동원리에 초점을 두고 있다면, 공학윤리교육은 공학과 관련된 인간행위를 다루는 것이다. 공학윤리가 다루어지는 상황에서는 인간의 가치와 판단이 개입되고 말로 명확하게 표현할 수 없는 면이 존재하며 서로 상충되는 제안이 제시될 수 있다. 따라서 공학윤리교육에서는 쟁점을 충분히 이해할 수 있는 능력, 비판적으로 사고할 수 있는 능력, 효과적으로 의사소통을 할 수 있는 능력 등을 배양하는 데 초점이 맞추어져야 한다. 동시에 이러한 능력은 일반적인 공학적 문제를 풀이할 수 있는 능력을 제고하는 데에도 상당한 기여를 할 수 있을 것이다.

2) 공학윤리교육의 형태와 방법

공학윤리교육의 구체적인 형태는 공학개론 수업의 일부로 하는 방법, 공학세미나의 일부로 하는 방법, 독립적인 교과목으로 하는 방법, 종합적인 교육 시스템을 통한 방법 등으로 구분할 수 있다. 첫 번째 방법은 공대생에게 일찍부터 공학윤리에 대한 상상력을 제고할 수 있게 하는 것이 장점이지만 구체적으로 다룰 수 있는 쟁점이 제한적이라는 한계를 지닌다. 반면 두 번째 방법은 성숙한 공대생을 대상으로 하기 때문에 쟁점을 구체적으로 다룰 수 있지만, 한 학기에 2~3회 정도의 세미나로 그치는 경향이 있다. 이에 따라 많은 대학들은 공학윤리를 1학기 동안의 독립적인 교과목으로 개설하고 있으며, 여기에는 '공학윤리', '공학에서의 윤리적 쟁점', '윤리학과 공학', '기술과 위험', '컴퓨터 윤리' 등이 포함된다. 더 나아가 공학윤리를 장기적인 안목에서 종합적인 교육 시스템의 일환으로 실시하는 경우도 있다. 예를 들어 미시간 대학은 1996년부터 '미시간 커리큘럼 2000 프로그램'을 채택하면서 그 일환으로 '커리큘럼을 가로지르는 공학윤리(engineering ethics across-the-curriculum)'를 도입했다. 1학년 때에는 공대 공통 교과목으로 공학윤리의 기본원칙과 개념을 교육하고, 2~4학년 때의 전공수업에서는 해당 분야에서 제기된 윤리적 쟁점을 교육하며, 4학년의 설계과목에서는 설계 프로젝트의 윤리적 함의를 다룬다는 것이다(Rabins, 1998).

공학윤리를 가르치는 방법과 관련해서는 실제적인 사례에 다양하게 접근하는 것이 강조되며, 공대 교수와 철학 교수의 공동 강의가 중시된다. 여기에서는 텍사스 A&M(Agriculture and Machinery) 대학에서 실시해온 '윤리학과 공학'이라는 과목을 살펴보기로 한다. 그것은 1990년부터 시작되었으며 1997년부터는 공대생의 필수과목으로 정착되었다. 그 과목은 매 학기마다 두 개의 강좌를 통해 진행되며 각 강좌마다 300명 정도가 신청하고 있다. 1주일에 50분 강의가 2회 이루어지며 25명 내외의 학생으로 조를 편성하여 매주 2시간의 토론수업을 실시한다. 강의는 공대 교수와 철학과 교수가 공동으로 진행하고 토론수업은 자격이 인정된 조교가 관할한다. 이러한 수업을 위해 텍사스 A&M 대학은 1995년 국립과학재단의 지원으로 워크숍을 개최하여 공학윤리교육에서 활용할 수 있는 사례와 문제를 개발해 발표했으며, 그것은 웹사이트(ethics.tamu.edu)를 통해 계속 보완되고 있다(Lynch, 1997; Rabins, 1998).

이처럼 미국에서는 공학윤리교육이 활발히 실시되고 있지만, 한국에서 그것은 거의 백지상태라 할 수 있다. 1990년대부터 과학기술과 관련된 교양과목이 본격적으로 개설되기 시작했지만, 공학윤리를 독립된 과목으로 운영하고 있는 사례는 없다. 또한 과학기술과 관련된 교양과목의 경우에도 과학기술의 기본적인 개념을 전달하는 데 초점이 맞추어진 경우가 대부분이다. 한국에서는 지금부터라도 공학윤리에 대한 교육을 강화하는 데 관련 당사자들이 지혜를 모아야 할 것이다. 그것은 엔지니어가 가진 또 다른 차원의 사회적 책임이라고 할 수 있다.

6. 맺음말

지금까지 공학윤리와 관련된 주요 논의와 쟁점을 검토했다. 그것은 오늘날 중요한 전문직업 중의 하나인 엔지니어가 자신의 활동을 사회적 맥락에서 살펴볼 수 있는 계기를 제공한다. 엔지니어가 단순한 직업인을 넘어 한 사회의 지식인으로 성장하려면 자기 직업의 사회적·윤리적 문제를 이해하고 그것을 해결하는 데 더 적극적으로 노력해야 한다.

공학윤리에 대한 논의는 공학에서 부수적인 것이 아니라 오히려 공학의 본질과 직결된다. 공학적 관행과 그 결과에는 상당한 불확실성과 위험성이 내재될 수밖에 없으며, 이에 따라 엔지니어는 언제든지 실수를 범할 수 있는 가능성을 지닌다(Beder, 1991; Lynch and Kline, 2000). 공학은 인간사회의 여러 문제와 분리된 별개의 세계를 다루지 않는다. 공학 자체가 일종의 사회적 활동이며, 그 결과는 사회에 심대한 영향을 미치는 것이다.

21세기 들어 공학과 기술이 차지하는 위상은 더욱 강화될 것이고, 아울러 이와 관련된 사회적·윤리적 문제도 빈번히 발생할 것이다. 한국의 경우에도 각종 대형 사고를 매개로 기술을 적절히 통제해야 할 필요성이 증대하고 있다. 기술과 사회는 미리 정해진 것이 아니라 수많은 상호작용을 통해 만들어지는 것이다. 인간에게 바람직한 기술변화를 추구하기 위한 필수적인 조건은 그러한 문제에 관심을 가지고 그것을 적절히 풀어갈 수 있는 엔지니어의 태도와 능력에 있다.

제11장

공학단체의 윤리강령에 관한 비교분석

1. 머리말

공학은 오늘날 주요 전문직으로 간주된다. 전문직의 요건으로는 공식적 교육훈련, 사회에 대한 기여, 서비스의 독점, 자율성의 확보, 윤리적 기준의 구비 등이 거론된다(해리스 외, 2006: 12~13). 여기서 윤리적 기준은 일반적으로 윤리강령의 형태로 구현된다. 전문직 단체는 윤리강령을 통해 자정능력을 보여주고 사회로부터 승인을 얻게 되며, 그것은 다시 전문직의 지위를 강화하는 요인으로 작용한다. 이러한 의미에서 윤리강령은 전문직과 사회와의 계약이라는 성격을 띤다고 할 수 있다.

윤리강령은 전문직의 기본 요건일 뿐 아니라 전문직 윤리를 교육하는 과정에서도 널리 활용된다. 이러한 점은 공학윤리에도 마찬가지로 적용될 수 있다. 공학윤리교육에서 다루어지는 대부분의 주제들은 공학단체의 윤리강령에 대한 논의를 매개로 전개된다. 이와 함께 공학윤리교육에서 널리 활용되는 사례연구나 사례발표의 경우에도 현황을 설명하고 쟁점을 파악하고 해결책을 제안하는 과정에서 윤리강령이 중요한 근거로 활용된다.

이처럼 윤리강령의 중요성이 날로 커지는데도 현재 우리나라에서 널리 사용되는 공학윤리 교재에서는 윤리강령에 관해 초보적인 수준에서 다루고 있다. 해리스 외(2006: 529~543)와 배원병 외(2006: 216~253)에는 미국의 주요 공학단체가 제정한 윤리강령을 원문(原文)으로 수록할 뿐이다. 이준호(2003: 229~238)와 권혁길(2007: 366~372)은 전국전문엔지니어협회(National Society of Professional Engineers: NSPE)의 윤리강령을, 김정식(2004: 29~33)은 전기전자공학회(Institute of Electrical and Electronics Engineers: IEEE)의 윤리강령을, 배원병 외(2006: 18~22)는 두 단체의 윤리강령을 다루고 있지만, 윤리강령의 의미를 개괄적으로 설명한 후 해당 윤리강령을 번역하여 소개하는 데 그친다. 송성수·김병윤(2001: 192~197), 정윤승(2006: 84~96), 김진국·정보주(2007: 87~97)는 NSPE와 IEEE 외의 다른 공학단체들이 제정한 윤리강령에도 주목하고 있지만, 그러한 윤리강령을 단순히 나열하는 데 머물고 있으며 이에 대한 본격적인 분석은 이루어지지 않고 있다.

이러한 맥락에서 이 글은 주요 공학단체가 제정한 윤리강령에 대해 본격적으로 비교분석을 시도함으로써 공학윤리교육에서 실질적으로 활용할 수 있는 자료를 제공하고자 한다. 이 글에서는 비교분석의 명확성과 대칭성을 확보하기 위해 한국과 미국의 주요 공학단체가 보유한 윤리강령을 대상으로 삼을 것이다. 미국의 사례에는 NSPE, 미국토목공학회(American Society of Civil Engineers: ASCE), 미국기계공학회(American Society of Mechanical Engineers: ASME), IEEE가 포함되며, 한국의 경우에는 한국기술사회(Korean Professional Engineer Association: KPEA), 대한토목학회(Korean

〈표 11-1〉 분석 대상이 되는 윤리강령의 목록과 그 출처

국가	공학단체	윤리강령의 명칭	최근 제정 시기	자료 출처
미국	전국전문엔지니어협회 (NSPE)	엔지니어를 위한 윤리강령	2007년 7월	http://www.nspe.org/Ethics/CodeofEthics/index.html
	미국토목공학회 (ASCE)	윤리강령	2006년 7월	http://www.asce.org/inside/codeofethics.cfm
	미국기계공학회 (ASME)	엔지니어의 윤리강령	2006년 11월	http://files.asme.org/ASMEORG/Governance/3675.pdf
	전기전자공학회 (IEEE)	윤리강령	2006년 2월	http://www.ieee.org/web/aboutus/ethics/code.html
한국	한국기술사회 (KPEA)	기술사 윤리강령	NA	http://www.kpea.or.kr
	대한토목학회 (KSCE)	토목인의 윤리강령	NA	http://www.ksce.or.kr/kor/aboutksce/info_01.asp
	대한기계학회 (KSME)	윤리헌장	2004년 10월 15일	http://www.ksme.or.kr/subscription/moral.asp
	대한전기학회 (KIEE)	윤리강령	2007년 5월 11일	김용권(2008: 11)

Society of Civil Engineers: KSCE), 대한기계학회(Korean Society of Mechanical Engineers: KSME), 대한전기학회(Korean Institute of Electrical Engineers: KIEE)가 포함된다. 즉, 이 글에서는 전문 엔지니어나 기술사의 단체와 함께 공학의 대표적인 분야에 해당하는 토목공학, 기계공학, 전기공학을 대상으로 삼았다. 분석 대상이 되는 윤리강령의 목록과 출처는 <표 11-1>과 같다.

이하의 구성은 다음과 같다. 제2절에서는 공학단체의 윤리강령에 대한 전체적인 지형도를 그려보기 위해 윤리강령의 위상과 변천 과정을 약술할 것이다. 제3절에서는 앞서 언급한 미국의 공학단체들이 제정한 윤리강령 중에서 최신의 것을 번역·소개한 후 해당 윤리강령의 주요 내용을 비교분석할 것이다. 제4절에서는 그동안 본격적으로 주목받지 못

했던 우리나라 주요 공학단체들이 제정한 윤리강령을 소개한 후 미국의 관련 사례와 비교하여 분석할 것이다. 이어서 제5절에서는 연구의 결과를 요약하면서 우리나라 공학단체의 윤리강령이 나아가야 할 방향에 대해 논의할 것이다.

2. 공학윤리강령의 위상과 변천

공학단체의 윤리강령은 엔지니어의 직업적·사회적 책임에 대한 집단적 인식을 명문화한 것이다(Unger, 1994: 106). 이러한 윤리강령은 엔지니어가 어떤 직무를 수행하거나 판단할 때 자신의 입장을 표방할 수 있는 중요한 기준이 된다. 물론 윤리강령이 요리책과 같이 복잡한 문제를 해결하기 위한 구체적인 방법을 제공하는 것은 아니지만, 윤리적 문제가 발생할 경우에 고려해야 할 사항을 제시해주는 안내서로서 기능한다. 이와 함께 윤리강령은 공학단체가 회원들의 윤리적 행위를 고무하고 비윤리적 행위를 저지할 수 있는 기준으로 작용한다. 예를 들어 공학단체는 윤리강령을 통해 주요 쟁점을 공정하게 조사하고 판단함으로써 모범이 되는 회원에게 상을 수여하거나 비윤리적인 행위를 한 회원을 처벌할 수 있는 것이다.[1]

---

1 이와 관련해 마틴과 쉰징거(Martin and Schinzinger, 2004: 44~46)는 윤리강령의 역할로 다음 여덟 가지를 들고 있다. ① 공공에 봉사하고 공공을 보호한다. ② 엔지니어의 주요한 의무를 안내하는 데 도움을 준다. ③ 윤리적 행위를 자극하고 고무한다. ④ 도덕적 관점에 대한 명시적인 기준을 공유할 수 있게 한다. ⑤ 윤리적인 행위를 추구하는 전문직업인을 적극적으로 지지한다. ⑥ 도덕적 쟁점에 대한 교육과 상호 이해의 기회를 제공한다. ⑦ 비윤리적 행위를 조사하고 저지할 수 있는 공식적 기초로 작용한다.

20세기에 들어 공학이 본격적으로 제도화되면서 미국을 비롯한 선진국에서는 몇몇 공학단체들이 윤리강령을 제정해 해당 단체 회원들이 숙지하고 지켜야 할 규범을 명문화했다. 미국에서는 IEEE의 전신인 미국전기공학회(American Institute of Electrical Engineers: AIEE)가 1912년에 윤리강령을 최초로 제정했으며, 1914년에 ASCE와 ASME가 그 뒤를 따랐다(Layton, 1986: 70, 114).

이와 관련해 레이턴(Edwin T. Layton)은 20세기 초반에 엔지니어들은 기업가의 마인드를 가지면서 공학을 전문직업으로 인식하기 시작했으며 이에 대한 사회적 이미지를 제고하기 위해 윤리강령을 제정했다는 점을 지적한 바 있다(Layton, 1986: 53~74). 그러나 당시의 윤리강령은 엔지니어들이 업무상 거래에서 관계를 맺는 방식에 대한 예의범절을 도덕적 가치와 섞어놓은 정도에 지나지 않았다. 더구나 20세기 초반에 제정되었던 윤리강령은 후속조치에 의해 뒷받침되지 않았기 때문에 사실상 효과가 없었다. 예를 들어 IEEE가 1970년대에 윤리강령을 체계적으로 개발할 때에는 1912년의 강령이 존재했다는 사실조차 알려져 있지 않았다(Unger, 1994: 127).

공학단체가 공공 사회에 대한 책임을 본격적으로 자각하기 시작한 것은 제2차 세계대전 이후라고 할 수 있다. 원자폭탄 투하는 많은 과학기술자들로 하여금 사회적 책임에 대해 진지하게 생각하고 집단적으로 행동할 수 있는 계기로 작용했던 것이다. 이어 1960년대 이후에는 반전운동과 환경운동이 본격적으로 전개되면서 기술에 대한 강한 비판의식이 대중과 지식인 사이에 급속히 확산되었다. 공학단체에서도 기술과

---

⑧ 전문직에 대한 긍정적인 이미지를 제공한다.

사회의 관계에 대한 근본적인 재검토가 필요하다는 자각이 생겨났고 그것의 일환으로 공학윤리에 대한 관심이 고무되었다(송성수·김병윤, 2001: 178~179). 이러한 맥락에서 공학직업개발위원회(Engineers' Council for Professional Development: ECPD)는 1947년에 윤리강령을 제정한 후 1963년과 1974년에 이를 개정했으며, 많은 공학단체들이 ECPD의 사례를 참조하여 윤리강령을 제정하거나 개정하는 작업을 전개했다(Baum, 1980: 8~9). 당시에 공학단체들이 마련한 윤리강령은 20세기 초반의 윤리강령과는 상당한 차이점을 보였다. 20세기 초반의 윤리강령이 고용주나 고객의 이익을 보호하는 것을 강조했던 데 반해 제2차 세계대전 이후에는 공공에 대한 책임을 가장 중요한 의무로 간주하기 시작했던 것이다.[2]

1980년대에 들어와 미국에서는 대부분의 공학단체들이 윤리강령을 제정하거나 정비했으며, 주요 대학들은 공학윤리에 대한 교과목을 개설했다. 이러한 작업이 일단락되면서 1980년대 중반부터는 공학윤리에 대한 논의가 상대적인 침체기를 맞이했으며, 1990년대 중반부터는 공학윤리를 강제할 수 있는 제도적 장치가 구축되기 시작했다. 예를 들어 1996년에는 공학과 관련된 국가인증시험의 내용에 공학윤리가 추가되었고, 공학기술인증위원회(ABET)는 2000년부터 공학윤리 수업의 여부와 수준을 공학교육을 평가하는 기준에 포함시켰다(송성수·김병윤, 2001: 180). 이와 함께 윤리강령을 다시 정비하는 작업도 전개되었는데, 1990년대 이

2 이러한 점은 ECPD가 1947년, 1963년, 1974년에 마련한 윤리강령에서 잘 드러난다. ECPD는 1947년에 제정된 윤리강령의 서문에서 "공공에 대한 충성"과 "공공의 복지"를 처음으로 언급했고, 1963년에 개정된 윤리강령의 제3조에서 "공공의 안전, 건강, 복지를 적절히 배려해야 한다"는 점을 강조했으며, 1974년에 개정된 윤리강령의 제1조에서는 "공공의 안전, 건강, 복지를 최우선으로 한다"는 점을 명문화했다(Unger, 1994: 128).

후에는 몇몇 공학단체들이 환경보호에 관한 조항을 윤리강령에 포함시키는 경향을 보이고 있다. 예를 들어 IEEE는 1990년에 윤리강령을 개정하면서 환경에 대한 언급을 포함시켰고, ASCE는 1996년에 지속가능한 개발(sustainable development)의 원칙을 천명했으며, 1998년에는 ASME가, 2003년에는 미국화학공학회(American Institute of Chemical Engineers: AIChE)가 이를 뒤따랐다(해리스 외, 2006: 301~304).[3]

이러한 과정을 통해 미국의 공학단체들은 다양한 형태의 윤리강령을 마련했는데, 그 유형은 다음 세 가지로 구분할 수 있다. 첫째는 NSPE 유형이다. NSPE의 윤리강령은 전문(preamble), 기본규범(fundamental canons), 실천규정(rules of practice) 등으로 구성된다. 전문은 윤리강령의 배경과 의의를 다루고, 기본규범은 윤리강령의 핵심적인 내용을 제시하며, 실천규정은 기본규범을 더욱 상세하게 설명하고 있다. 둘째는 IEEE 유형이다. IEEE의 윤리강령은 별도의 범주로 세분되지 않으며, 윤리강령의 위상을 간단히 언급한 후 곧바로 기본규범을 거론하는 식으로 구성되어 있다. 세 번째 유형은 컴퓨터장비협회(Association of Computing Machinery: ACM)의 윤리강령이다. 그것은 전문(preamble)과 목차 및 지침(contents and guidelines)으로 구성되어 있는데, 목차 및 지침에서 주요 범주별로 몇 가지 기본적인 규범을 언급하면서 해당 규범에 대한 상세한 설명을 제공

---

3 지속가능한 개발은 1987년에 세계환경개발위원회(World Commission on Environment and Development)가 발표한 「우리 공동의 미래(Our Common Future)」라는 보고서에서 처음 언급되었으며, 1992년에 브라질 리우데자네이루에서 개최된 유엔환경개발회의(UN Conference on Environment and Development)에서 공식적으로 채택되었다. 지속가능한 개발은 두 가지 의미를 내포한다. 첫째는 자연환경이 수용할 수 있는 능력에 위험을 주지 않는 범위 내에서만 개발을 추구해야 한다는 것이며, 둘째는 미래 세대가 누릴 수 있는 자연환경을 보존하면서 현재 세대의 수요를 충족시키는 개발을 추구해야 한다는 것이다.

하고 있다. 목차 및 지침의 범주에는 보편적 도덕 명령(general moral imperatives), 좀 더 세부적인 전문직업적 책임(more specific professional responsibilities), 조직적 리더십 명령(organizational leadership imperatives), 윤리강령에의 순응(compliance with the code) 등이 포함된다.

3. 미국 공학단체의 윤리강령

1) 사례

(1) NSPE의 엔지니어를 위한 윤리강령

NSPE는 1954년에 '엔지니어의 신조(Engineers' Creed)'라는 초보적 형태의 윤리강령을 제정한 바 있으며,[4] 1987년에 오늘날과 같은 형태의 윤리강령인 '엔지니어를 위한 윤리강령(Code of Ethics for Engineers)'을 제정했다. 그 윤리강령은 이후에 기본적인 골격은 유지된 채 몇 차례의 개정을 거쳤으며, 가장 최근의 윤리강령은 2007년 7월의 것이다. NSPE의 윤리강령은 전문, 기본규범, 실천규정, 전문직업적 의무(professional obligations), 집행위원회 성명(statement by NSPE executive committee)으로 구성되어 있으며, 그중에서 기본규범을 소개하면 다음과 같다.

엔지니어는 자신의 전문직업적 의무를 수행함에 있어 다음과 같이 해야 한다.

---

4 NSPE의 '엔지니어의 신조'는 존슨(Johnson, 1991a: 97)에 실려 있다.

1. 공공의 안전, 건강, 복지를 가장 중요하게 고려한다.
2. 자신이 감당할 능력이 있는 영역의 서비스만을 수행한다.
3. 객관적이고 신뢰할 수 있는 방식으로만 공적 발언을 한다.
4. 고용주나 고객에 대하여 충실한 대리인 또는 수탁자로 행동한다.
5. 기만적인 행위를 하지 않는다.
6. 명예롭고 존경받으며 윤리적이고 합법적으로 행동함으로써 전문직의 명예, 평판, 유용성을 향상시킨다.

(2) ASCE의 윤리강령

ASCE는 1914년에 처음으로 윤리강령을 제정했으며, 가장 최근의 윤리강령은 2006년 7월에 공표되었다. ASCE의 윤리강령은 기본원칙(fundamental principles), 기본규범(fundamental canons), 실천지침(guidelines to practice under the fundamental canons of ethics)으로 구성되어 있으며, 그중에서 기본규범을 소개하면 다음과 같다.

1. 엔지니어는 자신의 전문직업적 의무를 수행함에 있어 공공의 안전, 건강, 복지를 가장 중요하게 고려하고, 지속가능한 개발의 원칙에 부응하도록 노력해야 한다.
2. 엔지니어는 자신이 감당할 능력이 있는 영역의 서비스만을 수행해야 한다.
3. 엔지니어는 객관적이고 신뢰할 수 있는 방식으로만 공적 발언을 해야 한다.
4. 엔지니어는 고용주나 고객을 위한 전문직업적 문제에서 충실한 대리인 또는 수탁자로 행동해야 하며, 이해충돌(conflict of interests)을 피해야 한다.

5. 엔지니어는 자신의 서비스가 가진 장점에 대한 전문직업적 평판을 세워야 하며, 다른 사람들과 불공정하게 경쟁하지 않아야 한다.
6. 엔지니어는 공학 전문직의 명예, 충실, 위엄을 유지하고 향상시키기 위한 방법으로 행동해야 하며, 뇌물, 기만, 부패를 결코 용인하지 않아야 한다.
7. 엔지니어는 자신의 경력을 통해 전문직업적 개발을 지속해야 하며, 자신의 감독하에 있는 다른 엔지니어들의 전문직업적 개발을 위한 기회를 제공해야 한다.

(3) ASME의 엔지니어의 윤리강령

ASME는 1914년에 엔지니어의 윤리강령(Code of Ethics of Engineers)을 처음으로 제정했으며, 가장 최근의 윤리강령은 2006년 11월에 공표되었다. ASME의 윤리강령은 기본원칙과 기본규범으로 구성되며, 그중에서 기본규범을 소개하면 다음과 같다.

1. 엔지니어는 자신의 전문직업적 의무를 수행함에 있어 공공의 안전, 건강, 복지를 가장 중요하게 고려해야 한다.
2. 엔지니어는 자신이 감당할 능력이 있는 영역의 서비스만을 수행해야 하고, 자신의 서비스가 가진 장점에 대한 전문직업적 평판을 세워야 하며, 다른 사람들과 불공정하게 경쟁하지 않아야 한다.
3. 엔지니어는 자신의 경력을 통해 전문직업적 개발을 지속해야 하며, 자신의 감독하에 있는 다른 엔지니어들에게 전문직업적이고 윤리적인 개발을 위한 기회를 제공해야 한다.
4. 엔지니어는 고용주나 고객을 위한 전문직업적 문제에서 충실한 대리인

또는 수탁자로 행동해야 하며, 이해충돌 혹은 그것의 출현(the appearance of conflicts of interest)을 피해야 한다.

5. 엔지니어는 자선 단체와 공학 분야의 전문직 단체를 포함하여 다른 사람이 소유한 정보와 지적재산권을 존중해야 한다.
6. 엔지니어는 평판이 좋은 개인이나 조직에만 관계해야 한다.
7. 엔지니어는 객관적이고 신뢰할 수 있는 방식으로만 공적 발언을 해야 하며, 해당 전문직에 불신을 유발하는 모든 행위를 피해야 한다.
8. 엔지니어는 자신의 전문직업적 의무를 수행함에 있어 환경에 대한 영향과 지속가능한 개발을 고려해야 한다.
9. 엔지니어는 자신의 윤리적 행위를 통제하는 관련된 강령, 정책, 절차에 따라 합당한 이유가 존재하지 않는다면 다른 엔지니어에게 불리한 윤리적 제재를 추구해서는 안 된다.
10. ASME의 회원인 엔지니어는 ASME의 규정, 규칙, 정책을 준수해야 하며, 다른 회원이 이 윤리강령이나 ASME의 이해충돌 정책을 위배한 경우를 포함한 모든 문제에 대한 지식을 윤리기준심의위원회(Committee on Ethical Standards and Review)의 위원장에게 즉각적이고 완전하며 진실된 방식으로 공개해야 한다.

(4) IEEE의 윤리강령

IEEE의 윤리강령의 기원은 1912년에 제정된 미국전기공학회(AIEE)의 윤리강령에서 찾을 수 있다. IEEE는 1970년에 오늘날과 같은 형태의 윤리강령을 구비하기 시작했고, 가장 최근의 윤리강령은 2006년 2월에 마련되었다. IEEE의 윤리강령 전문(全文)은 다음과 같다.

우리는 IEEE의 회원으로서 우리의 기술이 전 세계에 걸쳐 삶의 질에 영향을 미치는 중요성을 인식하고, 우리의 전문직업과 회원, 그리고 우리가 봉사하는 공동체에 대한 개인적 의무를 수용하며, 이에 따른 최상의 윤리적·전문직업적 행위를 다짐하면서 다음과 같이 동의한다.

1. 공학적 의사결정을 공공의 안전, 건강, 복지에 부합하게 하는 책임을 수용하며, 공공이나 환경에 위협을 가할 수 있는 요소들을 즉각적으로 공개한다.
2. 어떤 경우에도 실제적 혹은 인지된 이해충돌을 피하며, 이러한 가능성이 있으면 영향을 받을 수 있는 당사자에게 공개한다.
3. 활용 가능한 자료에 근거하여 주장이나 추정치를 발표할 때에는 정직하면서 현실적이어야 한다.
4. 모든 형태의 뇌물을 거부한다.
5. 기술, 기술의 적절한 활용, 기술의 잠재적 결과에 대한 이해를 증진한다.
6. 우리들의 기술적 능력을 유지·발전시키며, 훈련이나 경험에 의한 자격이 충분하거나 관련된 제한요소들이 완전히 알려진 경우에만 다른 사람을 위한 기술적 업무에 착수한다.
7. 기술적 활동에 대한 정직한 비판을 추구하고 인정하고 제안하며, 이와 관련된 오류를 인정하고 교정하며, 다른 사람들의 기여에 대해 공정하게 평가한다.
8. 인종, 종교, 성별, 장애, 연령, 국적에 관계없이 모든 사람을 공평하게 대우한다.
9. 거짓이거나 악의적인 행위로 다른 사람의 신체, 재산, 평판, 일자리를 손상시키지 않는다.
10. 전문직업적 개발을 위해 동료와 협력자를 도와주고 그들이 이 윤리강

령을 준수할 수 있도록 지원한다.

2) 분석

미국 공학단체들은 대부분 공식적인 윤리강령을 보유하고 있다. 이와 함께 앞서 제시한 몇몇 사례에서 알 수 있듯이, 미국 공학단체들의 윤리강령은 그 내용이 거의 유사하다. 그것은 윤리강령을 제정하는 과정에서 미국의 공학단체들 사이에 상호 교류나 공동학습이 있었다는 점을 시사해준다.

NSPE의 윤리강령은 미국의 다양한 공학단체들이 보유한 윤리강령의 기본적인 골격을 보여준다. NSPE의 윤리강령은 총 6조로 구성되어 있으며, ① 공공에 대한 책임, ② 전문적 서비스의 제공, ③ 공적 발언의 신중성, ④ 고용주 및 고객에 대한 책임, ⑤ 기만적 행위 금지, ⑥ 전문직 단체의 발전을 골자로 한다.

이러한 구성은 엔지니어가 맺게 되는 사회적 관계를 염두에 둔 것으로 판단된다. 즉, 엔지니어가 활동하는 과정에는 공공 사회, 고용주 및 고객, 전문직과의 관계가 매개되는데, NSPE의 윤리강령은 1조, 4조, 6조에서 이러한 관계에서 유념할 사항을 표명하고 있다. 엔지니어는 이와 같은 다양한 대상에 대한 책임을 동시에 조화시키면서 활동해야 하는 것이다.

여기서 문제가 되는 것은 공공에 대한 책임, 고용주 및 고객에 대한 책임, 전문직에 대한 책임 사이에 갈등이 수반될 수 있다는 점이다. 특히 공공에 대한 책임과 고용주 및 고객에 대한 책임 사이에는 갈등이 발생할 소지가 많으며, 그것은 동료 전문가와의 관계가 매개되면서 더욱 복잡해진다. 이런 경우에도 모든 대상을 만족시킬 수 있는 창조적 중도 해결책(creative middle way solutions)을 찾아야 하지만, 그것이 여의치 않을 경우에는 공공에 대한 책임에 우선순위가 부여되어야 한다. 윤리강령은 기본적으로 가장 중요한 가치를 앞에 제시하기 때문이다.

공공에 대한 책임에서도 우선순위의 문제가 있다. NSPE를 비롯한 미국의 공학단체들은 윤리강령 제1조에 공공의 안전, 건강, 복지를 중시한다는 점을 명기하고 있다. 이와 관련해 게워스(Alan Gewirth)는 권리의 위계를 기본권(basic rights), 현재의 수준을 유지하는 권리(rights to maintain one's level), 현재의 수준을 향상시키는 권리(rights to increase one's level)로 구분했다(Gewirth, 1978: 199~271). 이를 윤리강령에 적용한다면, 안전은 생존에 필요한 기본권에, 건강은 현재의 수준을 유지하기 위한 권리에, 복지는 현재의 수준을 향상시키기 위한 권리에 해당한다고 볼 수 있다.

ASCE, ASME, IEEE의 윤리강령은 NSPE의 윤리강령에서 언급된 조항을 더욱 구체화하거나 확장하는 경향을 보여준다.

공공에 대한 책임의 경우에는 IEEE의 윤리강령이 주목할 만하다. IEEE의 윤리강령 1조는 공공의 안전, 건강, 복지를 중시한다는 점과 함께 이에 위협을 가할 수 있는 요소들을 즉각적으로 공개해야 한다는 점에 주목한다. 즉, 공공의 안전, 건강, 복지를 중시하기 위한 구체적인 방침으로서 공개의 원칙을 천명하고 있는 것이다. 아울러 IEEE의 윤리헌장 제5조는 "기술, 기술의 적절한 활용, 기술의 잠재적 결과에 대한 이해를 증진한다"고 하여, 기술을 매개로 한 공공 사회와의 의사소통에도 주목하고 있다.

공공에 대한 책임에서 환경문제가 강조되고 있는 것도 주목할 만하다. IEEE의 윤리강령 제1조에는 환경에 관한 언급이 있고, ASCE의 윤리강령 제1조는 지속가능한 개발의 원칙을 천명하며, ASME는 별도의 조항인 제8조를 통해 환경에 대한 영향과 지속가능한 개발을 고려해야 한다고 강조한다. 물론 미국의 모든 공학단체가 윤리강령의 내용에 환경에 대한 사항을 포함시킨 것은 아니지만, 이러한 세 단체의 사례는 환경문제가 엔지니어 윤리강령에서 고려해야 할 매우 중요한 과제로 부상했다는 점을 시사해준다.[5]

고용주 및 고객에 대한 책임의 경우에는 이해충돌의 문제가 부각되고 있다. NSPE의 윤리강령 제4조는 "고용주나 고객에 대해 충실한 대리인 또는 수탁자로 행동"할 것을 주문하고 있는 데 반해, ASCE의 윤리강령 제4조는 여기에 "이해충돌을 피해야 한다"는 점을 추가하고 있다. 더 나아가 ASME의 윤리강령 제4조는 이해충돌을 피하는 것은 물론 이해충돌의 가능성에도 주목해야 할 것을 강조하며 IEEE의 윤리강령 2조는 이해충돌의 유형을 실제적 이해충돌과 인지된 이해충돌로 구분하는 가운데 이해충돌의 가능성이 있으면 관련 당사자에게 공개할 것을 주문하고 있다.[6]

전문직에 대한 책임의 경우에는 전문직업적 개발과 평판의 중요성이 부각된다. 전문직업적 개발에 대해 ASCE의 윤리강령 제7조와 ASME의 윤리강령 3조는 자신의 전문성을 발전시키는 것은 물론 다른 엔지니어

---

5 이와 관련해 최근에는 EHS(Environment, Health and Safety) 혹은 SHE(Safety, Health and Environment)와 같은 약어가 널리 사용된다. 예를 들어 OECD는 환경국 산하에 환경보건안전과(EHS Division)를 두고 있으며, 여성과학기술자단체에서는 안전, 건강, 환경에 대한 과학(SHE Science)이 여성의 감수성과 부합하는 측면이 있다는 점에 주목한다.

6 이해충돌에 대해 해리스 외(2006: 203~207)은 그 유형을 실제적(actual) 이해충돌, 잠재적(potential) 이해충돌, 표면적(apparent) 이해충돌로 구분하면서 모든 유형의 이해충돌을 피하는 것이 상책이며 이해충돌이 불가피하다면 당사자들에게 밝히는 것이 중요하다고 지적한다.

들의 전문직업적 개발에도 기여해야 한다고 강조하며, 이러한 점은 IEEE의 윤리강령 제6조와 제10조에도 반영되어 있다. 전문직업적 평판과 관련해서는 ASCE의 윤리강령 제5조와 ASME의 윤리강령 제2조가 자신의 서비스에 대한 전문직업적 평판을 세우고 불공정한 경쟁을 피해야 할 것을 강조하며, ASME의 윤리강령 제6조는 평판이 좋은 개인이나 조직에만 관계해야 한다는 점에도 주목한다.

ASME와 IEEE가 윤리강령의 준수나 적용에 관한 사항을 윤리강령의 주요 내용에 포함시키고 있는 것도 주목할 만하다. ASME의 윤리강령 3조는 다른 엔지니어들의 전문직업적 개발은 물론 윤리적 개발에도 주목하며, IEEE의 윤리강령 제8조는 "동료와 협력자들이 윤리강령을 준수할 수 있도록 지원"할 것을 강조한다. 특히 ASME의 윤리강령 9조와 10조는 회원의 제반 법규 준수를 강조한 것은 물론 윤리적 문제가 발생했을 경우 그에 대처하기 위한 기본적인 방향을 제시하고 있다. 이에 반해 NSPE와 ASCE의 경우에는 윤리강령의 준수나 적용에 대한 사항을 기본규범에는 포함시키지 않은 대신, 전문직업적 의무 혹은 실천지침과 같은 다른 범주를 통해 다룬다.

그 밖에 ASME의 윤리강령 제5조는 지적재산권의 문제를, IEEE의 윤리강령 제8조는 차별의 문제를 다루고 있어서 이러한 문제들이 공학단체의 윤리강령에서 고려해야 할 매우 중요한 과제로 부상했다는 점을 시사하고 있다.[7]

---

7 예를 들어 컴퓨터장비협회(ACM)의 윤리강령에는 "저작권과 특허를 포함한 재산권을 존중하라"(제1.5조)와 "지적재산에 대한 공로를 적절히 배분하라"(제1.6조)는 조항이 있고, 미국화학공학회(AIChE)의 윤리강령은 "괴롭힘(harassment)을 결코 용인하지 말라"(제10조)는 조항을 담고 있다.

4. 우리나라 공학단체의 윤리강령

1) 사례

(1) 한국기술사회의 기술사 윤리강령

다음은 한국기술사회가 제정한 '기술사 윤리강령'의 전문이다.

우리 기술사들은 국가산업발전의 핵심 최고 기술자로서 행동지침이 될 윤리강령을 제정·실천함으로써 조국에 이바지할 것을 다짐하고 회원 상호간의 발전을 도모함을 우리의 이념으로 한다.

1. 전문기술인으로서의 자긍심: 우리는 최고기술의 전문가로서 각자가 맡은 바 직무를 양심적으로 수행함으로써 국민으로부터 존경과 신뢰받을 자리를 확보한다.
2. 품위 확립과 유지: 우리는 최고기술의 보유자로서 높은 사명감과 투철한 직업의식을 가지고 직무를 수행하며 항상 자신의 기술향상발전에 노력하여 명예를 지킨다.
3. 민족·국가를 위한 헌신: 우리는 나라와 겨레를 위한 역군으로서 각자 맡은 바 직분을 자랑스럽게 생각하며 조국의 산업발전을 위한 선봉자가 되어 민족과 사회에 헌신적으로 봉사한다.
   (1) 국가산업기술 발전을 위한 기술정책의 입안과 계획에 대하여 정부와 지방자치단체 및 모든 기구조직에 참여, 이바지한다.
   (2) 각자 맡은 바 직분을 수행함에 있어서 언제 어디서나 공명정대하게 행동한다.
4. 협동정신의 발현: 우리는 이 시대의 최고 기술자로서 협동과 신의를 바

탕으로 하고 회원 상호 간의 인격을 존중하며 각자가 맡은 바 의무와 책임의 달성을 기한다.

5. 비밀의 보전 유지: 우리는 어떠한 경우에도 직무상 얻은 정보지식을 누설하거나 유용하지 않으며 또한 우리 자신의 명예와 긍지를 손상시키는 말과 행동을 하지 않는다.

(2) 대한토목학회의 토목인의 윤리강령

대한토목학회가 제정한 '토목인의 윤리강령' 전문은 다음과 같다.

1. 사회복지에 공헌한다.
2. 자질향상과 기술발전에 진력한다.
3. 기술자로서 양심과 명예를 존중한다.
4. 안전을 제일로 한다.
5. 환경보전에 최선을 다한다.
6. 제 법규와 기준을 준수한다.
7. 기술적 불합리를 적극 시정한다.

(3) 대한기계학회의 윤리헌장

대한기계학회의 윤리헌장은 2004년 10월 15일에 제정되었다. 이 윤리헌장은 기본정신, 기본규범, 행동강령으로 구성되어 있으며, 그중에서 기본규범을 소개하면 다음과 같다.

1. 우리는 공공의 안전, 건강, 복지를 최우선으로 고려하며, 전문적인 의무들을 이행함에 있어서 지속가능한 개발의 원칙을 따른다.

2. 우리는 자신의 자격 범위 안에서만 기술적, 지적 서비스를 제공한다.
3. 우리는 자신의 경력을 쌓아나가면서 직업적인 발전을 지속하고 휘하에 있는 기술자들에게도 직업적 발전의 기회를 제공한다.
4. 우리는 고용주나 고객에게 충실한 대리인이나 수탁자로서의 전문가적 직업의식을 가지면서 행동하며, 이해의 충돌이 있을 시에는 당사자(고객, 고용주)에게 객관적인 정보를 제공한다.
5. 우리는 전문지식과 관련된 서비스를 제공함으로써 직업적 명성을 쌓아가고 타인과 불공정하게 경쟁하지 않는다.
6. 우리는 사회적으로 공인된 조직이나 개인하고만 공식적으로 교류한다.
7. 우리는 객관적이고 정직한 방법으로만 공공의 문제를 제기한다.

(4) 대한전기학회의 윤리강령

대한전기학회의 윤리강령은 2007년 5월 11일에 제정되었으며, 그 전문은 다음과 같다.

대한전기학회 회원은, 전기공학기술이 삶의 질을 향상시키고 생활환경에 큰 영향을 주는 것을 인식하고, 우리의 이웃 및 자연과 더불어 사는 조화로운 삶을 중요하게 보는 한국의 문화 전통을 소중히 여긴다. 전문인으로서 높은 윤리 의식을 가지고 권위, 명예, 위엄을 지킬 수 있도록 정직하고 공정하게 행동하며 고용주, 고객 및 대중을 신의로 대한다. 이를 위해 아래와 같이 다짐한다.

1. 사회에 대한 책임: 우리는 전문지식으로 사회 발전과 세계 평화에 이바지하고, 공공의 안전과 안녕에 부합하도록 의사결정을 내리며, 이 결정에 대한 사회적 책임을 진다.

2. 신의의 원칙: 공익에 해가 되지 않는 한, 사업이나 직업상 취득한 정보에 대하여 비밀을 지켜 자신이 속한 단체나 고용주에게 신의를 지킨다.
3. 이해상충에 대한 대처: 업무를 수행하는 데 이해상충이 발생할 때에는 업무적 판단에 영향을 줄 수 있는 모든 이해관계를 공개하고 이를 객관적으로 다룬다.
4. 정직한 자료 사용: 공학적 자료에 근거해 정직하고 성실하게 결론을 도출하거나 주장을 제시하고 허위 자료를 사용하거나 표절을 하지 않는다.
5. 법령 준수: 업무와 관련된 법령, 규약, 계약 및 표준 등을 철저히 지키고 어떤 형태의 뇌물도 거부한다.
6. 지식재산권 존중: 저작권 및 특허권 등 타인의 지식재산권을 존중하고 타인의 업적을 공정하게 밝힌다.
7. 공정성의 원칙: 자신의 기술적 성과에 대한 공정한 평가를 수용하고 잘못이 발견되면 바로 고친다. 타인의 기술적 성과를 공정히 평가한다.
8. 공평성의 원칙: 업무를 수행하는 데 성별, 인종, 나이, 지역 및 교육 배경, 신체 또는 정신 장애에 대한 편견과 차별을 거부한다.
9. 전문 분야 발전에 기여: 자신의 직업적인 지식, 기술 및 전문성을 계발하여 자신이 속한 전문 분야를 발전시키는 데 기여한다.
10. 친환경기술 및 지속가능기술을 확산하는 노력: 친환경기술과 지속가능기술의 필요성을 충분히 인식하고 지구의 생산력을 보존하고 회복시키기 위해 필요한 노력을 기울인다.

2) 분석

본격적인 조사가 필요하기는 하지만, 아직 한국 공학단체에서 제대로

된 윤리강령을 제정한 사례는 많지 않은 것으로 판단된다. 한국의 공학단체들이 윤리강령의 필요성을 본격적으로 인식하기 시작한 것은 최근의 일로서, 향후에는 윤리강령을 제정하기 위한 활동이 더욱 활발해질 것으로 전망된다. 흥미로운 것은 윤리강령을 제정하지 않았거나 초보적인 형태의 윤리강령을 보유하고 있는 공학단체의 상당수가 최근에 세련된 형태의 연구윤리규정을 제정했다는 점이다.[8] 그것은 소위 황우석 사건의 여파로 연구부정행위의 방지가 강조되면서 벌어진 현상으로, 앞으로는 공학연구를 포함한 공학적 실행을 포괄적으로 다루는 윤리강령을 제정하는 일이 시급하다고 판단된다.

또한 미국과 달리, 한국 공학단체의 윤리강령은 내용상의 공통점을 찾아보기가 쉽지 않다. 앞서 소개한 네 단체의 사례에서 보듯이, 해당 단체가 제시하는 윤리강령의 내용은 천차만별이다. 예를 들어 미국의 경우에는 공공의 안전, 건강, 복지를 가장 중요시한다는 점이 모든 윤리강령의 제1조로 채택되어 있지만, 한국의 경우는 그러한 문제의식이 공유되지 않는다. 이러한 점은 윤리강령을 제정하는 과정에서 우리나라의 공학단체들 사이에 상호 교류나 공동학습이 거의 없었다는 사실을 시사한다. 오히려 대한기계학회와 대한전기학회의 사례에서 엿볼 수 있듯이, 한국의 공학단체들은 미국의 관련 공학단체들을 모델로 하여 윤리강령을 제정하는 경향을 보인다.

따라서 지금 한국 공학단체들의 윤리강령을 직접적으로 비교하는 것은 거의 불가능하거나 큰 의미가 없는 것이라 할 수 있다. 여기에서는

---

8 예를 들어 대한토목학회의 윤리강령은 매우 간략하지만, 2008년 1월 15일에 제정된 연구윤리규정은 4장 11조에 달하는 상세한 내용을 담고 있다.

미국의 사례나 한국적 맥락을 감안해 앞서 소개한 네 단체의 윤리강령을 순서대로 검토하는 방식을 취하고자 한다.

기술사 윤리강령과 토목인의 윤리강령은 미국의 경우보다 분량이 소략하고 내용이 빈곤하다고 볼 수 있다. 물론 미국의 공학단체들도 기본규범은 자세하지 않지만 기본규범 이외에 실천규정이나 실천지침을 통해 풍부한 내용을 담고 있는 반면, 기술사 윤리강령과 토목인의 윤리강령은 앞서 소개한 내용이 윤리강령의 전부이다. 게다가 한국기술사회와 대한토목학회의 윤리강령은 제정된 시기를 밝히지 않았고, 해당 윤리강령을 널리 알리기 위한 작업도 미진하여 윤리강령의 존재 여부조차 거의 인식되지 못하고 있는 형편으로 판단된다.

한국기술사회의 기술사 윤리강령은 ① 전문기술인으로서의 자긍심, ② 품위 확립과 유지, ③ 민족·국가를 위한 헌신, ④ 협동정신의 발현, ⑤ 비밀의 보전 유지로 구성된다. 미국 공학단체들의 윤리강령이 공공에 대한 책임을 우선시하는 반면에, 한국기술사회의 윤리강령은 전문직의 자긍심과 품위를 우선시하는 특징이 있다. 물론 한국기술사회의 윤리강령이 공공에 대한 책임을 완전히 무시하는 것은 아니지만, 그것은 민족과 국가를 위한 헌신의 형태로 표현되고 있어서 민족주의 혹은 국가주의의 뉘앙스가 강하다고 할 수 있다. 공공에 대한 책임의 구체적인 내용에서는 미국 공학단체들의 윤리강령이 공공의 안전, 건강, 복지를 중시하는 반면에 한국기술사회의 윤리강령은 산업발전, 기술향상, 정책적 기여 등과 같은 성장 위주의 담론에 머물고 있다.[9]

---

9 이러한 경향은 1980년에 제정된 한국과학기술단체총연합회의 '과학기술인의 신조'와 한국엔지니어링진흥협회의 '윤리요강'에서도 엿볼 수 있다. 두 문건의 전문은 송성수·김병윤(2001: 196~197)에 실려 있다.

대한토목학회가 제정한 토목인의 윤리강령은 ① 사회복지에의 공헌, ② 자질향상과 기술발전, ③ 양심과 명예의 존중, ④ 안전제일, ⑤ 환경보전, ⑥ 법규와 기준의 준수, ⑦ 기술적 불합리의 시정으로 구성된다. 대한토목학회의 윤리강령은 미국 공학단체들의 윤리강령이 고려하는 몇몇 중요한 용어들을 포함하고 있으나, 매우 간단한 문구를 제시하는 데 그쳐, 그러한 용어들이 어떤 맥락에서 논의되고 있는지 알기 어렵다. 예를 들어 대한토목학회의 윤리강령은 복지, 안전, 환경 등과 같은 용어들을 산발적으로 언급하고 있을 뿐 그러한 용어들을 공공에 대한 책임과 연결시켜 논의하지는 않는다. 이와 함께 미국 공학단체들의 윤리강령이 중요하게 고려하는 고용주 및 고객에 대한 책임을 명시적으로 거론하지 않고 있다.

대한기계학회는 우리나라 공학단체로서는 역사상 최초로 미국의 공학단체와 유사한 윤리강령을 제정한 사례에 해당하는 것으로 판단된다. 예를 들어 대한기계학회의 윤리헌장은 제1조에서 "공공의 안전, 건강, 복지를 최우선으로 고려"한다는 점을 강조하고, 제4조에서는 "고용주나 고객에게 충실한 대리인이나 수탁자로서" 행동한다는 점을 명시하고 있다. 대한기계학회의 윤리헌장과 ASME의 윤리강령을 비교해보면, 내용상 상당한 공통점이 있음이 드러난다. ASME 윤리강령의 제2조가 대한기계학회 윤리헌장의 제2조와 제5조로 분리되어 있고, ASME 윤리강령의 제1조와 제8조가 대한기계학회 윤리헌장의 제1조로 통합되어 있는 정도이다. 그 밖에 ASME 윤리강령 제5조에 해당하는 지적재산권에 대한 논의가 대한기계학회의 윤리헌장에는 명시적으로 고려되지 않고 있으며, ASME 윤리강령의 제9조와 제10조에 해당하는 윤리강령의 준수나 적용에 관해 대한기계학회는 기본규범 대신에 행동강령에서 다루는 형식을 취하고 있다. 그러나 이러한 점은 NSPE와 ASCE를 비롯한 미국의 다른 공학단체들의 윤리강령에서도 마찬가지로 나타나는 현상이다.

대한전기학회의 윤리강령은 ① 사회에 대한 책임, ② 신의의 원칙, ③ 이해상충에 대한 대처, ④ 정직한 자료 사용, ⑤ 법령 준수, ⑥ 지식재산권 존중, ⑦ 공정성의 원칙, ⑧ 공평성의 원칙, ⑨ 전문 분야 발전에 기여, ⑩ 친환경기술 및 지속가능기술을 확산하는 노력으로 구성된다. 대한전기학회의 윤리강령도 미국 공학단체들의 윤리강령과 비슷한 내용을 담고 있다.[10] 예를 들어 제1조에서 사회에 대한 책임을, 제2조와 제3조에서 고용주에 대한 신의와 이해상충에 대한 대처를, 제9조에서 전문 분야 발전에의 기여를 논의함으로써 공공, 고용주, 전문직에 대한 책임에 주목하고 있는 것이다. 대한전기학회의 윤리강령과 IEEE의 윤리강령이 다루는 기본적인 내용은 상당 부분 중첩된다. 총 10개의 조항으로 이루어진 IEEE의 윤리강령 중에서 제5조, 제9조, 제10조만이 대한전기학회의 윤리강령에 명시적으로 고려되어 있지 않은 정도다. 그러나 대한전기학회의 윤리강령은 IEEE의 윤리강령에서 본격적으로 다루지 않은 신의의 원칙(제2조), 지식재산권 존중(제6조), 친환경기술의 확산(제10조)을 포함시키고, 모든 조항에 걸쳐 해당 전문 분야의 특성과 한국 사회의 맥락을 고려하여 세부적인 문구를 작성하려는 노력을 보여준다. 이러한 측면에서 대한전기학회의 윤리강령은 IEEE를 비롯한 외국의 윤리강령을 그대로 답습하기보다는 주체적으로 변형하면서 보완했다고 평가할 수 있다.

---

10 이와 관련해 김용권(2008: 9)은 대한전기학회의 윤리강령이 IEEE 윤리강령, 일본전기학회 윤리강령, 미국화학회 윤리규범을 비롯한 7개의 자료를 수집·검토한 것을 바탕으로 준비되었다는 점을 밝히고 있다.

5. 결론적 고찰

이 글에서는 공학단체의 윤리강령에 대한 전체적인 지형도를 검토한 후 미국의 NSPE, ASCE, ASME, IEEE와 우리나라의 한국기술사회, 대한토목학회, 대한기계학회, 대한전기학회가 보유한 윤리강령을 비교·분석했다. 여기서 발견한 주요 사항을 요약하면서 우리나라 공학단체의 윤리강령에 대한 시사점을 도출하면 다음과 같다.

첫째, 미국의 공학단체들은 오래전에 윤리강령을 제정하고 이후 몇 차례에 걸쳐 개정을 거듭했지만, 한국에서는 최근에 들어서야 윤리강령을 마련하고 있다. 이와 함께 우리나라에서는 윤리강령이 없거나 초보적인 공학단체들이 별도의 연구윤리규정을 두는 경향도 나타난다. 앞으로 우리나라의 공학단체들은 공학윤리를 포괄적으로 다루는 본격적인 형태의 윤리강령을 제정하는 일에 더 적극적인 관심을 기울여야 할 것이다.

둘째, 미국의 공학단체들은 내용상 유사성이 높은 윤리강령을 보유하고 있는 반면, 우리나라의 공학단체들이 제정한 윤리강령은 내용상의 편차가 크다. 그것은 우리나라의 공학단체들이 미국의 경우와 달리 윤리강령에 대한 상호 교류와 공동학습을 거의 수행하지 않았다는 점을 시사한다. 따라서 향후에 윤리강령을 제정하거나 개정할 때에는 국내외 관련 공학단체들과의 적극적인 상호작용이 요구된다.

셋째, 많은 경우에 우리나라 공학단체들의 윤리강령은 미국에 비해 소략하고 내용이 빈약하다. 게다가 우리나라의 몇몇 윤리강령은 제정된 시기가 나와 있지 않고 후속 작업이 부재하여 존재 여부조차 인식되지 못하고 있다. 따라서 윤리강령을 제정할 경우에도 해당 공학단체가 운영 중인 홈페이지 등을 활용해 그 경과와 내용을 체계적으로 홍보하는 일이 필요하다 하겠다.

넷째, 미국의 공학단체들은 윤리강령에서 공공 사회에 대한 책임, 고용주나 고객에 대한 책임, 전문직에 대한 책임을 포괄적으로 다루는 반면, 한국 공학단체의 윤리강령에서는 이러한 세 가지 차원의 책임이 충분히 고려되지 않고 있다. 윤리강령이 엔지니어의 다양한 사회적 관계를 총체적으로 반영해야 한다는 점을 생각할 때, 한국 공학단체들도 이러한 세 가지 차원을 종합적으로 고려하는 방향으로 윤리강령을 제정하거나 개정해야 할 것이다.

다섯째, 미국의 공학단체들이 보유한 윤리강령은 공공의 안전, 건강, 복지를 가장 중요시하지만, 한국 공학단체의 윤리강령에서는 그러한 문제의식이 뚜렷하게 드러나지 않는다. 특히 한국기술사회의 사례에서 보듯 윤리강령이 성장 위주의 담론에 머물고 있어 삶의 질에 대한 고려로 나아가지 못하는 경우도 발견된다. 앞으로 한국 공학단체들은 공공 사회에 대한 책임을 더욱 깊이 숙고해야 하며 이를 윤리강령에 반영해야 할 것이다.

여섯째, 미국의 공학단체들은 사회적 환경의 변화에 따라 윤리강령의 내용을 계속해서 발전시켜왔다. 초창기에는 고용주나 고객에 대한 의무를 강조했던 반면, 20세기 중엽부터는 공공에 대한 책임을 가장 중시하고 있으며, 1990년대 이후에는 지속가능한 개발, 지적재산권 보호, 차별의 철폐 등과 같은 문제에도 주의를 기울이고 있다. 이러한 맥락에서 한국의 공학단체들도 새로운 사회적 쟁점에 대해 적극적으로 대응하면서 윤리강령을 지속적으로 보완해야 할 것이다.

최근에 한국에서도 다양한 계기를 통해 공학윤리의 중요성이 강조되면서 공학단체가 본격적인 윤리강령을 마련하는 것이 중요한 과제로 부상하고 있다. 물론 윤리강령을 제정하고 낭독한다고 해서 윤리적 수준이 갑자기 고양되지는 않으며, 무엇보다도 윤리강령의 정신을 엔지니어의 일상적인 실천 속에서 담아내는 것이 중요하다. 이를 위한 첫걸음은 공학단체가 윤리강령을 제정하고 적용하는 과정에서 회원들이 윤리강령에 대해서 충분히 논의하고 숙지하는 기회를 제공하는 데 있을 것이다.

각 장의 기초가 된 글

제1장 송성수. 1999.「과학전쟁이 던지는 메시지: 과학을 바라보는 두 가지 관점」. 참여연대 과학기술 민주화를 위한 모임.『진보의 패러독스: 과학기술의 민주화를 위하여』. 당대. 62~85쪽.

제2장 송성수. 2008.「기술과 사회의 암흑상자 열기: 기술결정론과 사회구성주의의 기술철학」. 이중원·홍성욱 외.『필로테크놀로지를 말한다: 21세기 첨단 공학기술에 대한 철학적 성찰』. 해나무. 98~123쪽.

제3장 송성수. 2002.「사회구성주의의 재검토: 기술사와의 논쟁을 중심으로」. ≪과학기술학연구≫, 제2권 2호, 55~89쪽.

제4장 송성수. 2002.「과학기술학의 관점에서 본 인적자원개발의 새로운 방향」. ≪직업능력개발연구≫, 제5권 2호, 67~89쪽.

제5장 송성수. 2004.「한국 과학기술활동의 성장과 과학기술자사회의 특징: 시론적 고찰」. ≪과학기술정책≫, 제14권 1호, 77~93쪽.

제6장 송성수. 2007.「한국의 과학기술종합계획에 관한 내용분석: 5개년 계획을 중심으로」. ≪과학기술학연구≫, 제7권 1호, 117~150쪽.

제7장 송성수. 2005.「생명윤리 입법과정에 관한 정책네트워크 분석, 1997~2003」. ≪기술혁신학회지≫, 제8권 2호, 702~731쪽.

제8장 송성수. 2007.「대학의 새로운 패러다임: 기업가적 대학」. 한국학술진흥재단 엮음.『2006 대학산학협력백서』. 한국학술진흥재단. 292~301쪽.

제9장 송성수. 2007.「과학윤리의 범위 설정과 한국 사회에서의 논의」. ≪ELSI 연구≫, 제5권 1호, 1~18쪽.

제10장 송성수·김병윤. 2001.「공학윤리의 흐름과 쟁점」. 유네스코한국위원회 엮음.『과학연구윤리』. 당대. 173~204쪽.

제11장 송성수. 2008.「공학단체의 윤리강령에 관한 비교분석: 미국과 한국의 사례를 중심으로」. ≪공학교육연구≫, 제11권 3호, 78~89쪽.

참고문헌

강광하. 2000. 『경제개발 5개년 계획: 목표 및 집행의 평가』. 서울대학교출판부.

강양구·김병수·한재각. 2006. 『침묵과 열광: 황우석 사태 7년의 기록』. 후마니타스.

강은숙. 2001. 「정책변동요인에 관한 연구: 그린벨트 정책사례를 중심으로」. 서울대학교 대학원 박사학위논문.

경제기획원. 1962. 『제1차 기술진흥 5개년 계획, 1962~1966년: 제1차 경제개발 5개년 계획 보완』.

고대승. 1998. 「원자력기구 출현과정과 그 배경」. 김영식·김근배 엮음. 『근현대 한국사회의 과학』. 창작과 비평사, 277~307쪽.

고상원·민철구 외. 2001. 『고급 과학기술인력의 학연산 유동성 실태조사 및 제고방안』. 한국과학재단·과학기술정책연구원.

과학과 인간 편집위원회. 1988. 『과학기술자들의 사회운동』. 온누리.

과학기술부. 1999. 『2025년을 향한 과학기술발전 장기비전, 2000~2025년』.

_____. 2007. 「연구윤리 확보를 위한 지침 시행」. 보도자료.

과학기술부 외. 1999. 『과학기술혁신 5개년 수정계획, 2000~2002년』.

_____. 2003. 『과학기술문화창달 5개년 계획)』.

과학기술실무계획반. 1976. 『제4차 경제개발 5개년 계획: 과학기술부문계획, 1977~1981년』.

_____. 1981. 『제5차 경제사회발전 5개년 계획: 과학기술부문계획, 1982~1986년』.

과학기술정보통신위원회. 1999. 『생명공학 안전·윤리문제 법제화를 위한 공청회 참고자료』.

과학기술처. 1968. 『과학기술개발 장기종합계획, 1967~1986년』.

_____. 1971. 『제3차 과학기술개발 5개년 계획, 1972~1976년』.

_____. 1986. 『2000년대를 향한 과학기술발전 장기계획, 1987~2001년』.

_____. 1987a. 『제6차 경제사회발전 5개년 계획: 과학기술부문계획, 1987~1991년』.

_____. 1987b. 『과학기술행정20년사』.

_____. 1992. 『제7차 경제사회발전 5개년 계획: 과학기술부문계획, 1992~1996년』.

_____. 1993.『신경제 5개년 계획: 기술개발전략부문계획, 1993~1997년』.
_____. 1995.『2010년을 향한 과학기술발전 장기계획(안). 1995~2010년』.
_____. 1997.『과학기술30년사』.
과학기술처 외. 1997.『과학기술혁신 5개년 계획, 1997~2002년』.
과학기술처·과학기술부. 각 연도.『과학기술연감』.
_____. 각 연도.『과학기술연구활동조사보고』.
교육인적자원부. 각 연도.『교육통계연보』.
구영모. 2003.「과학기술인 윤리강령의 실태분석」. ≪과학기술정책≫, 제13권 5호, 18~26쪽.
구영모 엮음. 2004.『생명의료윤리』. 동녘.
국가생명윤리심의위원회. 2006.『황우석 교수 연구의 윤리문제에 관한 중간보고서』.
권혁길. 2007.「공학윤리의 의의」. 권혁길 외.『공학윤리』. 인간사랑, 349~377쪽.
규제개혁위원회. 2003.「생명윤리및안전에관한법률 제정안에 대한 규제심사안」.
김갑수 외. 1991.『과학기술계획의 현황과 문제점』. 과학기술정책연구평가센터.
_____. 1996.『일본 공동연구개발시스템의 구조와 발전메커니즘』. 과학기술정책관리연구소.
김경만. 2004.『과학지식과 사회이론』. 한길사.
김근배. 1998.「한국과학기술연구소 설립과 미국의 역할」. 김영식·김근배 엮음.『근현대 한국사회의 과학』. 창작과 비평사, 308~341쪽.
_____. 2001.「한국의 과학기술자와 과학 아카이브」. ≪과학기술정책≫, 제11권 5호, 26~35쪽.
_____. 2005.『한국 근대 과학기술인력의 출현』. 문학과 지성사.
_____. 2007.『황우석 신화와 대한민국 과학』. 역사비평사.
김동광. 2001.「생명윤리 기본법을 둘러싼 논의: 대중논쟁과 사회적 의제 형성과정을 중심으로」. ≪과학기술정책≫, 제11권 5호, 36~49쪽.
_____. 2002.「과학과 대중의 관계 변화: 대중에 대한 인식 변화를 중심으로」. ≪과학기술학연구≫, 제2권 2호, 1~24쪽.
김명진. 2001.「대중의 과학이해: 이론적 흐름과 실천적 함의」. 김명진 편저.『대중과 과학기술: 무엇을 누구를 위한 과학기술인가』. 잉걸, 29~51쪽.
_____. 2002.「한국의 과학윤리 현황과 앞으로의 과제」. ≪과학사상≫, 제43호, 252~271쪽.
_____. 2006.「연구윤리의 쟁점과 현황」. 시민과학센터.『제2차 시민과학포럼: 연구진실성, 그 쟁점과 대책』, 1~24쪽.
김명진·이영희. 2002.「합의회의」. 참여연대 시민과학센터.『과학기술·환경·시민참여』. 도서출판 한울, 43~84쪽.

김세균·최갑수·홍성태 엮음. 2006. 『황우석 사태와 한국사회』. 나남.
김순양. 1995. 「의료보험 정책과정에서의 참여자의 특성 변화에 관한 연구」. ≪한국행정학보≫, 제9권 2호, 415~434쪽.
_____. 2003. 「정책네트워크 모형의 이론적 쟁점 분석」. ≪정부학연구≫, 제9권 1호, 178~217쪽.
김신복. 1999. 『발전기획론』(수정증보판). 박영사.
김영식. 1998. 「한국 과학의 특성과 반성」. 김영식·김근배 엮음. 『근현대 한국사회의 과학』. 창작과 비평사, 342~351쪽.
김영식·김근배 엮음. 1998. 『근현대 한국사회의 과학』. 창작과 비평사.
김영식·임경순. 2007. 『과학사신론』(제2판). 다산출판사.
김영우 외. 1997. 『한국 과학기술정책 50년의 발자취』. 과학기술정책관리연구소.
김용권. 2008. 「연구윤리 정립을 위한 학회의 역할과 노력」. ≪물리학과 첨단기술≫, 4월호, 8~11쪽.
김용준 외. 1988. 『현대과학과 윤리』. 민음사.
김정식. 2004. 『공학기술 윤리학』. 인터비젼.
김종영. 2002. 「의미적·물질적·정치적 실천으로서의 과학: 과학학의 네 가지 패러다임에 대한 비교와 분석」. ≪과학사상≫, 제41호, 181~223쪽.
_____. 2006. 「복합사회현상으로서의 과학과 과학기술복합동맹으로서의 황우석」. ≪역사비평≫, 제74호, 82~114쪽.
김진국·정보주. 2007. 「공학윤리강령」. 『공학인을 위한 윤리』. 미래컴, 87~97쪽.
김학수·최진명·정태진. 2000. 「과학기술자에 대한 사회적 '인상(이미지)' 연구」. ≪기술혁신연구≫, 제8권 1호, 95~119쪽.
김환석. 1991. 「과학기술의 이데올로기와 한국사회」. 한국산업사회연구회 편. 『한국사회와 지배 이데올로기: 지식사회학적 이해』. 녹두, 291~323쪽.
_____. 2000. 「합의회의 추진경과 및 발전방향」. ≪과학기술정책≫, 제10권 2호, 38~45쪽.
_____. 2006. 『과학사회학의 쟁점들』. 문학과 지성사.
김환석 외. 2010. 『한국의 과학자사회: 역사, 구조, 사회화』. 궁리.
김훈기. 2003. 「한국 생명윤리 의제 형성에 대한 정책네트워크 분석」. ≪생명윤리≫, 제4권 1호, 89~116쪽.
_____. 2004. 「한국 생명윤리법, 윤리보다 생명공학 육성 중시」. ≪한국정책학회보≫, 제13권 5호, 45~71쪽.
_____. 2005. 『생명공학과 정치: 한국 생명윤리법의 사회적 형성과정』. 휘슬러.

나카야마 시게루(中山茂). 1982. 이필렬·조홍섭 옮김. 『과학과 사회의 현대사』. 풀빛.
_____. 1998. 오동훈 옮김. 『전후 일본의 과학기술』. 소화.
나카야마 시게루·요시오카 히토시(中山茂·吉岡齊). 2000. 박영일·정경택 옮김. 『일본 과학기술의 사회사: 終戰에서 1980년대까지』. 한일미디어.
대한민국정부. 1966. 『제2차 과학기술진흥 5개년 계획, 1967~1971년』.
라이프·레이시·피코(D. Riffe, S. Lacy and F. G. Fico). 2001. 『미디어 내용분석 방법론』. 배현석 옮김. 커뮤니케이션북스.
마르크스, 카를(Karl Marx). 1989. 『자본론 I(下)』. 김수행 옮김. 비봉출판사.
민철구·배영자·이은경. 2001. 『과학기술자 사기진작을 위한 정책방안』. 과학기술정책연구원.
민철구 외. 2003. 『대학의 Academic Capitalism 추세와 발전방향』. 과학기술정책연구원.
문만용. 2010. 『한국의 현대적 연구체제의 형성: KIST의 설립과 변천, 1966~1980』. 선인.
박상욱. 2002. 「이공계 대학 진학 감소 문제, 어떻게 볼 것인가?」. ≪과학기술정책≫, 제12권 5호, 39~49쪽.
박성래. 1998. 『한국사에도 과학이 있는가』. 교보문고.
박성래·김근배 외. 1995. 『한국 과학기술자의 형성 연구: 일본유학편』. 한국과학재단.
_____. 1998. 『한국 과학기술자의 형성 연구 2: 미국유학편』. 한국과학재단.
박성래·신동원·오동훈. 2001. 『우리 과학 100년』. 현암사.
박은정. 2000. 『생명공학시대의 법과 윤리』. 이화여대학교출판부.
_____. 2003. 「생명윤리 및 안전 관련 입법정책」. ≪생명윤리≫, 제4권 1호, 21~44쪽.
박승재 외. 2002. 『청소년 과학교육 내실화 종합대책 방안』. 한국과학재단.
박희제. 2002. 「공중의 과학이해 연구의 두 흐름: 조사연구와 구성주의 PUS의 상보적 발전을 향하여」. ≪과학기술학연구≫, 제2권 2호, 25~54쪽.
박희주. 2002. 「한국의 생명복제 논쟁」. ≪생명윤리≫, 제3권 1호, 47~72쪽.
배원병 외. 2006. 『공학윤리』. 북스힐.
보건복지부 외. 2002. 「생명윤리및안전에관한법률안」.
브로드·웨이드(W. Broad and N. Wad). 2007. 『진실을 배반한 과학자들』. 김동광 옮김. 미래M&B. (원서: W. Broad and N. Wad. 1983. *Betrayers of the Truth*. New York: Simon and Schuster.)
생명윤리자문위원회. 2001. 「생명윤리기본법의 기본골격」.
서울대 우조교 성희롱 사건 공동대책위원회. 1994. 『침묵에서 외침으로』.
서울대학교 조사위원회. 2006. 『황우석 교수 연구의혹 관련조사 결과보고서』.

손화철. 2003. 「사회구성주의와 기술민주화에 대한 비판적 고찰」. ≪철학≫, 제76집, 263~288쪽.

손화철·송성수. 2007. 「공학윤리와 전문직 교육: 미시적 접근에서 거시적 접근으로」. ≪철학≫, 제91집(여름호), 305~331쪽.

송상용. 1990. 「과학과 윤리」. 아산사회복지사업재단. 『현대한국의 사회윤리』. 292~301쪽.

송상용 외. 2002. 『과학기술인 헌장 제정에 관한 연구』. 과학기술부·한국과학기술한림원.

송성수. 1995. 「기술과 사회의 관계를 어떻게 파악할 것인가」. 송성수 편역. 『우리에게 기술이란 무엇인가: 기술론 입문』. 녹두, 13~47쪽.

_____. 1997. 「서술과 이론: 기술사와 기술사회학의 상호작용」. ≪한국과학사학회지≫, 제19권 1호, 69~73쪽.

_____. 1999. 「현대 기술의 역사와 기술변화의 쟁점」. 송성수 편저. 『과학기술은 사회적으로 어떻게 구성되는가』. 새물결, 311~345쪽.

_____. 2000. 「과학기술의 근대적 담론을 넘어서: 사회구성주의적 과학기술관과 그 의미」. ≪과학사상≫, 제32호, 봄, 133~151쪽.

_____. 2001a. 「과학기술자의 사회적 책임과 윤리」. 과학기술정책연구원.

_____. 2001b. 「과학기술과 사회의 채널 구축을 위한 정책방향」. ≪과학기술정책≫, 제11권 5호, 2~12쪽.

_____. 2002a. 「한국 과학기술정책의 특성에 관한 시론적 고찰」. ≪과학기술학연구≫, 제2권 1호, 63~83쪽.

_____. 2002b. 「사회구성주의의 재검토: 기술사와의 논쟁을 중심으로」. ≪과학기술학연구≫, 제2권 2호, 55~89쪽.

_____. 2004. 『소리 없이 세상을 움직인다, 철강』. 지성사.

_____. 2005a. 「생명윤리 입법과정에 관한 정책네트워크 분석, 1997~2003」. ≪기술혁신학회지≫, 제8권 2호, 702~731쪽.

_____. 2005b. 『과학기술종합계획에 관한 내용분석: 5개년 계획을 중심으로』. 과학기술정책연구원.

_____. 2006. 「연구윤리의 이해: 쟁점과 과제」. ≪과학기술정책≫, 제16권 1호, 2~14쪽.

_____. 2007. 「과학윤리의 범위 설정과 한국 사회에서의 논의」. ≪ELSI 연구≫, 제5권 1호, 1~18쪽.

_____. 2009. 『과학기술과 문화가 만날 때: 과학기술문화론 탐구』. 도서출판 한울.

송성수 편역. 1995. 『우리에게 기술이란 무엇인가: 기술론 입문』. 녹두.

송성수 편저. 1999. 『과학기술은 사회적으로 어떻게 구성되는가』. 새물결.

송성수·김동광. 2000.「과학기술대중화를 보는 새로운 시각」. ≪과학기술정책≫, 제10권 2호, 26~37쪽.

송성수·김병윤. 2001.「공학윤리의 흐름과 쟁점」. 유네스코한국위원회 편.『과학연구윤리』. 당대, 173~204쪽.

송성수 외. 2003.『신기술의 사회윤리적 논쟁에 관한 정책네트워크 분석: 생명윤리와 인터넷내용규제의 입법과정을 중심으로』. 과학기술정책연구원.

송위진. 1999.「기술의 사회적 구성과 기술학습의 상호작용에 관한 시론적 고찰」. ≪기술혁신학회지≫, 제2권 1호, 1~15쪽.

_____. 2001.「기술의 사회적 선택과 기술학습: 이동통신기술개발 사례분석」. ≪과학기술학연구≫, 제1권 1호, 179~200쪽.

_____. 2006.『기술혁신과 과학기술정책』. 르네상스.

_____. 2007.『기술정치와 기술혁신: CDMA 이동통신 기술개발 사례 분석』. 한국학술정보.

송위진·이은경·송성수·김병윤. 2003.『한국 과학기술자 사회의 특성 분석』. 과학기술정책연구원.

송충환. 2003.『이공계 대학 연구경쟁력 살리기』. 고려대학교출판부.

송희준. 1992.「한국의 공공정책 연구의 내용과 성격에 관한 분석」. ≪한국정책학회보≫, 제1권 1호, 63~84쪽.

스테넥, 니콜라스(Nicholas Steneck). 2006.『연구윤리 소개』. 교육인적자원부·한국학술진흥재단. (원서: Nicholas Steneck. 2004. *ORI Introduction to the Responsible Conduct of Research*. Washington, DC.: Health and Human Services).

시민과학센터. 2006.『제2차 시민과학포럼: 연구진실성, 그 쟁점과 대책』.

신이섭 외. 2001.『과학기술기본계획의 부문별 추진전략 수립: 과학기술문화부문에 관한 연구』. 한국과학기술기획평가원.

신회영. 1993.「독점규제정책의 형성과 권력작용」. ≪한국행정학보≫, 제27권 3호, 773~792쪽.

신희권. 1995.「지방자치와 지방정부: 기업관계의 변화」. ≪한국행정학보≫, 제29권 3호, 733~745쪽.

심영희. 1998.「위험사회와 성폭력」. ≪계간 사상≫, 가을호, 148~179쪽.

아리모토 다테오(有本建男). 1997. 김종희 옮김.『과학기술의 홍망』. 한국경제신문사.

오진곤. 1997.『과학사회학 입문: 과학의 사회사적 접근』. 전파과학사.

_____. 1998.『과학정책: 연구체제의 역사적 접근』. 전파과학사.

_____. 1999.『과학자와 과학자집단』. 전파과학사.

원용진·전규찬 엮음. 2006.『신화의 추락, 국익의 유령: 황우석, PD수첩, 그리고 한국의 저널리즘』. 한나래.
위머·도미닉(R. D. Wimmer and J. R. Dominick). 1996.『매스미디어 조사방법론』. 유재천·김동규 옮김. 나남.
유네스코한국위원회. 1999.『생명복제기술 합의회의』.
유네스코한국위원회 엮음. 2001a.『과학기술과 인권』. 당대.
_____. 2001b.『과학연구윤리』. 당대.
유훈. 1998.「정책네트워의 유형과 변동」. ≪행정논총≫, 제36권 1호, 87~99쪽.
윤정로. 2000.『과학기술과 한국 사회: 구조와 일상의 과학사회학』. 문학과 지성사.
윤정로 외. 2001.『생명의 위기: 21세기 생명윤리의 쟁점』. 푸른나무.
이공래 외. 1998.『한국의 국가혁신체제: 경제위기 극복을 위한 기술혁신정책의 방향』. 과학기술정책관리연구소.
이덕환. 2002.「우리 사회에서 과학자의 모습」. ≪과학사상≫, 제42호, 20~37쪽.
이도형. 1992.「한국 국가-사회관계 변화에 대한 국가기능의 재정립 방향: 복지 국가정책의 필요성을 중심으로」. ≪한국행정학보≫, 제26권 2호, 281~308쪽.
이두갑·전치형. 2001.「인간의 경계: 기술결정론과 기술사회에서의 인간」. ≪한국과학사학회지≫, 제23권 2호, 157~179쪽.
이무근. 2001.「인적자원개발의 다학문적 접근」.『인적자원개발: 다학문적 접근』. 한국직업능력개발원, 25~72쪽.
이상욱. 2002.「과학연구의 역사성과 합리성: 소칼 논쟁을 중심으로」. ≪과학철학≫, 제5권 2호, 1~26쪽.
_____. 2008.「본질적이고 생산적인 연구윤리」. 한양대학교 과학철학교육위원회 편.『이공계 학생을 위한 과학기술의 철학적 이해』(제4판). 한양대학교출판부, 547~568쪽.
이상욱 외. 2009.『욕망하는 테크놀로지: 과학기술학자들, 기술을 성찰하다』. 동아시아.
이상희 외. 1998.「생명공학육성법중개정법률안」.
이성재 외. 1999.「인간복제금지법안」.
이순호. 1999.「노동복지 정책네트워크의 변화: 고용보험제도를 중심으로」. 고려대학교 대학원 박사학위논문.
이영희. 2000.『과학기술의 사회학: 과학기술과 현대사회에 대한 성찰』. 도서출판 한울.
_____. 2001.「과학기술의 사회적 통제와 수용성 연구: 생명공학을 중심으로」. ≪과학기술학연구≫, 제1권 1호, 71~103쪽.
_____. 2003a.「국가 과학기술정책의 형성과 시민참여: 생명공학 규제입법과정을 중심으

로」. ≪동향과 전망≫, 제56호, 140~163쪽.
_____. 2003b. 「과학전쟁을 넘어서: 과학사회학의 발전방향 모색」. ≪경제와 사회≫, 제60권(겨울호), 195~217쪽.
이은경. 2006. 「이공계 기피 논의를 통해 본 한국 과학기술자사회의 특성」. ≪과학기술학연구≫, 제6권 2호, 77~102쪽.
이은경·송성수. 2002. 『청소년 과학화: 과학문화 활성화를 중심으로』. 한국과학재단.
이은영. 1999. 「생명공학 육성법 전자공청회 찾아가기」. ≪다른과학≫, 제6호, 130~139쪽.
이인재. 2006. 「황우석 교수팀 배아줄기세포 연구의 문제와 연구윤리」. ≪ELSI 연구≫, 제4권 1호, 121~157쪽
이인재 외. 2008. 『2008년 국내 연구윤리 활동 실태 조사·분석』. 교육과학기술부.
이장규. 2001. 「과학기술자의 인권과 사회적 책임」. 유네스코한국위원회 편. 『과학기술과 인권』. 당대, 173~199쪽.
이장규·홍성욱. 2006. 『공학기술과 사회: 21세기 엔지니어를 위한 기술사회론 입문』. 지호.
이장재. 1999. 「국가 첨단기술개발프로그램의 정책네트워크 분석: 생명공학·자동차 부문을 중심으로」. 국민대학교 대학원 박사학위논문.
이정택. 1991. 「신기술 도입과 노동조합의 대응: 구미 여러 나라의 경험사례와 한국에서의 미래 전망」. ≪경제와 사회≫, 봄호, 129~154쪽.
이종걸. 2003. 「실험실 안전은 과학기술중심사회 첫 걸음」. ≪과학기술정책≫, 제13권 6호, 29~33쪽.
이준석·김옥주. 2006. 「연구부정행위에 대한 규제 및 법정책 연구: 미국 연구진실성관리국(ORI)의 사례를 중심으로」. ≪생명윤리≫, 제7권 1호, 101~116쪽.
이준호. 2003. 「엔지니어의 사회적 책임과 윤리강령」. 김진 외. 『공학윤리: 기술공학시대의 윤리적 문제들』. 철학과 현실사, 214~239쪽.
이중원 외. 2004. 『인문학으로 과학 읽기』. 실천문학사.
이중원·홍성욱 외. 2008. 『필로테크놀로지를 말한다: 21세기 첨단 공학기술에 대한 철학적 성찰』. 해나무.
이태식 외. 2001. 『기초과학 발전을 위한 이공계 분야 학회 육성방안』. 한국과학재단.
이택식. 1996. 『공학과 공학자 그리고 기술』. 서울대학교출판부.
이혜경. 1999. 「시민운동 속의 생명공학」. 참여연대 과학기술민주화를 위한 모임. 『진보의 패러독스: 과학기술의 민주화를 위하여』. 당대, 322~348쪽.
이호창. 1991. 「과학기술혁명론의 전개와 사회주의관의 변화: 소련에서의 논의를 중심으로」. 서울사회과학연구소. 『사회주의의 이론·역사·현실』. 민맥, 105~138쪽.

임경순. 2002.「한국 과학기술 50년」. ≪과학사상≫, 제42호, 71~88쪽.

장대익. 2008.『쿤&포퍼: 과학에는 뭔가 특별한 것이 있다』. 김영사.

장영달 외. 1997.「생명공학육성법중개정법률안」.

장회익. 1998.『삶과 온생명』. 솔.

장회익 외. 2001.『세계과학회의 후속조치를 위한 국내 과학기술활동의 점검』. 과학기술정책연구원·유네스코한국위원회.

재정경제부 외. 2001.『과학기술기본계획, 2002~2006년』.

_____. 2003.『참여정부의 과학기술기본계획, 2003~2007년』.

전상근. 1982.『한국의 과학기술정책: 한 정책입안자의 증언』. 정우사.

정광철. 1993.「과학기술자들의 홀로서기」. 과학기자 모임.『신(新)한국 과학기술을 위한 연합보고서』. 희성출판사, 310~335쪽.

정윤승. 2006.「공학윤리강령」. 양해림 외.『과학기술시대의 공학윤리』. 철학과 현실사, 81~97쪽.

정정길. 1997.『정책학원론』(개정판). 대명출판사.

조인래 편역. 1997.『쿤의 주제들: 비판과 대응』. 이화여대학교출판부.

조인래 외. 1999.『현대 과학철학의 문제들』. 아르케.

조홍섭 편역. 1984.『현대의 과학기술과 인간해방: 민중을 위한 과학기술론』. 한길사.

조황희 외. 2002.『한국의 과학기술인력 정책』. 과학기술정책연구원.

_____. 2006.『연구윤리·진실성 검증시스템 구축방안』. 과학기술부.

진미석 외. 2002.『고등학생들의 이공계 기피현상 실태분석 및 개선방안』. 한국직업능력개발원.

클라크, 버튼(Burton. R. Clark). 1999.『연구중심대학의 형성과 발전』. 고용 외 옮김. 문음사.

참여연대 과학기술 민주화를 위한 모임. 1998.『진보의 패러독스: 과학기술의 민주화를 위하여』. 당대.

참여연대 시민과학센터. 2002a.『과학기술·환경·시민참여』. 도서출판 한울.

_____. 2002b.『시민과학센터 5년 백서』.

창클, 하인리히(Heinrich Zankl). 2006.『과학의 사기꾼』. 도복선·김현정 옮김. 시아출판사. (원서: Heinrich Zankl. 2003. *Fälscher, Schwindler, Scharlatane: Betrug in Forschung und Wissenschaft*. Weinheim: WILEY-VCH Verlag).

청년과학기술자협의회. 1990.『과학기술과 과학기술자』. 한길사.

최경희·김은철·송성수. 2009.「과학기술단체의 윤리강령과 한국의 사례」. ≪공학교육연구≫, 제12권 1호, 82~94쪽.

최영락·이은경. 2004.『세계 1위 메이드 인 코리아, 반도체』. 지성사.
통신과학기술위원회. 1997.「생명공학육성법중개정법률안 심사보고서」.
한경희. 2000.「지역기반 기술협력 연결망 연구: 대덕연구단지 분리신설기업을 중심으로」. 연세대학교 대학원 박사학위논문.
한국과학기술단체총연합회. 1980.『한국과학기술30년사』.
한국과학문화재단. 2000.『과학기술국민이해 측정도구 개발 및 조사연구』.
한국보건사회연구원. 2000.「생명과학보건안전윤리기본법안」.
_____. 2002.『생명윤리및안전에관한법률 제정을 위한 공청회 자료집』.
한국산업기술진흥협회. 각 연도.『산업기술백서』.
한국생명윤리학회. 1999.「생명복제에 관한 1999년 생명윤리 선언」.
_____. 2006.『생명과학 연구의 윤리성과 진실성 담보를 위하여』. 2006 한국생명윤리학회 긴급 토론회 자료집.
해리스, 찰스(Charles E. Harris) 외. 2006.『공학윤리』. 김유신 외 옮김. 북스힐. (원서: C. E. Harris Jr., M. S. Pritchard and M. J. Rabins. 2005. *Engineering Ethics, Concepts and Cases*, 3rd ed. Belmont: Wadsworth/Thomson Learning.)
해리슨, A. J.(Harrison, A. J). 1994.「사회문제 해결에 있어서 과학자, 기술자, 일반인의 역할」. M. J. 프레이저·A. 콘하우저 편저.『과학교육에서의 윤리와 사회적 책임』. 송진웅 옮김. 명경.
홉스봄, 에릭(Eric Hobsbawm). 1997.『극단의 시대: 20세기 역사』. 이용우 옮김. 까치. (원서: Eric Hobsbawm. 1994. *Age of Extremes: The Short Twentieth Century, 1914-1991*. London: Michael Joseph.
홍성욱. 1999.『생산력과 문화로서의 과학기술』. 문학과 지성사.
_____. 2002.『파놉티콘: 정보사회 정보감옥』. 책세상.
_____. 2004.『과학은 얼마나』. 서울대학교출판부.
_____. 2008a.「기술은 인간처럼 행동한다: 라투어의 새로운 기술철학」. 이중원·홍성욱 외.『필로테크놀로지를 말한다: 21세기 첨단 공학기술에 대한 철학적 성찰』. 해나무. 124~153쪽.
_____. 2008b.『홍성욱의 과학에세이: 과학, 인간과 사회를 말하다』. 동아시아.
홍성욱 엮음. 2010.『인간·사물·동맹: 행위자네트워크 이론과 테크노사이언스』. 이음.
홍성욱 외. 2002.『선진국 대학연구체제의 발전과 현황에 대한 연구』. 과학기술정책연구원.
홍욱희. 1998.『생물학의 시대』. 범양사 출판부.
_____. 2001.「생명윤리자문위원회 활동에 관한 소고」. ≪과학사상≫, 제38호, 52~97쪽.

황용수. 1999. 「과학기술 중장기계획의 수립현황 분석」. 과학기술정책연구원.

황혜란·윤정로. 2003. 「한국의 기초연구능력 구축과정: 우수연구센터(ERC/SRC) 제도를 중심으로」. ≪기술혁신학회지≫, 제6권 1호, 1~19쪽.

≪경향신문≫. 2002.07.19.

≪국민일보≫. 2000.12.19; 2002.07.19; 2002.07.24; 2002.10.16; 2003.02.07.

≪대한매일신문≫. 2002.02.01.

≪동아일보≫. 1998.12.14; 1999.02.19; 2002.03.08; 2002.06.26; 2002.08.09; 2002.08.30; 2005.12.12

≪문화일보≫. 2003.01.30.

≪연합신문≫. 2001.10.09.

≪조선일보≫. 2003.02.07.

≪중앙일보≫. 2005.12.26

≪한겨레≫. 2001.08.27; 2002.07.17; 2005.04.26; 2005.07.07; 2006.05.12; 2007.02.02.

≪한국경제신문≫. 2002.07.25.

Academies of Science of Czechoslovakia and the USSR. 1973. *Man-Science-Technology: A Marxist Analysis of Scientific-Technological Revolution*. Moscow and Prague.

Bassalla, G. 1988. *Evolution of Technology*, Cambridge: Cambridge University Press. (번역본: 조지 바살라. 1996. 『기술의 진화』. 김동광 옮김. 까치).

Baum, R. J. 1980. *Ethics and Engineering Curricula*. New York: The Hastings Center.

Beder, S. 1991. "The Fallible Engineer." *New Scientist*, Vol. 132(November 2), pp. 38~42.

_____. 1993. "Engineers, Ethics and Etiquette." *New Scientist*, Vol. 139(September 25), pp. 36~41.

Bell, D. 1979. "The Social Framework of the Information Society." M. L. Dertoozos and J. Moses(eds.). *The Computer Age: A Twenty-Year View*. Cambridge, MA.: MIT Press, pp. 500~549 (번역본: 다니엘 벨. 2002. 『정보화사회의 사회적 구조』. 이동만 옮김. 도서출판 한울).

Ben-David, J. 1971. *The Scientists' Role in Society: A Comparative Study*. Englewood Cliff, NJ: Prentice-Hall.

Bijker, W. E. 1987. "The Social Construction of Bakelite: Toward a Theory of Invention." in W. E. Bijker, T. P. Hughes and T. J. Pinch(eds.). *The Social Construction of Technological*

Systems: New Directions in the Sociology and History of Technology. Cambridge, MA.: MIT Press.

_____. 1992. "The Social Construction of Fluorescent Lighting, or How an Artifact Was Invented in Its Diffusion." in W. E. Bijker and J. Law(eds.). 1992. *Shaping Technology/Building Society: Studies in Sociotechnical Change*. Cambridge, MA.: MIT Press. (번역본: 위비 바이커. 1999.「형광등의 사회적 구성」. 송성수 편저.『과학기술은 사회적으로 어떻게 구성되는가』. 새물결).

_____. 1993. "Do Not Despair: There Is Life after Constructivism." *Science, Technology and Human Values*, Vol. 18, No. 1, pp. 113~138.

_____. 1995. *Of Bicycles, Bakelites, and Bulbs: Toward a Theory of Sociotechnical Change*. Cambridge, MA.: MIT Press.

_____. 1995a. "Sociohistorical Technology Studies." in S. Jasanoff, G. E. Markle, J. C. Petersen and T. Pinch(eds.). *Handbook of Science and Technology Studies*. London: Sage.

_____. 2001. "Understanding Technological Culture through a Constructivist View of Science, Technology, and Society." in S. H. Cutcliffe and C. Mitcham(eds.). *Visions of STS: Counterpoints in Science, Technology and Society Studies*. New York: State University of New York Press, pp. 19~34.

Bijker, W. E., T. P. Hughes and T. J. Pinch(eds.). 1987. *The Social Construction of Technological Systems: New Directions in the Sociology and History of Technology*. Cambridge, MA.: MIT Press.

Bijker, W. E. and J. Law. 1992. "General Introduction." in W. E. Bijker and J. Law(eds.). *Shaping Technology/Building Society: Studies in Sociotechnical Change*. Cambridge, MA.: MIT Press. (번역본: 바이커·로. 1999.「기술은 지금과 다를 수도 있다」. 송성수 편저.『과학기술은 사회적으로 어떻게 구성되는가』. 새물결).

Bijker, W. E. and J. Law(eds.). 1992. *Shaping Technology/Building Society: Studies in Sociotechnical Change*. Cambridge, MA.: MIT Press.

Bijker, W. E. and T. J. Pinch. 2002. "SCOT Answers, Other Questions: A Reply to Nick Clayton." *Technology and Culture*, Vol. 43, No. 2, pp. 361~369.

Blom-Hansen, J. 1997. "A New Institutional Perspective on Policy Networks." *Public Administration*, Vol. 75, No. 4, pp. 669~693.

Bloor, D. 1976. *Knowledge and Social Imagery*. London: Routledge. (번역본: 데이비드 블루어. 2000.『지식과 사회의 상』. 김경만 옮김. 한길사. 2000).

Boisjoly, R. M. 1991. "The Challenger Disaster: Moral Responsibility and the Working Engineer." in D. G. Johnson(ed.). *Ethical Issues in Engineering*. Englewood Cliffs, NJ.: Prentice-Hall.

Bowler, P. J. and I. P. Morus. 2005. *Making Modern Science: A Historical Survey*. Chicago: University of Chicago Press. (번역본: 보울러·모러스. 2008.『현대과학의 풍경』. 김봉국·서민우·홍성욱 옮김. 궁리).

Buchanan, R. A. 1991. "Theory and Narrative in the History of Technology." *Technology and Culture*, Vol. 32, No. 2, pp. 365~376.

Callon, M. 1987. "Society in the Making: The Study of Technology as a Tool for Sociological Analysis." in W. E. Bijker, T. P. Hughes and T. J. Pinch(eds.). 1987. *The Social Construction of Technological Systems: New Directions in the Sociology and History of Technology*. Cambridge, MA.: MIT Press. (번역본: 미셸 칼롱. 1999.「전기 자동차와 만들어지고 있는 사회」. 송성수 편저.『과학기술은 사회적으로 어떻게 구성되는가』. 새물결).

Carlson, W. B. 1992. "Artifacts and Frames of Meaning: Thomas A. Edison, His Managers, and the Cultural Construction of Motion Pictures." in Bijker, W. E. and J. Law(eds.). *Shaping Technology/Building Society: Studies in Sociotechnical Change*. Cambridge, MA.: MIT Press.

Chalmers, A. F. 1999. *What Is This Thing Called Science?*, 3rd ed. St. Lucia, Queensland: University of Queensland Press. (번역본: 앨런 차머스. 2003.『과학이란 무엇인가?』. 신중섭·이상원 옮김. 서광사).

Clayton, N. 2002. "SCOT: Does It Answer?." *Technology and Culture*, Vol. 43, No. 2, pp. 351~360.

_____. 2002a. "Rejoinder by Nick Clayton." *Technology and Culture*, Vol. 43, No. 2, pp. 369~370.

Cole, J. R. and S. Cole. 1973. *Social Stratification in Science*. Chicago: University of Chicago Press.

Collins, H. M. 1992. *Changing Order: Replications and Inductions in Scientific Practice*, 2nd ed. Beverly Hills, CA: Sage.

Collins, H. M. and T. J. Pinch. 1998. *The Golem: What Everyone Should Know about Science*, 2nd ed. Cambridge: Cambridge University Press. (번역본: 콜린스·핀치. 2005.『골렘: 과학의 뒷골목』. 이충형 옮김. 새물결).

Constant, E. W. 1973. "A Model for Technological Change Applied to the Turbojet Revolution." *Technology and Culture*, Vol. 14, No. 4, pp. 553~572.

_____. 1980. *Origins of the Turbojet Revolution*. Baltimore: Johns Hopkins University Press.

_____. 1987. "The Social Locus of Technological Practice: Community, System, or Organization?." in W. E. Bijker, T. P. Hughes and T. J. Pinch(eds.). *The Social Construction of Technological*

Systems: New Directions in the Sociology and History of Technology. Cambridge, MA.: MIT Press.

_____. 1999. "Reliable Knowledge and Unreliable Stuff: On the Practical Role of Rational Beliefs." *Technology and Culture*, Vol. 40, No. 2, pp. 324~357.

_____. 2000. "Performance Is a Moving Target, Reliably." *Technology and Culture*, Vol. 41, No. 4, pp. 776~782.

Cooley, M. 1987. "Drawing up the Corporate Plan at Lucas Aerospace." in *Architect or Bee?: The Human Price of Technology*, new and extended ed. London: Hogarth Press. (번역본: 마이크 쿨리. 1995. 「루카스항공에서의 협동 계획」. 송성수 편역. 『우리에게 기술이란 무엇인가: 기술론 입문』. 녹두).

Cowan, R. S. 1983. *More Work for Mother: The Ironies of Household Technology from the Open Hearth to the Microwave*. New York: Basic Books. (번역본: 루스 코완. 1997. 『과학기술과 가사노동』. 김성희 외 옮김. 학지사).

_____. 1987. "The Consumption Junction: A Proposal for Research Strategies in the Sociology of Technology." in W. E. Bijker, T. P. Hughes and T. J. Pinch(eds.). *The Social Construction of Technological Systems: New Directions in the Sociology and History of Technology*. Cambridge, MA.: MIT Press.

De George, R. T. 1981. "Ethical Responsibilities of Engineers in Large Organizations: The Pinto Case." in D. G. Johnson(ed.). 1991. *Ethical Issues in Engineering*. Englewood Cliffs, NJ.: Prentice-Hall.

Döhler, M. 1991. "Policy Networks, Opportunity Structures and Neo-Conservative Reform Strategies in Health Policy." in B. Marin and R. Mayntz(eds.). *Policy Networks: Empirical Evidence and Theoretical Considerations*. Boulder: Westview Press, pp. 235~298.

Durant, J. 1992. "Public Understanding of Science in Britain: The Role of Medicine in the Popular Representation of Science." *Public Understanding of Science*, Vol. 1, No. 3, pp. 161~182.

_____. 1999. "Participatory Technology Assessment and the Democratic Model of Public Understanding of Science." *Science and Public Policy*, Vol. 26, No. 5, pp. 313~320. (번역본: 존 듀란트. 「참여적 기술평가와 대중들의 과학이해(PUS)의 민주주의적 모델」. ≪시민과학≫, 제20호, 16~24쪽).

Durbin, P. 1997. "Engineering Ethics and Social Responsibility: Reflections on Recent Development in the USA." *Bulletin of Science, Technology & Society*, Vol. 17, No. 2/3, pp. 77~83.

Elzinga, A. and A. Jamison. 1995. "Changing Policy Agenda in Science and Technology." in S. Jasanoff et al.(eds.). *Handbook of Science and Technology Studies*. London: Sage.

Epperson, B. 2002. “Does SCOT Answer? A Comment.” *Technology and Culture*, Vol. 43, No. 2, pp. 371~373.

Etzkowitz, H. and L. Leydesdorff. 2000. “The Dynamics of Innovation: From National Systems and ‘Mode 2’ to a Triple Helix of University-Industry-Government Relations.” *Research Policy*, Vol. 29, pp. 109~123.

Fleddermann, C. B. 2008. *Engineering Ethics*, 3rd ed. Upper Saddle River, NJ.: Prentice-Hall.

Foltz, F. 1999. “Five Arguments for Increasing Public Participation in Making Science Policy.” *Bulletin of Science, Technology & Society*, Vol. 19, No. 2, pp. 117~127. (번역본: 프란츠 폴츠. 「과학정책과정에서 대중참여를 증가시키기 위한 다섯가지 근거」. ≪시민과학≫, 제18호, 3~14쪽).

Frankenfeld, P. J. 1992. “Technological Citizenship: A Normative Framework for Risk Studies.” *Science, Technology, & Human Values*, Vol. 17, No. 4, pp. 459~484.

Frickel, S. and K. Moore(eds.). 2006. *The New Political Sociology of Science: Institutions, Networks, and Power*. Madison, WI.: University of Wisconsin Press.

Friedman, P. J. 1996. “An Introduction to Research Ethics.” *Science and Engineering Ethics*, Vol. 2, No. 4, pp. 443~456. (번역본: 폴 프리드먼. 2001. 「연구윤리 서설」. 유네스코한국위원회 엮음. 『과학연구윤리』. 김명진 옮김. 당대).

Fujimura, J. 1987. “Constructing Do-able Problems in Cancer Research: Articulating Alignment.” *Social Studies of Science*, Vol. 17, pp. 257~293.

Gewirth, A. 1978. *Reason and Morality*. Chicago: University of Chicago Press.

Gibbons, M. et al. 1994. *The New Production of Knowledge: The Dynamics of Science and Research in Contemporary Societies*. London: Sage.

Gieryn, T. F. 1999. “Home to Roost: Science Wars as Boundary-Work.” in *Cultural Boundaries of Science: Credibility on the Line*. Chicago: University of Chicago Press, pp. 336~362.

Godin, B. and Y. Gingras. 2000. “The Place of Universities in the System of Knowledge Production.” *Research Policy*, Vol. 29, pp. 273~278.

Hackett, E. J., O. Amsterdamska, M. Lynch and J. Wajcman(eds.). 2007. *The Handbook of Science and Technology Studies*. 3rd ed., Cambridge, MA.: MIT Press.

Haraway, D. J. 1988. “Situated Knowledges: The Science Question in Feminism as a Site of Discourse on the Privilege of Partial Perspective.” *Feminist Studies*, Vol. 14, No. 3, pp. 575~599.

Hecht, G. 1994. “Political Designs: Nuclear Reactors and National Policy in Postwar France.”

Technology and Culture, Vol. 35, No. 4, pp. 657~685.

Hess, D. J. 1997. *Science Studies: An Advanced Introduction*. New York: New York University Press. (번역본: 데이비드 J. 헤스. 2004. 『과학학의 이해』. 김환석 외 옮김. 당대).

Hong, Sungook. 1998. "Unfaithful Offspring? Technologies and Their Trajectories." *Perspectives on Science*, Vol. 6, No. 3, pp. 259~287.

Hughes, T. P. 1987. "The Evolution of Large Technological Systems." in W. E. Bijker, T. P. Hughes, and T. J. Pinch(eds.). *The Social Construction of Technological Systems: New Directions in the Sociology and History of Technology*. Cambridge, MA.: MIT Press. (번역본: 토머스 휴스. 1999. 「거대 기술 시스템의 진화」. 송성수 편저. 『과학기술은 사회적으로 어떻게 구성되는가』. 새물결).

James, G. G. 1990. "Whistle-Blowing: Its Moral Justification." in D. G. Johnson(ed.). *Ethical Issues in Engineering*. Englewood Cliffs, NJ.: Prentice-Hall.Johnson(ed.).

Jasanoff, S., G. E. Markle, J. C. Petersen and T. Pinch(eds.). 1995. *Handbook of Science and Technology Studies*. London: Sage Publications.

Johnson, D. G(ed.). 1991a. *Ethical Issues in Engineering*. Englewood Cliffs, NJ.: Prentice-Hall.

Johnson, D. G. 1991b. "The Social and Professional Responsibility of Engineers." in D. G. Johnson(ed.). *Ethical Issues in Engineering*. Englewood Cliffs, NJ.: Prentice-Hall.

______. 1993. *Computer Ethics*. 2nd ed., Englewood Cliffs, NJ.: Prentice-Hall. (번역본: 드보라 G. 존슨. 1997. 『컴퓨터 윤리학』. 추병완 외 옮김. 도서출판 한울).

Jordan, A. and K. Schubert. 1992. "A Preliminary Ordering of Policy Network Labels." *European Journal of Political Research*, Vol. 21, pp. 7~28.

Kenis, P. and V. Schneider. 1991. "Policy Networks and Policy Analysis: Scrutinizing a New Analytical Toolbox." in B. Marin and R. Mayntz(eds.). *Policy Networks: Empirical Evidence and Theoretical Considerations*. Boulder: Westview Press, pp. 25~62.

Kevles, D. 1997. "Big Science and Big Politics in the United States: Reflections on the Death of SSC and the Life of the Human Genome Project." *Historical Studies in the Physical and Biological Sciences*, Vol. 27, pp. 269~297. (번역본: 다니엘 케블레스. 2007. 「미국의 거대과학과 거대정치: 사멸한 SSC와 살아남은 휴먼게놈프로젝트에 대하여」. 박민아·김영식 엮음. 『프리즘: 역사로 과학 읽기』. 서울대학교출판부).

Kim, Dong-Won. 2002. "The Conflict between the Image and Role of Physics in South Korea." *Historical Studies in Physical and Biological Sciences*, Vol. 33, pp. 107~129.

Kim, Dong-Won and S. W. Leslie. 1998. "Winning Markets or Winning Nobel Prizes? KAIST and the Challenges of Late Industrialization." *Osiris*, Vol. 13, pp. 154~185.

Kipnis, K. 1981. "Engineers Who Kill: Professional Ethics and the Paramountcy of Public Safety." *Business & Professional Ethics Journal*, Vol. 1, No. 1, pp. 77~91.

Kline, R. and T. J. Pinch. 1996. "Users as Agents of Technological Change: The Social Construction of the Automobiles in the Rural United States." *Technology and Culture*, Vol. 37, No. 4, pp. 763~795.

Kline, H. K. and D. L. Kleinman. 2002. "The Social Construction of Technology: Structural Consideration." *Science, Technology and Human Values*, Vol. 27, No. 1, pp. 28~52.

Kodama, F. 1991. *Emerging Patterns of Innovation: Sources of Japan's Technological Edge*. Boston, MA.: Harvard Business School Press.

Kranakis, E. 1988. "Technology Assessment and the Study of History." *Science, Technology and Human Values*, Vol. 13, No. 3/4, pp. 290~307.

Krimsky, S. 2003. *Science in the Private Interest: Has the Lure of Profits Corrupted Biomedical Research?*. Lanham, MD: Rowman and Littlefield Publishers. (번역본: 셸던 크림스키. 2010. 『부정한 동맹: 대학 과학의 상업화는 과학의 공익성을 어떻게 파괴하는가』. 김동광 옮김. 궁리).

Kuhn, T. S. 1970. *The Structure of Scientific Revolutions*. 2nd ed., Chicago: University of Chicago Press. (번역본: 토머스 새뮤얼 쿤. 1992. 『과학혁명의 구조』. 김명자 옮김. 동아출판사).

Latour, B. 1987. *Science in Action: How to Follow Scientists and Engineers through Society*. Cambridge, MA.: Harvard University Press.

_____. 1993. *We Have Never Been Modern*. Translated by Catherine Porter, Camdridge, MA.: Harvard University Press. (번역본: 브뤼노 라투르. 2009. 『우리는 결코 근대인이었던 적이 없다』. 홍철기 옮김. 갈무리).

Laudan, L. 1990. *Science and Relativism: Some Key Controversies in the Philosophy of Science*. Chicago: University of Chicago Press. (번역본: 래리 라우든. 1997. 『포스트모던 과학논쟁』. 이범 옮김. 새물결).

Law, J. 1988. "The Anatomy of Sociotechnical Struggle: The Design of the TSR2." in B. Elliot(ed.). *Technology and Social Process*. Edinburgh: Edinburgh University Press.

_____. 1991. "Theory and Narrative in the History of Technology: Response." *Technology and Culture*, Vol. 32, No. 2, pp. 377~384.

_____. 2002. *Aircraft Stories: Decentering the Object in Technoscience*. Durham, NC.: Duke University Press.

Law, J. and M. Callon. 1992. "The Life and Death of an Artifact: A Network Analysis of Technical Change." in W. E. Bijker and J. Law(eds.). *Shaping Technology/Building Society: Studies in Sociotechnical Change*. Cambridge, MA.: MIT Press. (번역본: 로·칼롱. 1999. 「어떤 항공기 프로젝트의 출생과 죽음」. 송성수 편저. 『과학기술은 사회적으로 어떻게 구성되는가』. 새물결).

Law, J. and V. Singleton. 2000. "Performing Technology's Stories: On Social Constructivism, Performance, and Performativity." *Technology and Culture*, Vol. 41, No. 4, pp. 765~775.

Layton, E. T., Jr. 1986. *The Revolt of the Engineers: Social Responsibility and the American Engineering Profession*. Baltimore: Johns Hopkins University Press.

Lynch, W. T. 1997. "Teaching Engineering Ethics in the United States." *IEEE Technology and Society Magazine*. Winter, pp. 27~35.

Lynch, W. T. and R. Kline. 2000. "Engineering Practice and Engineering Ethics." *Science, Technology, & Human Values*, Vol. 25, No. 2, pp. 195~225.

Lyon, D. 1994. *The Electronic Eye: The Rise of Surveillance Society*. Minneapolis, MN: University of Minnesota Press.

MacDonald, K. M. 1995. *The Sociology of the Profession*. Thousand Oaks: Sage Publications. (번역본: 케이스 M. 맥도널드. 1999. 『전문직의 사회학』. 권오훈 옮김. 일신사).

Mackay, H. and G. Gillespie. 1992. "Extending the Social Shaping of Technology Approach: Ideology and Appropriations." *Social Studies of Science*, Vol. 22, No. 4, pp. 685~715.

MacKenzie, D. 1984. "Marx and Machine." *Technology and Culture*, Vol. 25, No. 3, pp. 473~502. (번역본: 도널드 매켄지. 1995. 「마르크스와 기계」. 송성수 편역. 『우리에게 기술이란 무엇인가: 기술론 입문』. 녹두).

_____. 1990. *Inventing Accuracy: A Historical Sociology of Nuclear Missile Guidance*. Cambridge, MA.: MIT Press.

MacKenzie, D. and J. Wajcman(eds.). 1986. *The Social Shaping of Technology: How the Refrigerator Got Its Hum*. Milton Keynes and Philadelphia: Open University Press (2판은 1999년).

Martin, B. 1998. "Technology in Different Worlds." *Bulletin of Science, Technology & Society*, Vol. 18, No. 5, pp. 333~339. (번역본: 브라이언 마틴. 1999. 「다른 사회에서의 기술」. 참여연대 과학기술 민주화를 위한 모임 엮음. 『진보의 패러독스: 과학기술의 민주화를 위하여』. 당대).

Martin, M. W. and R. Schinzinger. 2004. *Ethics in Engineering*, 4th ed. New York: McGraw-Hill.

McFarland, M. C. 1991. "The Public Health, Safety and Welfare: An Analysis of the Social

Responsibilities of Engineers." in D. G. Johnson(ed.). *Ethical Issues in Engineering*. Englewood Cliffs, NJ.: Prentice-Hall.

Meiksins, P. 1988. "The 'Revolt of the Engineers' Reconsidered." *Technology and Culture*, Vol. 29, No. 2, pp. 219~246.

Mermin, N. D. 2001. "Conversing Seriously with Sociologists." in J. A. Labinger and H. M. Collins(eds.). *The One Culture?: A Conversation about Science*. Chicago: University of Chicago Press.

Merton, R. K. 1957. *Social Theory and Social Structure*. Glencoe, IL: Free Press.

_____. 1973. *The Sociology of Science: Theoretical and Empirical Investigations*. Chicago: University of Chicago Press. (번역본: 로버트 K. 머튼. 1998. 『과학사회학』. 석연호·양종회·정창수 옮김. 민음사).

Misa, T. J. 1992. "Controversy and Closure in Technological Change: Constructing 'Steel'." in W. E. Bijker and J. Law(eds.). 1992. *Shaping Technology/Building Society: Studies in Socio-technical Change*. Cambridge, MA.: MIT Press.

Mitcham, C. 2003. "Professional Idealism among Scientists and Engineers: A Neglected Tradition in STS Studies." *Technology in Society*, Vol. 25, pp. 249~262.

Mulkay, M. J. 1976. "Norms and Ideology in Science." *Social Science Information*, Vol. 15, pp. 637~656.

Nelkin, D. 1995. "Science Controversies: The Dynamics of Public Disputes in the United States." in Sheila Jasanoff et al.(eds.). *Handbook of Science and Technology Studies*. London: Sage. (번역본: 도로시 넬킨. 2001. 「과학논쟁: 미국 대중논쟁의 내부 동학」. 김명진 편저. 『대중과 과학기술: 무엇을 누구를 위한 과학기술인가』. 잉걸).

Noble, D. F. 1977. *America by Design: Science, Technology, and the Rise of Corporate Capitalism*. New York: Alfred A. Knopf.

_____. 1979. "Social Choice in Machine Design: The Case of Automatically Controlled Machine Tools." in A. Zimbalist(ed.). *Case Studies on the Labor Process*. London and New York: Monthly Review Press. (번역본: 데이비드 노블. 1995. 「기계 설계에 있어서 사회적 선택: 수치제어 공작기계의 경우」. 송성수 편역. 『우리에게 기술이란 무엇인가: 기술론 입문』. 녹두).

Norcliffe, G. B. 2001. *The Ride to Modernity: The Bicycle in Canada, 1869-1990*. Toronto: University of Toronto Press.

Nussbaum, M. C. and C. R. Sunstein(eds.). 1998. *Clones and Clones: Facts and Fantasies about*

Human Cloning. New York: W.W. Norton. (번역본: 스티븐 제이 굴드 외 지음. 누스바움·선스타인 엮음. 1999. 『클론 AND 클론: 인간복제를 둘러싼 찬반논쟁과 가상미래』. 이한음 옮김. 그린비).

OECD. 1996. *Reviews of National Science and Technology Policy: Republic of Korea*. Paris: OECD.

Pence, G. E(ed.). 1998. *Flesh of My Flash: The Ethics of Cloning Humans*. Lanham, Maryland: Rowan & Littlefield Publisher. (번역본: 그레고리 E. 펜스. 2002. 『인간복제, 무엇이 문제인가: 인간복제의 윤리학』. 류지한 외 옮김. 울력).

Pinch, T. J. 1993. "Turn, Turn and Turn again: The Woolgar Formula." *Science, Technology and Human Values*, Vol. 18, No. 4, pp. 511~522.

______. 1996. "The Social Construction of Technology: A Review." in R. Fox(ed.). *Technological Change: Methods and Themes in the History of Technology*. Amsterdam, Netherlands: Harwood Academic Publishers.

Pinch, T. J. and W. E. Bijker. 1986. "Science, Relativism and the New Sociology of Technology: Reply to Russell." *Social Studies of Science*, Vol. 16, No. 2, pp. 347~360.

______. 1987. "The Social Construction of Facts and Artefacts: Or How the Sociology of Science and the Sociology of Technology Might Benefit Each Other." in W. E. Bijker, T. P. Hughes and T. J. Pinch(eds.). *The Social Construction of Technological Systems: New Directions in the Sociology and History of Technology*. Cambridge, MA.: MIT Press. (번역본: 핀치·바이커. 1999. 「자전거의 변천 과정에 대한 사회구성주의적 해석」. 송성수 편저. 『과학기술은 사회적으로 어떻게 구성되는가』. 새물결).

Rabins, M. J. 1998. "Teaching Engineering Ethics to Undergraduates: Why? What? How?." *Science and Engineering Ethics*, Vol. 4, No. 3, pp. 291~302.

Racker, E. 1997. "A View of Misconduct in Science." D. Elliott and J. E. Stern(eds.). *Research Ethics: A Reader*. Hanover: University Press of New England, pp. 34~42.

Resnik, D. B. 1998. *The Ethics of Science: An Introduction*. London: Routledge.

Rhodes, R. and D. Marsh. 1992. "New Directions in the Study of Policy Networks." *European Journal of Political Research*, Vol. 21, pp. 181~205.

Rip, A., T. J. Misa and J. W. Schot(eds.). 1995. *Managing Technology in Society: The Approach of Constructive Technology Assessment*. London: Pinter Publishers.

Rotblat, J. 2000. "Science and Human Values." in UNESCO. *World Conference on Science: Science for the 21st Century, A New Commitment*.

Russell, S. 1986. "The Social Construction of Artefacts: A Response to Pinch and Bijker." *Social*

Studies of Science, Vol. 16, No. 2, pp. 331~346.

Sardar, Z. 2000. *Thomas Kuhn and Science Wars*. London: Icon Books. (번역본: 지아우딘 사더. 2002. 『토마스 쿤과 과학전쟁』. 김환석·김명진 옮김. 이제이북스).

Sardar, Z. and D. G. Rosser-Owen. 1977. "Science Policy and Developing Countries." in I. Spiegel-Rösing and D. de Solla Price(eds.). *Science, Technology and Society: A Cross-Disciplinary Perspective*. London: Sage.

Scranton, P. 1991. "Theory and Narrative in the History of Technology: Comment." *Technology and Culture*, Vol. 32, No. 2, pp. 385~393.

_____. 2000. "Missing the Target?: A Comment on Edward Constant's 'Reliable Knowledge and Unreliable Stuff'." *Technology and Culture*, Vol. 41, No. 4, pp. 752~764.

Segerstråle, U.(ed.). 2000. *Beyond the Science Wars: The Missing Discourse about Science and Society*. New York: State University of New York Press.

Shamoo, A. E. and D. B. Resnik. 2003. *Responsible Conduct of Research*. Oxford: Oxford University Press.

Shapin, S. and S. Schaffer. 1985. *Leviathan and Air-Pump: Hobbes, Boyle, and the Experimental Life*, Princeton: Princeton University Press.

Shapin, S. 1988. "The House of Experiment in Seventeenth-Century England." *Isis*, Vol. 79, No. 2, pp. 373~404.

Shrum, W. and Y. Shenhav. 1995. "Science and Technology in Less Developed Countries." in S. Jasanoff et al.(eds.). *Handbook of Science and Technology Studies*. London: Sage.

Sismondo, S. 2009. *An Introduction to Science and Technology Studies*, 2nd ed. Oxford, UK: Blackwell Publishing Ltd.

Slaughter, S. and L. Leslie. 1997. *Academic Capitalism: Politics, Policies, and the Entrepreneurial University*. Baltimore: Johns Hopkins University Press.

Smilor, R. W., G. Dietrich, and D. Gibson. 1993. "The Entrepreneurial University: The Role of Higher Education in the United States in Technology Commercialization and Economic Development." *International Social Science Journal*, Vol. 45, pp. 1~11.

Smith, M. R. and L. Marx(eds.). 1994. *Does Technology Drive History?: The Dilemma of Technological Determinism*. Cambridge, MA.: MIT Press.

Snow, C. P. 1959. *The Two Cultures*. Cambridge: Cambridge University Press. (번역본: C. P. 스노우. 2001. 『두 문화』. 오영환 옮김. 사이언스북스).

Sokal, A. and J. Bricmont. 1997. *Impostures Intellectuelles*. Paris: Editions Odile Jacob. (번역본:

소칼·브리크몽. 2000. 『지적 사기』. 이희재 옮김. 민음사).

Sorge, A., W. Warner and I. Nicholas. 1983. *Microelectronics and Manpower in Manufacturing: Applications of CNC in Great Britain and West Germany*. Aldershot: Gower.

Staudenmaier, J. M. 1985. *Technology's Storytellers: Reweaving the Human Fabric*. Cambridge, MA.: MIT Press.

_____. J. M. 1994. "Rationality versus Contingency in the History of Technology." in M. R. Smith and L. Marx(eds.). *Does Technology Drive History?: The Dilemma of Technological Determinism*. Cambridge, MA.: MIT Press.

Steneck, N. 1999. "Confronting Misconduct in Science in the 1980s and 1990s: What Has and Has Not Been Accomplished?." *Science and Engineering Ethics*, Vol. 5, pp. 161~176.

Toffler, A. 1980. *The Third Wave*. London: Collins. (번역본: 앨빈 토플러. 1989. 『제3물결』. 이규행 옮김. 한국경제신문사).

Turner, S. R. 1971. "The Growth of Professorial Research in Prussia, 1818-1848: Causes and Context." *Historical Studies in the Physical Sciences*, Vol. 3, pp. 137~182.

Unger, S. H. 1994. *Controlling Technology: Ethics and the Responsible Engineer*, 2nd. ed. New York: John Wiley & Sons.

Varma, R. 2000. "Technology and Ethics for Engineering Students." *Bulletin of Science, Technology & Society*, Vol. 20, No. 3, pp. 217~224.

Vaughan, D. 1996. *The Challenger Launch Decision: Risky Technology, Culture, and Deviance at NASA*. Chicago: University of Chicago Press.

Vergragt, P. 1988. "The Social Shaping of Industrial Innovations." *Social Studies of Science*, Vol. 18, pp. 483~513.

Waarden, F. Van. 1992. "Dimensions and Types of Policy Networks." *European Journal of Political Research*, Vol. 21, pp. 29~52.

Webster, A. 1991. *Science, Technology and Society: New Directions*. London: Macmillan Education Ltd. (번역본: 앤드루 웹스터. 1998. 『과학기술과 사회: 새로운 방향』. 김환석·송성수 옮김. 도서출판 한울).

Weinberg, S. 1993. *Dreams of a Final Theory*. New York: Vintage. (번역본: 스티븐 와인버그. 2007. 『최종이론의 꿈』. 이종필 옮김. 사이언스북스).

Winner, L. 1980. "Do Artifacts Have Politics?." *Daedalus*, Vol. 109, pp. 121~136 [번역본: 랭든 위너. 1995. 「기술은 정치를 가지는가」. 송성수 편역. 『우리에게 기술이란 무엇인가: 기술론 입문』. 녹두).

_____. 1993. "Upon Opening the Black Box and Finding It Empty: Social Constructivism and the Philosophy of Technology." *Science, Technology and Human Values*, Vol. 18, No. 3, pp. 362~378. (번역본: 랭든 위너. 1999. 「기술철학자의 사회구성주의 비판」. 송성수 편저. 『과학기술은 사회적으로 어떻게 구성되는가』. 새물결).

Woodforde, J. 1970. *The Story of the Bicycle*. London: Routledge and Kegan Paul.

Woolgar, S. 1991. "The Turn to Technology in Social Studies of Science." *Science, Technology and Human Values*, Vol. 16, No. 1, pp. 20~50.

Yishai, Y. 1992. "From an Iron Triangle to an Iron Duet?: Health Policy Making in Israel." *European Journal of Political Research*, Vol. 21, pp. 91~108.

Zuckerman, H. 1988. "The Sociology of Science." in N. J. Smelser(ed.). *Handbook of Sociology*. London: Sage.

http://www.asce.org/inside/codeofethics.cfm.

http://files.asme.org/ASMEORG/Governance/3675.pdf.

http://www.ieee.org/web/aboutus/ethics/code.html.

http://www.grp.or.kr.

http://www.nspe.org/Ethics/CodeofEthics/index.html.

http://www.ostp.gov/html/001207_3.html.

http://www.kofst.or.kr.

http://www.kpea.or.kr.

http://www.ksce.or.kr/kor/aboutksce/info_01.asp.

http://www.ksmb.or.kr.

http://www.ksme.or.kr.

http://www.ksme.or.kr/subscription/moral.asp.

찾아보기

송 성 수

1967년에 태어나 서울대학교 무기재료공학과를 졸업한 뒤 서울대학교 대학원 과학사 및 과학철학 협동과정에서 석사 학위와 박사학위를 받았다. 한국산업기술평가원(ITEP) 연구원, 과학기술정책연구원(STEPI) 부연구위원을 거쳐 2006년 9월부터 부산대학교 기초교육원 교수로 재직 중이며, 부산대학교 대학원 프로그램인 과학기술학 협동과정(학과 간 협동과정)과 기술사업정책 전공(학·산 협동과정)에도 관여하고 있다. 저서 및 역서로는 『우리에게 기술이란 무엇인가』(편저), 『과학기술과 사회』(공역), 『과학기술은 사회적으로 어떻게 구성되는가』(편저), 『청소년을 위한 과학자 이야기』, 『나는 과학자의 길을 갈 테야』(공저), 『소리 없이 세상을 움직인다, 철강』, 『과학, 우리 시대의 교양』(공저), 『근현대 과학기술과 삶의 변화』(공저), 『공학윤리』(공역), 『과학기술과 문화가 만날 때』, 『과학기술의 개척자들』, 『사람의 역사, 기술의 역사』 등이 있다. triple@pusan.ac.kr

한울아카데미 1332

과학기술과 사회의 접점을 찾아서
과학기술학 탐구

지은이 • 송성수
펴낸이 • 김종수
펴낸곳 • 도서출판 한울

편집책임 • 배은희
편집 • 최규선

초판 1쇄 인쇄 • 2011년 2월 25일
초판 1쇄 발행 • 2011년 3월 14일

주소 • 413-756 파주시 교하읍 문발리 535-7 302(본사)
121-801 서울시 마포구 공덕동 105-90 서울빌딩 1층(서울 사무소)
전화 • 영업 02-326-0095, 편집 031-955-0606, 02-336-6183
팩스 • 02-333-7543
홈페이지 • www.hanulbooks.co.kr
등록 • 1980년 3월 13일, 제406-2003-051호

Printed in Korea.
ISBN 978-89-460-5332-8 93500 (양장)
ISBN 978-89-460-4393-0 93500 (학생용)